River Discharge Pollution
Control of Urban Stormwater
Pumping Stations

城市雨水泵站
放江污染控制

陈峰　王莉　李松　黄志金　袁文麒／著

同济大学 出版社
TONGJI UNIVERSITY PRESS
·上海·

内 容 提 要

本书以削减和控制城市雨水泵站放江污染为目标,通过收集大量雨水泵站放江水质数据,基于数理统计分析方法对泵站排放口污染物特性进行研究,在摸清泵站放江水质规律的基础上,研发了泵站排放口附近河道污染削减技术、泵站放江颗粒污染物快速去除技术和泵站放江污染调蓄净化技术等多项关键技术,并以长江中下游沿线城市为例,开展了多个泵站放江污染削减示范研究。书中内容也是城市水环境治理重难点之一的泵站放江污染控制方面的最新研究成果。

本书可为城市水污染治理、城市水环境保护、城市雨水泵站调蓄池规划设计以及城市水文与生态建设、海绵城市建设、黑臭河道整治等方面的技术人员和管理人员提供参考与借鉴,还可作为环境科学、环境工程、给排水工程、水务工程等专业本科生和研究生的参考书。

图书在版编目(CIP)数据

城市雨水泵站放江污染控制 / 陈峰等著. -- 上海：
同济大学出版社,2023.7
ISBN 978-7-5765-0312-8

Ⅰ.①城… Ⅱ.①陈… Ⅲ.①降雨-市政工程-排水
泵-泵站-合理污水-污染控制-研究 Ⅳ.①X703
②TU992.21

中国版本图书馆 CIP 数据核字(2022)第 141131 号

城市雨水泵站放江污染控制
River Discharge Pollution Control of Urban Stormwater Pumping Stations

陈 峰 王 莉 李 松 黄志金 袁文麒 著

责任编辑 李 杰　　责任校对 徐春莲　　封面设计 王 翔

出版发行	同济大学出版社　　www. tongjipress. com. cn	
	（地址：上海市四平路 1239 号　邮编：200092　电话：021-65985622）	
经　销	全国各地新华书店	
制　作	南京月叶图文制作有限公司	
印　刷	上海安枫印务有限公司	
开　本	787 mm×1092 mm　1/16	
印　张	14.25	
字　数	356 000	
版　次	2023 年 7 月第 1 版	
印　次	2023 年 7 月第 1 次印刷	
书　号	ISBN 978-7-5765-0312-8	

定　价　98.00 元

陈峰

上海宏波工程咨询管理有限公司副总裁，教授级高级工程师，上海市水务局河湖水生态修复工程技术研究中心主任，上海市地质学会理事。主要从事水务工程设计和研究工作，负责完成多项国内重大水利工程设计项目，主持多项上海市科委、上海市水务局等的课题研究。近年来，主持完成"放江污染水陆协同精准控制关键技术研究与示范之课题三：泵站放江污染低碳削减关键技术研究""中心城区雨水泵站放江排放口污染物削减关键技术研究""雨水泵站排口附近河道污染削减技术及示范"和"上海市泵站放江水质分析与管理措施研究"。主编专著 1 部，参编专著 5 部；发表专业论文 30 余篇，其中，EI 检索 3 篇，中文核心论文 10 余篇；获得国家专利 15 项。获得省部级科技进步二等奖 1 项，省部级优秀设计一等奖 1 项，全国工程咨询三等奖 1 项，上海市优秀工程设计和咨询奖 10 余项，重大工程立功竞赛奖 1 项，上海市水务海洋科学技术奖 2 项。

李松

上海宏波工程咨询管理有限公司总裁，教授级高级工程师，上海市青浦区政协委员，中国水利工程协会常务理事，中国工程咨询协会理事，上海市水文协会法人及常务副会长，上海市排水行业协会副会长，上海市海洋工程咨询协会副会长，上海市建设工程咨询行业协会常务理事。主要从事水务工程建设管理、水环境治理及环保科技项目的实施和研究工作，负责或参与多项上海市原水工程、水闸泵站工程、滩涂整治工程、供排水工程以及水环境治理工程，负责或主持上海市科委、上海市水务局课题 5 项，参与编写国家出版基金项目、"十三五"国家重点图书出版规划项目《城市水安全风险防控》，参与制定行业或地方标准、技术导则 4 项，获得专利 15 项。获得全国优秀水利企业家、国家优质工程突出贡献者、上海市水务海洋科学技术三等奖、上海市实事立功竞赛记功个人等荣誉。

1

王莉

上海宏波工程咨询管理有限公司生态环境业务管理公司副总经理，上海汀滢环保科技有限公司董事长，教授级高级工程师，上海市水务局河湖水生态修复工程技术研究中心副主任，河海大学兼职硕士研究生导师。主要从事水环境设计和研究工作。先后主持或参与市、区级课题 10 余项，申报水利部技术与成果 5 项。参编专著 4 部；参编标准或技术导则 3 项；发表专业论文 12 篇；获得国家专利 26 项。获得上海市优秀工程设计和咨询奖 2 项，上海市水务海洋科学技术奖 4 项，带领团队获得青浦区创新创业团队奖。

黄志金

上海宏波工程咨询管理有限公司工程研究中心副主任，高级工程师，国家注册环保工程师，国家注册建造师。主要从事水环境设计和研究工作。先后主持或参与市、区级课题 15 项。参编专著 2 部；参编标准或技术导则 3 项；发表专业论文 15 篇；获得国家专利 30 项。获得第二届上海市水务海洋青年拔尖人才奖，上海市水务海洋科学技术奖 4 项。

袁文麒

上海韵水工程设计有限公司副总经理、总工程师，高级工程师，国家注册公用设备工程师（给水排水），国家注册咨询工程师（投资），国际水协会（IWA）中国漏损专家委员会委员，河海大学、重庆理工大学、河南工业大学兼职硕士研究生导师，*Engineering Applications of Computational Fluid Mechanics*（SCI 期刊）审稿人。主要从事给排水工程设计、咨询、研发等相关工作，承担各类工程项目百余项。发表核心论文 20 余篇，其中 SCI、EI 检索 10 篇；获得发明、实用新型专利 20 项；编写国家行业标准 2 项、上海市地方标准 3 项。获得上海市优秀工程设计和咨询奖 3 项，重大工程立功竞赛奖 1 项，上海市水务海洋科学技术奖 5 项，获评中国水业院士论坛优秀论文 1 项。

序

　　人择秀水而居，城依碧水而建。人类文明演变和城市良性发展与水息息相关。河流为生产、生活提供资源和灌溉、排水、航运、休闲等功能，并具有与人类精神密切相关的美学艺术文化价值。然而，河流的生态、景观价值在城市化过程中受到了不同程度影响甚至遭到严重的破坏或丧失，城市区域中沿河道点源排放和雨污合流排放等问题仍然存在。近10年来，我国通过对全国范围的水、土、气环境开展全面治理，城镇河流水质得到了极大的提升和改善，为流域、区域河流生态的恢复提供了良好的条件。但是，在城市点源污染治理和管控水平显著提升后，雨水泵站放江污染问题仍是制约城镇河流水质稳定和生态恢复的一个重要因素，排水系统的溢流污染和初期雨水污染汇集排放已成为城市水环境质量持续提升最为突出的难点问题。城市的河流生态系统受到日益增长的径流量和雨水污染物的影响，所面临的技术和管理难度的挑战也是巨大的。实施稳健可靠的雨水排放管控措施和研究雨水排放设施污水处理技术是当前城市环境治理的一个关键点，需要通过科学研究与生产实践加以解决。

　　《城市雨水泵站放江污染控制》一书是上海宏波工程咨询管理有限公司及其子公司上海汀滢环保科技有限公司科研团队多年研究成果的总结，是在上海市科委科研专项、上海市水务局重大课题、上海市住房和城乡建设管理委员会科学技术委员会专用基金项目等支持下完成的。本书通过对大量雨水泵站放江数据的分析，在掌握泵站放江水体污染特性的基础上，有针对性地研发了泵站放江颗粒污染物快速去除技术和泵站放江污染调蓄净化一体化技术等多项关键技术，并探索性地开展了多个示范案例研究。该成果可为城市雨水排水规划、海绵城市建设、城市面源污染控制、雨水泵站放江污染削减和污水泵站溢流污染控制等方面提供启迪、科技支撑和工程管理设计参考。本书由长期从事工程建设和管理的一线科研技术人员撰写，书中所提出的方法与技术实用性强，有利于工程实际问题的解决。书中所提出的模块化、集约化、装配式快速集成的污水处理站，具有占地省、投资小、建设周期短、维护便利、设备更新快、综合效益高等特点，具有较好的推广应用价值，也是今后城镇污水处理向深度低碳高效发展的一个重要方向。

目前国内外针对城市水污染治理方面的论著多集中在城市水资源管理、城市面源污染控制、城市水生态修复、城市河道整治等方面，对于影响城市水环境的关键因素和难题——城市雨水泵站放江污染控制和削减尚未见到公开出版的专著。希望本书的出版，能为我国城镇雨水排放管理和雨水泵站放江污染控制等提供新的技术、途径和工程实践参考，更好地促进我国城市水环境、水生态的治理。

特此为序。

中国科学院院士
武汉大学教授
2022 年 8 月 18 日

前　言

近年来，通过提升污水处理能力和雨水管理能力，城市河流的水质得到了极大的提升和改善，不再是城市居民避之不及的臭水沟。河流展现着城市最美丽的一面，也给游客留下了对这座城市的第一印象。在城市点源污染治理水平显著提升后，雨水泵站放江污染问题引起越来越多的关注，排水系统的溢流污染和初期雨水污染已成为城市水环境质量持续提升的瓶颈问题。传统的排水系统运行以排水安全为主要目标，对系统污染物削减和污染防控研究相对较少，且现有排水设施对污染物管控能力不足，加之污染汇聚过程、成分组成和排放过程都呈现出复杂性和不确定性，导致城市部分水体环境污染出现反复的现象，水体不能稳定达到水功能区标准和生态功能完整性、多样性的要求，这在一定程度上制约了城市高质量发展。

泵站放江污染控制是一项系统工程，涉及排水系统从收集至末端处理排放全过程，包括地表径流面源污染控制、雨污混接调查和改造、管道积泥清淤、末端截流和污水厂处理等多方面。本书以长江中下游沿线城市为例，开展了典型区域源头海绵城市建设、雨污混接改造、排水泵站末端截流、污水厂能力提升等方面的科技攻关和工程实践，并取得了良好效果。由于放江污染产生原因的复杂性、机理研究和工程实践及管理机制等方面的欠缺性、传统防治观念的局限性，在水环境质量新要求下，亟须解决雨水泵站放江系统管控策略、排水系统污染溯源诊断、泵站有限空间污染高效处理、泵站调蓄池与就地处理设施协同、末端调蓄水量联合调度管控、水陆协同智慧管控等科学问题和技术难题。

本书是在上海市科委课题"放江污染水陆协同精准控制关键技术研究与示范之课题三：泵站放江污染低碳削减关键技术研究"（21DZ1202600）、上海市水务局重大课题"中心城区雨水泵站放江排放口污染物削减关键技术研究"和专项课题"雨水泵站排口附近河道污染削减技术及示范"、上海市住房和城乡建设管理委员会科学技术委员会专业委员会软科学研究专用基金项目"上海市泵站放江水质分析与管理措施研究"等研究成果的基础上，系统总结编撰而成。鉴于城市水循环系统和泵站放江污染控制的复杂性和不确定性，本书总结的研究成果，并不是以上所涉问题和难题的最终答案，而仅是开端和垫脚石，希望能为致力于该项研究的科研人员和工程技术人员提供一定的参考借鉴或激发创新灵感的源泉。

本书共分为8章。第1章为绪论，系统概括了本书研究的背景与意义，并就国内外针对泵站放江入河污染削减技术的研究进展和应用现状进行了归纳总结。第2章针对选取的研究对象上海市中心城区，从自然环境概况、雨水排水系统概况、雨水泵站放江基本情况和放江水质情况方面分别进行了概述。第3章研究分析雨水泵站放江污染的性质和排放规律、典型雨情与放江污染物的关系、降雨类型对放江污染物浓度的影响。同时对比分析不同排水系统的水质、同一排水系统放江与旱流水质、降雨强度与水质的相关性，并分析了城市雨水泵站放江初期效应。第4章针对现状雨水泵站放江模式和污染物特性，基于水岸一体化同治理念，采取水岸分级、分散处置和调蓄处理的方式，利用末端治理措施削减污染物的入河量。同时，开展小试研究，对比混凝沉淀、精密过滤等多种工艺组合处理污染物的净化效率、效益和效果，确定雨水泵站放江颗粒污染物高效净化工艺的技术方向。针对雨水泵站运行管理模式，开展现有调蓄设施与净化工艺耦合研究，从廊道工艺方案、净化材质、曝气设备类型等方面，提出水岸一体化调蓄净化技术体系。第5章以多个泵站为研究对象，开展城市雨水泵站放江污染控制和治理技术体系示范应用和实证研究，并对运行效果进行了评估。第6章运用水质-水动力耦合模型，模拟污染削减后排放口附近处理水体扩散范围及形态，通过理论验证水岸一体化调蓄净化技术效果，跟踪监测分析和验证水岸联动的系统工艺和技术体系对雨水泵站放江污染的削减效果。第7章针对不同雨水泵站放江污染处理场景，开展雨水泵站就地处理设施适用性研究，为雨水泵站放江污染控制与治理技术的推广应用和参考选用提供依据。第8章针对城市雨水泵站放江污染控制的现状和存在的问题，从源头管控、泵站原位改造、深化调蓄方案研究、优化设施运行方案、建立"厂—站—网—河"一体化运行调度方案等几个方面提出了管控建议和措施，可供相关技术管理部门参考。

本书由陈峰、王莉、李松负责策划、构思、章节编排、统稿和审定，主要参加撰写的人员有黄志金、袁文麒、陈向超、丁洁、王波等。此外，邹丽敏、王捷、朱懿俊参与了本书的资料整理汇总和数据统计分析工作；张菁蕾、蔡小芳、朱华钫参与了雨水泵站放江污染水质特性研究；谈祥、薛露肖、顾微参与了雨水泵站放江污染控制和治理技术体系的构建；居素伟、陈汉、陈祥参与了各类净化工艺的小试研究；缪平、陈晓虎、孙怡心参与了示范工程设计、现场采样和分析测试工作；曾祥华、陆娴参与了水质-水动力耦合模型对系统工艺和技术体系效果的验证；顾晶、陈铭辉、吴晶参与了雨水泵站就地处理适应性分析研究；周宇、张久庆、梁金凯参与了雨水泵站放江管控措施研究。赵悦协助整理、统编文稿。上海市水务局科技处等单位在研究工作中提供了诸多帮助和支持；上海市排水管理事务中心、上海市城市排水有限公司等单位给予了大量数据的支持，并提供了宝贵的行业建议，在此谨表谢意！特别感谢张建频、刘曙光、丁敏、舒诗湖、陈长太、祁继英等专家在各课题项目评审、鉴定阶段提供了诸多建设性和启发性的意见。最后，感谢同济大学出版社给予本书出版的大力支持和帮助。

由于本书所涉研究内容较为新颖，国内外相关研究成果较少，研究对象包含的影响因素涉及面广，具有复杂性和不确定性等特点，书中所涉许多研究内容无论是理论研究还是实践探索均不够成熟和完善，部分研究结论还只是初步成果，是否具备普遍的适用性还有待进一步验证。书中还有许多方面的研究分析有待进一步深入和完善，疏漏和不妥之处在所难免，敬请读者批评指正。

著 者

2022 年 8 月

目　录

第1章 绪　论

1.1　研究背景与研究意义

1.1.1　研究背景

1. 新形势下水环境质量要求愈发严格

当前,中国特色社会主义进入了新时代,我国经济发展由高速增长阶段进入高质量发展阶段,生态环境成为城市社会经济发展和核心竞争力提升的关键要素。上海作为我国滨江临海超大城市,提出了建设"创新之城、人文之城、生态之城"和具有世界影响力的社会主义现代化国际大都市的目标,长江大保护、长三角一体化发展、上海自贸区临港新片区、"五大新城"建设等重大战略,这对全市水环境质量提出了更高标准和更新要求。上海独特的自然地理条件和超大城市的特点决定了城市防汛排水和河道水环境保护问题非常复杂,除本身底泥等内源污染物以及河网水动力不足等原因导致的河道水质恶化外,雨污混接、面源径流污染、泵站放江与末端污水处理能力不足等问题导致的河道水体污染反复的现象引起了各方重视。

2. 排水泵站雨天放江污染成为影响中心城区河道水质改善的主要因素之一

根据上海地区地势低平、河网密布、水系发达的特点,上海市采取"围起来、打出去"的分区、多级防汛排涝模式排除地表雨水,已形成中心城区采用泵站强排为主、郊区采用缓冲式自排为主的城镇排水格局。泵站放江包括旱流、试车、预抽空、配合和检修等形式的旱天放江和雨天放江。经过始于 2016 年至今的消黑除劣整治工作,上海市中心城区的管网建设改造和污染源纳管渐趋完善,管理上消除了过去旱天放江的现象,河道水环境质量得到大幅提升。此外,为尽可能减少雨天放江次数,上海采取了管道高水位运行、小雨不放江、大雨少放江(到设定水位开泵、雨停关泵)的运行模式,导致大雨放江时管道积存水、面源径流污染、管道沉积物等混合污染物通过防汛泵站短时集中大量地排入河道,对水体造成冲击性污染,加之雨天底泥上翻等原因,极易引起受纳河道短时黑臭现象。

根据《2020 上海市排水设施年报》,全市雨水泵站 290 座,合流制泵站 79 座,泵排能力为 4 388.69 m^3/s;2019 年全市雨水泵站 286 座,合流制泵站 81 座,泵排能力为 4 304.51 m^3/s。据相关测算,2019 年,全市放江总量约为 35 812 万 t,放江污染物 COD(化学需氧量)总量为 6 568 t,氨氮总量为 773.9 t,总磷总量为 74.5 t,对河道水环境和周围居民生活造成较大影响。仅 2019 年,排水管理部门接到河道放江污染市民投诉工单共计 132 件。此外,第二轮中央生态环保督察反馈意见指出,上海市排水泵站雨天放江污染严重;2020年长江经济带生态环境警示片中也披露了个别雨水泵站的放江污染问题。因此,排水泵站雨天放江污染已成为影响上海市中心城区河道水质持续稳定改善的主要因素之一。

3. 上海市高度重视泵站放江污染问题

2020年6月,在上海市河长制湖长制工作会议上,市领导发表重要讲话,要求聚焦雨污混接、泵站放江、污水处理等瓶颈难题,深入谋划、攻坚突破,加快治水重点工程建设。泵站放江污染控制成为上海市近、中、远期排水行业的重点工作之一。

泵站放江污染控制是一项系统工程,涉及源头污染减量、排水系统从收集到处理排放全过程,包括地表径流面源污染控制、雨污混接改造、管道积泥清淤、泵站前池及调蓄池垃圾清捞及沉泥清淤、末端截流和污水处理等多方面。上海已在典型区域源头海绵城市建设、雨污混接改造、排水泵站末端截流、污水厂处理能力提升等方面进行了大量科技攻关和工程实践,并取得良好效果。但由于放江污染成因的多元性、机理研究的复杂性、控制技术及管理机制的欠缺性、传统防治观念的局限性,在水环境质量新要求下,针对雨天放江系统管控策略、排水系统溯源诊断、末端泵站就地处理、水陆协同智慧管控等科学问题和技术瓶颈难题,亟须开展攻关研究,为城市防汛安全保障和河道水环境持续改善提供科技支撑。

在"两水平衡"(水安全与水环境协调平衡)新形势新要求下,排水泵站需要兼顾防汛排水安全和河道水环境质量改善的双重目标,运行管控功能增加,管控压力增大。由于管网混接混排、地表径流污染难以彻底消除,输送管道、泵站集水井和调蓄池沉积污染将普遍存在,根本性消除雨水泵站放江污染是一个相当长期的过程和投资巨大的任务。在实现这一目标的过渡阶段,亟须探寻一条科学路径,以最大程度地有效减少当前泵站放江入河污染物,降低其对河湖地表水环境的冲击。

随着人民生活水平和精神需求的日益提升,迫切需要保障和提高城市建设品质和生态环境。通过雨污混接改造、管网精细化清淤的持续推进以及泵站调蓄相关措施的实施,结合水岸一体化联控联治措施及泵站排放口附近河道污染削减技术,可减少泵站放江入河污染物对河道水质、水生态环境的冲击,巩固和提升城市水环境治理成果,为创建与"全球卓越城市"和"新时代下城市高质量发展"相匹配的生态环境创造条件。

1.1.2 研究必要性

1. 水环境治理仍处于攻坚战阶段

十九大报告指出,要加快生态文明体制改革,建设美丽中国;要着力解决突出环境问题,加快水污染防治,实施流域环境和近岸海域综合治理。针对我国水环境的严峻形势,国务院2015年4月颁布了《水污染防治行动计划》("水十条",国发〔2015〕17号文),该计划提出"到2020年,地级及以上城市建成区黑臭水体均控制在10%以内,到2030年,城市建成区黑臭水体总体得到消除"的控制性目标。

为构建与"全球卓越城市"生态环境相匹配、满足水环境功能区划要求的水环境体系,上海市在"十三五"期间对水环境治理加大力度,制定了消除劣Ⅴ类水体三年行动计划,提出"25%-15%-5%"的目标任务。据公开报道,至2018年底,对照全市1.88万条劣Ⅴ类河道清单,按各区上报数据,上海共完成 7 650 条(段)劣Ⅴ类河道整治,全市劣Ⅴ类河道数降至 1.1 万条左右,占比降至 23%,实现了 2018 年消除劣Ⅴ类水体工作目标(控制在 25%),2020 年已基本达到消除劣Ⅴ类的目标,但中心城区部分河道仍然面临着雨天泵站放江导致的水质恶化甚至黑臭问题的困扰。雨污混接、泵站放江和末端污水处理能力不足成为上海市区水环境综合提升的瓶颈。

2. 泵站放江污染形势仍然严峻

根据上海市地形及水文特点,雨水排水采取城市圩区模式,中心城区雨水通过管网收集至泵站集中强排入河,产生的放江污染造成河道阶段性水质恶化甚至返黑返臭。

据统计,2015 年全市泵站放江量约为 4.89 亿 m^3,2015 年至 2018 年全市泵站年放江量从 4.83 亿 m^3 减少到 2.07 亿 m^3,2019 年全市泵站放江量又升至 3.95 亿 m^3。由于地表径流面源污染物短时间高强度通过泵站集中排放,对地表受纳水体(河、湖)造成高负荷冲击,导致水质恶化、不稳定,影响水环境治理成果。为此,有必要对中心城区泵站放江污染特性进行分析,了解泵站放江污染规律和可量化的污染程度,从而提出针对性的管控措施;同时,上海从治理中心城区河道水环境的经验中认识到,短期内为达到考核目标必须优先采取处理措施控制和削减泵站放江污染,长期需充分考虑水环境治理的系统性、整体性,形成从源头、过程到末端全过程污染治理的技术体系和管控体系。

3. 受纳水体不能稳定达到水功能区标准

上海市河道经过多年的水环境治理,水质得到极大改善,但城区河道水质持续改善遭遇瓶颈,特别是中心城区主干河道由于沿线分布有大量雨水泵站,河道水体不能稳定达到水功能区标准,特别是降雨后放江导致受纳河道在泵站附近河段出现间歇性黑臭和水质恶化现象。

4. 泵站放江污染综合控制能力不足,缺乏快速、高效、就地处理技术和措施

目前防汛泵站设计目标以城市排水安全为主,现行泵站设计标准中对污染控制要求并不明确,鲜少考虑泵站的污染物拦截和就地削减措施,对于合流污水和分流旱天污水主要通过增设截流泵拦截,一般截流规模较小。针对实际普遍存在的雨污混接、初期雨水面源污染、管道淤泥沉积等现象,亟须结合泵站实际运行状况和水环境质量要求,开展污染物拦截和就地削减技术研发。

截至 2020 年,上海市区苏州河沿线已建成 13 座初期雨水调蓄设施,调蓄容积为 11.16 万 m^3。根据《上海市城镇雨水排水规划(2020—2035 年)》,上海拟新建绿色调蓄设施 825 万 m^3,灰色调蓄设施不小于 407 万 m^3,调蓄设施将成为上海市排水系统的重要组成部分,但现有部分调蓄设施存在安全隐患和实际运行困难等问题,而规划新建大量调蓄设施存在规模受用地所限、运行技术体系还不完善、大规模蓄水量难以同时输送、进厂处理需分时调度等问题,还需开展相应的技术攻关。

此外,辅助和配合泵站调蓄池的运行功能,实现调蓄池收集污水就地处理的相关技术和装备研发欠缺,缺少现成实用的高效处理技术装备,就地处理的出水标准及泵排放标准不明确,难以满足环保考核和生态功能要求。

1.1.3 研究目的和意义

针对"十四五"期间排水系统的建设,上海市水务局提出了加强末端处理能力、削峰调

蓄能力、互联互通能力、精准调度能力、区域收集能力、运维管理能力、智慧保障能力等七个能力建设的要求。面对当前新老问题交错的局面,面对雨水排水"由注重末端治理向强化从源头到末端全过程施策"的理念转变,亟须整合现有科技资源,系统分析梳理泵站放江水环境全链条薄弱环节,在已有研究基础上,提出以泵站放江为核心的重点科技研究任务,为上海市排水泵站优化运行调度、最大程度地保障防汛安全和河道水环境健康提供技术支撑和服务。

解决泵站放江污染难题,前提是需要摸清污染来源,对排水系统污染进行溯源诊断。但目前对排水系统雨季水量和污染物来源的时空分布及其相关性尚缺乏系统研究,对泵站放江污染随雨情的变化特征规律也认识不足。

在此背景下,按照上海市水环境功能区划的总体要求,针对实际情况,通过开展雨水泵站放江排放口污染削减关键技术研究,分析泵站入河污染物的类型、性质、特征及排放规律,为后期开展治理提供理论基础。通过建立水岸一体化协同治理的泵站排放口污染削减技术体系,有效减少入河污染物,减轻排放口附近河道污染负荷,同时通过不同就地处理模式的对比研究,为泵站放江污染控制系统提供技术支撑。

1.2 泵站放江入河污染削减技术现状与进展

1.2.1 国内排水系统现状

根据雨水排放系统和污水排放系统的关系,城市排水系统一般可分为合流制排水系统和分流制排水系统。

如果雨水和污水共用管道排放,则这种排水系统称为合流制排水系统。世界上很多城市排水系统采用合流制排水模式,如英国伦敦在1860年前后建成合流制排水系统并一直沿用至今。合流制排水系统的突出优点是雨污共管,管道利用率高,总体投资少,地下管位空间需求小。如果不考虑水环境问题,则合流制排水系统还有管理简单、不存在雨污水混错接的优点。面对中低强度降雨工况,如果系统设计得当,截流倍数取值合理,降雨初期受地表污染的雨水就可能被收集直接进入污水处理厂处理,初期降雨产生的地表径流污染对受纳河道水环境的影响较小。但是合流制的弊端也很明显,在面临较强降雨的时候,超过截流倍数的混合雨污水则无法处理,直接通过溢流口溢流排入受纳水体,污染水环境。

分流制排水模式是指雨水和污水分别通过不同的管网系统进行输送,污水经过污水管网收集后被输送至污水处理厂,雨水径流经过雨水管网收集后就近排至受纳水体。分流制排水系统的优点是理论上不存在雨天溢流污染的问题。但实际应用中分流制排水系统并不能达到设想中雨污水能完全分离的排水状态。降雨时,雨水首先冲洗空气,然后又冲刷地面、房顶,再冲刷管道,尤其是降雨初期形成的地表径流,并不是干净的,通过研究人员的检测分析成果可知,其污染成分复杂,其中SS(悬浮物)和COD等污染物浓度经常会达到甚至超过污水处理厂的进水浓度,这种水实质是"污水",直接排放会污染水环境,产生城市降雨径流污染问题。此外,分流制排水系统建设投资大,地下空间需求大,管理难度大,容易出现雨污水混错接、混错排等弊端。

目前国内由于公众意识不强、建设程序不完善、设施不配套等多方面的原因,排水系统雨污混接混排现象十分严重。如深圳作为新兴城市,全市范围内排水工程的规划与建设采用完全分流制,然而,1990 年排水管理部门对特区内开发建设最早的罗湖、上步两区进行雨水管道的检测排查时发现,两区的雨水、污水系统几乎已全部混合混流。又如武汉市主城区的规划排水体制中,分流制所占面积约为总面积的 80%,但 2004 年武汉市水务部门在对排水管网开展的普查工作中发现,规划分流制系统的雨水和污水管道大多成了双排合流管道,全市实际分流制地区所占比例仅为 22%。

综合城市发展和排水系统建设历史因素,上海市中心城区现状已形成合流制和分流制排水体制并存的排水格局。合流制排水系统主要分布于中心城区苏州河沿岸,其余区域为分流制排水系统。分流制地区为完全式分流制体系,包括有截流设施和无截流设施两类,全市大部分分流制排水系统为设置有截流设施的截流式分流制。由于历史原因,大部分分流制排水系统存在雨污水管道混接的情况,实际为混流排水系统。分流制系统在低降雨强度时,通过截流泵截流混合污水,不放江,从而使径流携带的污染物更容易在管道中沉积。上海市中心城区三大片区、五大干线的建成使得中心城区点源污染的控制率已达到 85%。随着点源污染治理的不断完善,中心城区面源污染对水环境污染贡献率已超过点源污染,随着时间的推移,这一比例还将继续上升。为此,必须进一步完善和拓展水环境治理思路,确保水环境质量持续稳步提高。

泵站运行模式主要分为以下两种。

(1) 截流式合流制泵站运行模式。在旱天时,生活污水、工业生产废水通过截流设施截流输送至污水干管和污水处理厂,经处理后排入受纳水体;在降雨时,将初期雨水截流至污水干管,随着降雨量的增加,雨水径流也增加,当混合污水的流量超过截流设施的截流能力后,混合污水经溢流井溢出,通过雨水泵排入水体。

(2) 截流式分流制泵站运行模式。通过截流设施及雨水调蓄池入流管对雨水管网中混接的污水和含地表污染物浓度较高的初期雨水进行截流。截流水体通过污水管网输送至污水处理厂处理,达标后排入受纳水体。随着雨水径流量的增加,超过截流能力的雨水,经溢流通过雨水泵排入受纳水体。

1.2.2　雨水径流污染分析

1. 已有研究成果

上海市自 20 世纪 90 年代开始研究城市径流污染,虽然不同研究者得出的由降雨形成的径流中污染物的种类、浓度和污染负荷各不相同,但与国外研究结果相比,上海市由降雨形成的径流污染情况较严重。初期效应是地表径流污染的重要特征,降雨初期对地表冲刷产生的径流污染情况受到污染物种类、下垫面特征、降雨强度和雨型等因素的影响。降雨强度是影响地表冲刷程度的主要因素,不是所有的降雨初期都会对地表产生冲刷,当降雨初期强度较小时,不容易形成初期冲刷现象,强度较大的降雨冲刷效应较为明显。不同城市功能区之间冲刷效应不同,通常商业区初始冲刷效应较强,其次为居民区和工业区,交通区由于受交通行为扰动影响较大,对各种污染物的初始冲刷强度较弱且幅度较为接近。研究表明,不同的屋面材料初期冲刷效应差异较大,其中,对 COD 的初期冲刷较明显。对于不同功能区域的路面径流而言,交通区的路面初期冲刷不显著。

2. 雨水径流污染基本特点

从非点源污染的定义中可以看出,与点源污染相比,雨水径流污染具有以下基本特点:①污染物的种类、排放时间、排放量和排放途径具有不确定性;②污染物形成过程具有复杂性;③污染物排放具有间歇性;④污染物分布范围广、影响因素多;⑤污染物潜伏周期不确定且危害大;⑥污染负荷时空分布差异显著。

虽然非点源污染与点源污染相比,时空分布范围更广,不确定性更大,成分、形成过程复杂,但在总体上仍具有一定的特征和规律。

3. 雨水径流污染对泵站放江的影响

城市径流水质污染是由多种污染源的积累作用引起的。一般来说,城市雨水径流中的污染物主要有降雨、地表径流、下水道系统三个来源。

雨水径流水质污染受众多因素影响,主要包括:

(1)降雨情况。如降雨强度、降雨历时、雨前累计晴天数、雨水本身的水质状况(与大气污染程度有关)。

(2)下垫面情况。如下垫面的位置、下垫面周边的土地利用情况、下垫面铺砌材料、日通行车辆数和人流量、道路的养护情况等。

(3)排水系统的特征。理论上假设分流制能彻底分隔雨水和污水,有利于保护水环境质量。但在实际运行中,采用分流制排水体制的地区存在很多问题,具体表现为:雨水泵站初期雨水排放会对河道水质造成明显的污染冲击负荷;雨季时,雨水泵站将服务区域汇集的雨水排入受纳河道的同时,一些没有有效纳入管网的污水或因雨污管道混接导致的污水流入雨水泵站,造成雨水泵站放江水质污染严重。对于合流制管道,雨水易冲刷管道沉积物或泵站放江水体带动管底沉积物。

(4)管道的保养、疏通情况。合流制系统溢流污染主要源自管道中旱流沉积物的再悬浮。这些沉积物中有机成分含量很高。降雨放江时沉积物受冲刷易造成受纳水体严重污染,在管道疏通、清洗不力的情况下尤其如此。

综上,地表径流污染通过泵站放江短时间、高强度的集中排放,对受纳水体形成高负荷污染冲击,导致水质恶化和不稳定,影响水环境治理成果。目前,对降雨形成的地表径流污染治理,业界公认有两种主要途径:一种是通过城市全面水循环管理[如低冲击开发(Low Impact Development, LID)技术、海绵城市建设等]减少雨水和地表径流的汇集,就地分散处理,减少入河污染。另一种是通过汇集排至末端治理后排放(如在排放口设置人工湿地或污水处理装置等)。

1.2.3 泵站放江污染控制研究

目前国内外泵站放江污染控制主要针对合流制排水系统中的溢流污染(Combined Sewage Overflow, CSO)开展研究。国外对分流制雨水泵站放江污染研究较少,而国内分流制雨水管网污染排放的问题非常严重,引起了业界的重视,近年来相关研究逐渐增多。

传统合流制排水系统功能和任务是将收集的污水及不超过截污流量倍数(简称"截流

倍数")的径流雨水输送至污水处理厂处理后排放。但排水管网在实际运行中,当遭遇高强度降雨时,合流制管网系统通过泵站将超过截流倍数的水体溢流放江,出现向河流排放污染物的现象。因此,如何采取有效措施,减少溢流放江污染物对受纳水体环境产生的危害,成为城市排水系统管理和水环境治理中必须解决的难题。

由于泵站放江污染的产生不仅是泵站本身的问题,还是排水系统规划、设计、施工、养护及管理等一系列过程交互反馈的综合反映,因此,基于系统思维观念和总体视域,考虑排水系统整体改良,从管理、科研、工程技术等多个方面入手加以综合治理,泵站放江污染控制才能取得良好的效果。

1. 国外溢流污染控制技术

国外采用合流制系统的国家或城市较多。日本有 192 个大中城市采用合流制排水系统,如在东京的 23 个行政区中,有 83% 的区域采用合流制系统,其中大阪市约 97% 的区域采用合流制管道系统。美国有 32 个州采用了合流制排水系统,主要集中在东北部和北美五大湖区附近,共有 859 处。德国、英国等国家同样保留了大面积的合流制排水系统。

欧洲、美国、日本等发达国家自 20 世纪 60 年代起就对合流制排水系统雨天时溢流雨水对地表水体污染进行了大量研究,各国针对自身的不同情况,制定了相应的控制措施、政策和规范,并应用到实际工程中。国外许多城市并不一味强调将合流制排水系统改造为雨污分流模式,而是因地制宜地不断完善城市排水系统、加强雨水资源的合理利用与管理,强调对雨水径流及合流制管网系统溢流污染的控制,并取得了显著的成效。

欧洲绝大部分国家的排水系统为合流制,在雨天同样存在排水系统溢流污染的问题。欧洲国家大多于 20 世纪 80 年代开始重视溢流污染控制,将重点放在源头污染控制、城市雨水径流量削减和其他雨水径流污染控制的技术性和管理性措施上。欧盟的《城市污水处理指令》(Urban Wastewater Treatment Directive)对欧盟国家的排水系统进行了规划。该法令根据受纳水体的敏感性,对管道系统和城市污水处理厂的出水水质标准制定了具体要求,并未对 CSO 的控制给出具体的指标,而是留给各成员国自行规划制定,但是该指令建议基于对旱流的截流倍数、污水处理厂处理能力或溢流频率来制定具体对策。

城市雨水污染被列为德国 20 世纪 90 年代水污染控制的三大目标之一,德国修建了大量的雨水池来控制包括 CSO 在内的城市雨水径流污染,并于 1997 年颁布了《合流污水系统暴雨消减装置设置指南》(ATV 128)来控制本国的合流污水对水体的影响,目前对城市雨水径流管理及污染控制已形成较完整的技术体系和相应的法规体系,屋面雨水的收集利用也已实现标准化和产业化。德国早在 20 世纪 70 年代就已经对调蓄设施展开研究,并广泛应用,技术非常成熟。据统计,德国共有合流制雨水溢流调蓄池 3.7 万座,总容积 1 400 万 m³,分流制雨水调蓄池 1 万座,总容积 1 000 万 m³,污水处理厂 1 万座,平均每座污水处理厂有 4.7 座调蓄池。

瑞典在 20 世纪 80 年代初结合本国国情放弃了市政管网雨污分流的思想,认为分流制耗资过大,将合流制改造为分流制存在影响范围广、耗时长、花费高的弊端,技术上仍不足以有效防止城市雨水径流对水体带来的污染冲击,因此,把重点转移到源头污染控制、地表径流量削减和其他雨水径流污染控制的技术性和非技术性措施上,而不是依赖雨污分流的办法。

加拿大长期研究 CSO 污染的控制方法,多伦多市 1950 年前建成的许多区域都采用合流制排水系统,平均每年发生 50～60 次的合流制管道溢流。多伦多市在 20 世纪 90 年代制定了 CSO 污染控制 25 年计划,该计划静态总投资为 10.47 亿美元,平均每年的运行维护费用约为 160 万美元。2005 年多伦多市又制定了新的 CSO 污染控制计划,并于 2006 年成立环境评估小组,负责监控这些计划的实施情况。

日本使用合流制排水系统的城市较多,在系统改造之前,日本合流制系统的溢流污染问题非常突出,因此专门成立了合流制管道系统顾问委员会研究 CSO 污染的控制问题,主要在格栅、高效过滤、沉淀和分离、检测仪器设备和控制方法等领域开展 CSO 污染控制研究,提出了 24 种相关技术并在 13 座城市开展了实际应用。2001 年 6 月正式设立了合流式下水道改造对策委员会,除了对合流式下水道进行调查评估之外,还发布了旨在保护水质的水域保护方案、改造目标、监控系统等具体实施计划,还从全局性角度出发,对合流式下水道改造计划的实施方案进行研究。合流改造成为城市水资源再生项目的重中之重。根据日本下水道设施设计规范针对合流式下水道截流能力的规定,管道设施、泵站设施的截流倍率要求在 3 倍以上。此外,合流改造对策要求对城市雨水从水质和水量两方面进行管理。合流式下水道一般性改造的主要对策是增加截流量和增设雨水调蓄设施,通过数值模拟制订改造对策。合流式下水道的改造目标是削减污染负荷、确保公共卫生安全、去除漂浮物。

规划建设调蓄设施是日本进行雨水系统改造的重要措施。日本横滨市为了降低初期雨水的污染,缓解暴雨积水,减少系统改建的投资费用,规划建设了 16 个调蓄池,调蓄池容量普遍集中在 6 000～80 000 m^3,最大的调蓄池容量达 11 万 m^3,调蓄池的体积为截流面积×5 mm(即每 100 hm^2 汇水面积调蓄水量为 5 000 m^3)。调蓄池一般建造在地下,顶部多为公共绿地、停车场或球场。类似调蓄设施在大阪等地也用于 CSO 污染的控制。

加拿大 Uwe Haberlandt 开发了一个简单模型,从实际的运行数据出发对排水系统的降雨管理问题进行了分析。Steven 等对雨天排水管理的发展历史进行了系统研究,指出现实运行管理中存在的问题,并提出针对性的管理措施。Mark 等对泵站的控制进行了优化模拟,分析了水泵扬程、进水池水位、水泵台数等对水泵运行的影响。Bruce 等在前人研究成果的基础上建立了水泵出水流量及进水池水位与时间的函数关系模型,提出了水泵开停机的最佳水位。Jacob 等提出利用灰箱模型描述排水管道的调蓄能力,根据获得的在线实时特征数据,提供科学的溢流量、水泵输送能力和污水管网富余调蓄能力等信息。这些研究成果,为优化排水系统中泵站的运行、充分利用管网的调蓄能力、减少排水系统雨天溢流水量、降低进入受纳水体的污染物负荷提供了重要的理论依据。

美国从 20 世纪 60 年代开始重视对雨水径流和合流制溢流污染控制的研究。1972 年《清洁水法》通过后,美国环境保护署、各州府和地方水污染管理机构采取相应措施减少排水管道污水的溢流量,并对雨污混合污水在溢流时进行调节、处理,保证溢流后对受纳水体水质的影响限制在控制目标内。1995 年,美国环境保护署发布 CSO 九项技术控制指南,2001 年又提出了实施绿色措施协议,其中强调在 CSO 污染控制过程中要尽量采取雨洪管理的绿色措施。

美国控制 CSO 污染的方法包括:

（1）使现有系统效率最大化。包括加大管道冲洗，增大系统的运输与储存能力，减小雨水入流量，改建溢流设施，调整污水处理厂的运行方式以适应短期雨水洪峰，等等。这些方法具体体现在美国环境保护署颁发的排放许可体系的 9 条最小控制措施中，通过管道系统与溢流设施的正确操作及定期维护，最大化发挥系统储水能力，使排放影响尽可能降低。同时要求禁止晴天排放合流污水，最大化利用污水处理厂的处理能力，控制悬浮固体，实现污染预防和定量监测。

（2）设置线内与线外调蓄池。通常用于截流发生频率较高的降雨和强降雨的初期雨水，待下游管道及处理厂有空余能力之后再将截流污水排入下游。虽然设置调蓄池不能完全消除溢流，但它是公认的经济有效的控制方法之一。

（3）采用雨污分流的解决方法。使用这种方法成本较高，通常仅限于溢流污染非常严重的高度城市化地区使用。然而，改造后的分流系统如果不对受污染的雨水和管道沉淤进行处理，也不能达到预期理想的改善效果。其他 CSO 控制方法如消毒、微滤、湿地处理、操作优化和实时控制等技术，多用于限制性的特定场合。

除了采取工程措施削减排水系统排入受纳水体的污染物负荷外，国外还开展了优化和加强排水设施运行管理方面的研究，主要集中在泵站的优化运行管理上。如 David 等对排水系统设计中的短期集中降雨进行了研究，为排水系统的设计和优化运行提供了重要的参考依据。

2. 国内溢流污染控制技术

总体来看，CSO 控制措施可分为源头控制、管道系统控制、储存调蓄控制和末端处理控制四大类运行管理控制。

1）源头控制

雨水径流量的汇入是合流制排水系统雨天溢流污染的根本原因，可以从水质和水量两方面进行面源污染控制，比如加强下垫面的清洁，最大程度减少进入合流制管道的潜在污染物的含量，同时还可以有效调整进入管道系统的径流总量、峰值流量，实现削减雨天溢流污染负荷的效果。目前，国内学者借鉴国外先进的技术理念，注重应用城市低影响开发技术，主要有以下几个方面：

（1）屋顶绿化。由护根层、种植层、过滤层和蓄排水层等组成的屋顶绿化结构，通过拦截悬浮物 SS 和颗粒态较多的 COD，实现一定的去污能力。同时，屋顶绿化利用蓄排水层进行雨水的储存，供自身使用。

（2）植被浅沟。植被浅沟设计和布局灵巧，在某些地区经常被用来代替管道进行径流雨水的输送和排放，通过不断的下渗作用减少径流量，同时可以截留大量污染物。

（3）透水铺装。透水铺装结构主要由混凝土块和塑料网状结构填以砂、砾石及土壤等组成，在确保道路通行功能的前提下，可达到较好的下渗排水效果。同时，透水铺装结构作为一种滤体，可实现对颗粒污染物的有效截留。

2）管道系统控制

为了实现雨天溢流污染物总量削减目标，合流制溢流污染的管道系统控制主要思路是从整体系统入手，合理规划设计管道参数，从源头减少进入合流制系统的径流量，并采取措施增加截流能力，实现溢流污染的控制。

（1）优化截流倍数。截流倍数是雨天溢流污染控制系统的一个重要参数。工程实践一般认为，在规定的截流倍数范围内，截流倍数越大，相应的污染控制效果越好，环境整体效益越优，因此，理论上可以通过加大截流倍数实现雨污水全部截流，避免雨天溢流的产生。但是，截流倍数越大，对污水厂处理能力要求就越高，相应管道和污水厂的工程费用也越高。同时，在晴天和较小降雨时，对应截流部分的输送能力和处理能力都存在一定程度的浪费。所以确定合理优化的截流倍数要根据污水处理厂规划设计能力、当地管网情况、经济能力、雨天溢流控制要求综合考虑，在满足环境标准的前提下，合理选择相适应的截流倍数，既能有效控制对受纳水体的水质和水量的影响，又能实现最优化的经济效益。

（2）管道冲洗。旱天时，合流制管道在长期运行过程中，污染物会逐渐沉积严重，雨天时沉积污染物受冲击泛起并随溢流进入受纳水体。有关研究表明，合流制排水管道普遍存在沉积物，且管道中沉积物较为严重。针对这种情况，晴天时加强对管道沉积物定期清洗冲洗，可在一定程度上降低溢流时污染物的浓度。管道冲洗主要有人工冲洗和自动冲洗。目前我国人工冲洗通常使用冲洗车或消防栓从检查井向管道内注入高压水流，实现冲洗管底沉积物的目的，但是对于管道内积存的一些重颗粒物，难以通过人工冲洗进行清除。自动冲洗通过在管道内部安装水压冲洗装置，对管道沉积物进行定期冲洗。目前我国已有比较成熟的自动冲洗技术产品用于排水系统中。

3）储存调蓄控制

雨水调蓄是雨水调节和雨水储存的总称。在传统意义上，雨水调节的主要目的是削减产汇流洪峰流量；雨水储存主要是为了满足雨水利用的要求而设置雨水暂存空间，待雨停后将其中的雨水加以处理或净化使用，所以雨水储存兼有调节的作用。在分流制排水系统中，调蓄池主要是用来储存水质较差的降雨前期地表径流汇集的雨水（也简称"初期雨水"），降雨过后再输送至城市污水处理厂处理，减少降雨期间对污水处理厂的冲击。

在合流制系统中，为了控制溢流污染物的排放量，需在污水处理厂前端建设调蓄池，收集溢流污水。在降雨初期，小流量的雨污水进入污水处理厂，当雨水流量增大时，部分雨污混合水溢流进入调蓄池，贮存的水量在管道排水能力恢复后返回污水处理厂。由于雨量高峰时通过调蓄池对峰值流量进行调节，减小进入污水处理厂的在线流量，使其符合处理能力要求，避免含有大量污染物的溢流雨水直接排入水体，因此，设置调蓄池不仅可以缓解雨天对污水处理厂的冲击负荷，保证处理效果，还能减少溢流排放对受纳水体的污染。

调蓄池的形式主要有在线调蓄和离线调蓄。在线调蓄是在管线路由上建设储存池，在线调蓄池只有当流量超过一定规模时才能发挥调蓄作用。离线调蓄是在排水管线路由附近建设储存池储存超过设计流量的污水，其运行方式是在暴雨期间收集储存初期汇流雨水，降雨停止后再将储存的雨水输送至下游管道或污水处理厂。选择何种形式的调蓄池与城市的地形条件、降雨特征有关。如上海地区的雨水调蓄池主要采用离线形式。

CSO调蓄池的规模取决于设置形式（在线和离线）以及CSO与受纳水体流量的比值。欧洲一般按不透水表面和降雨量设计，大多数国家采用 $1.5 \sim 4.0 \ mm/hm^2$ 作为调蓄池设计标准，该设计标准是基于调蓄储存 90% 的污染物。德国采用标准计算公式法和临界雨水量法。日本采用估算法。美国环境保护署提出两种算法：

（1）假设法，即根据多年降雨资料统计分析结果，得出 CSO 调蓄池规模与溢流次数或溢流量之间的关系，然后确定 CSO 调蓄池的规模（如溢流次数控制在 4～6 次或溢流体积控制在 85％的容量）。

（2）论证法，即编制并实施一个长期系统规划以满足受纳水体水质标准。

发达国家普遍采用的方法是基于满足受纳水体水质控制目标来确定 CSO 调蓄池的位置和规模，通常借助数学模型模拟特定条件下 CSO 调蓄池不同规模、位置的控制效果，通过逼近得到 CSO 调蓄池的最优解。

调蓄池在减少污水排放量的同时，也降低了污染物的浓度。如徐贵泉等构建了苏州河水系水量水质模型和排水系统管网水力模型，设计了 8 种 1～12 h 降雨工况，分析得出 5 座调蓄池在设计降雨条件下的溢流量总削减率为 11.18％～21.13％。研究表明，调蓄池在合流制排水系统中可达到的去除效果如下：TSS（总悬浮固体）为 50％～70％，TP（总磷）为 10％～20％，TN（总氮）为 10％～20％，有机物为 20％～40％，铅为 75％～90％，锌为 30％～60％，细菌为 50％～90％。

从 CSO 控制技术的发展趋势来看，发达国家已从"末端"控制转向"源头＋中途＋末端"综合控制模式。国内由于合流制系统大部分位于开发密度较高的老城区，受场地条件限制，采用源头控制技术非常困难，调蓄池技术将成为我国大部分已开发城市今后 CSO 污染控制的主要技术措施。

4）末端处理控制

源头控制和过程控制并不能彻底解决 CSO 污染问题，当降雨量较大时，汇流依然会超出污水厂处理能力而发生溢流，因此，末端辅助处理是解决 CSO 污染最直接的方法。末端处理主要是对管道系统末端的污染物净化，减少排入受纳水体的污染物负荷量，去除的物质包括营养物质（氮、磷等）、有机污染物质、微生物等。末端控制方法主要包括对泵站本身进行改造，采用旋流分离器分离、薄板分离、砂滤分离、格栅分离等机械方法，以及吸附、混凝、絮凝、消毒等物理化学方法。

杜立刚等以武汉市庙湖水环境提升工程中两大合流排放口治理为例，介绍了合流制溢流调蓄与处理设施方案设计。工程采用"分散调蓄＋集中处理"的方案，溢流控制标准为年均溢流 4～6 次。采用 InfoWorks ICM 软件模拟计算和复核调蓄规模，确定卓北闸调蓄设施规模为 4.5 万 m³，滨湖闸调蓄设施规模为 5.5 万 m³，并通过管网连通 2 个调蓄池。采用"预处理＋高效沉淀池＋生物接触氧化池＋斜管沉淀池＋机械滤池＋人工生态系统"的组合处理工艺（图 1-1），对除了进入污水处理厂以外的 2 万 m³/d 的溢流污水进行处理。由于缺乏初期雨水及溢流污水处理后尾水排放标准，若采用较高的出水标准，则存在工程投资高、占地范围大、旱季处理设施利用率不高等问题，经综合考虑进水水质、湖泊目标水质、造价、占地等因素并结合国内类似案例，设计出水水质设定为达到城镇污水处理厂出水一级 A 排放标准，即 COD≤50 mg/L，SS≤10 mg/L，氨氮≤5(8) mg/L，TP≤0.5 mg/L。

史昊然等针对初期雨水及合流制溢流水质和水量波动大而引起的调蓄工程处理能力不足、运行能耗高及难以有效收集高负荷合流制溢流污水等问题，通过对不同时期进入调

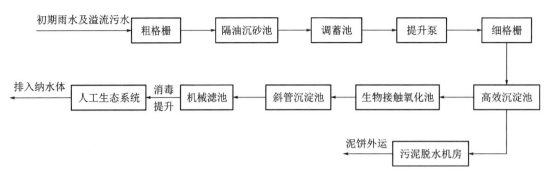

图 1-1　调蓄处理工艺流程

蓄工程的合流制溢流水质和水量特征的分析,结合调蓄工程处理工艺的沿程水质指标检测结果,分析了"微砂高效沉淀池＋接触氧化池＋D型滤池"工艺(图 1-2)对合流制溢流的实际处理效果。结果表明,初期雨水及合流制溢流均表现出水质水量波动大、氨氮含量高、COD_{Cr}(化学需氧量,采用重铬酸钾作为氧化剂)含量低的特征,氨氮是调蓄处理工艺出水水质达标的关键指标;同时,生化处理单元进水 COD_{Cr} 浓度低的特征不利于接触氧化池的生物挂膜,降低了工艺的实效处理能力。项目设计进水水质指标根据初期雨水水质及辖区污水实际浓度进行分析确定,出水水质指标根据《巢湖流域城镇污水处理厂和工业行业主要水污染物排放限值》(DB 34/2710—2016)要求,并参照国内类似的初期雨水处理工程进行确定,具体如下:设计进水浓度 COD_{Cr}、NH_3-N、TP 分别为 200,15,3.5 mg/L,设计出水浓度 COD_{Cr}、NH_3-N、TP 分别为 40,2.0,0.3 mg/L。"微砂高效沉淀池＋接触氧化池＋D型滤池"工艺相对于常规活性污泥法具有更高的抗冲击负荷能力,同时为满足后续的尾水回用,可增加设置过滤及消毒工段。

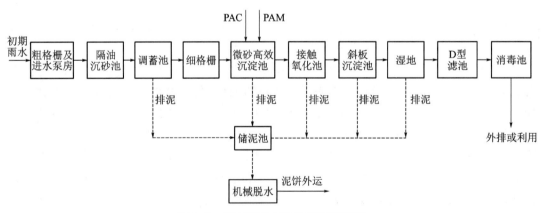

图 1-2　雨水调蓄工程处理工艺流程

1.2.4　就地处理技术的应用研究

根据调研以及资料收集分析,目前针对泵站污染物末端削减的技术工艺主要有水力自洁式滚刷、水力颗粒分离、旋流分离、气浮、磁混凝沉淀等。

1. 水力自洁式滚刷拦截过滤技术

水力自洁式滚刷是一种在降雨时能够有效截留汇流雨水或溢流混合污水中漂浮物的技术，其设备只需对现有泵站排放口溢流堰进行改造即可安装，非常方便，运行时无需外部动力（图1-3、图1-4）。水力自洁式滚刷的运行原理如下：

在降雨初期，随着溢流堰前水位的上升，浮动污泥挡板逐渐处于封闭状态，雨水开始溢流。

在雨水溢流过程中，水流带动水轮转动，在水轮的驱动下，滚刷逆流转动开始对溢流污水进行过滤。滚刷中梳状的毛刺可截留溢流污水中的固体污染物，并被拦渣板剥落截留在浮动污泥挡板与拦渣板之间所形成的闭合污染物收集空间中。

图 1-3 水力自洁式滚刷示意图

图 1-4 水力自洁式滚刷应用

在溢流过程中，浮动污泥挡板一直保持关闭。当降雨结束，合流污水不再通过溢流堰溢流时，随着溢流堰前水位的降低，浮动污泥挡板开启，所有截留的固体污染物在重力作用下，重新回落至污水管道，通过污水管道输送至污水处理厂。

水力自洁式滚刷用在初期雨水或泵站溢流污水治理中具有以下技术优势：①组件能够进行模块化设计，因此可以改造安装于小型检查井中（如直径 600 mm）；②水轮驱动能够连续自动运转，无需外部动力；③设备可以自动运行，不需要动力运行费用；④结构坚固，可由 304 级或 316 级不锈钢制成；⑤滚刷逆流式转动，可保证高效清洁效果；⑥轻巧、灵活的滚刷结构设计，不会产生堵塞、淤积；⑦滚刷由特殊材料制成，对污水具有持久的耐磨、耐腐蚀性能。

2. 水力颗粒分离技术

水力颗粒分离器是一种固体颗粒分离装置，主要用于处理排水管渠中大流量的雨水或合流污水，具有结构紧凑、水头损失小的特点，可以在现有的管道中进行改造安装。它能够有效地保证溢流雨水的清洁，防止自然水体受到污染。

水力颗粒分离器的进水单元由格栅、进水室组成，进水流速的大小根据颗粒物特性实现理论最优分离的要求设定。格栅和分离室的尺寸必须经过计算确定。处理单元是水力颗粒分离器的核心组成部分,是整个设备中的关键组件,主要由斜板、挡水板、集油器和冲洗设备等组成。进入水力颗粒分离器的雨水水流依次通过格栅、进水室,从斜板底部一直流到顶部,水中的固体颗粒逐渐在斜板表面聚集。如 Hydro 水力颗粒分离器(图 1-5、图 1-6)的斜板可以自动倾斜,无需外动力即可根据分离单元的水位倾斜至所需的角度。斜板之间的距离同样可以进行调整。分离单元排空之后,斜板恢复到自然垂直状态,聚集在上面的颗粒杂质在重力作用下滑落至底部。在冲洗设备的清洗下,截留的颗粒杂质被清理到收集渠,然后通过污水泵提升到污水管道,进入污水处理厂进行处理。

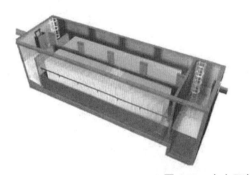 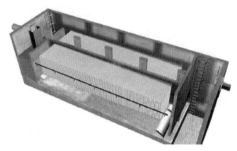

图 1-5　水力颗粒分离器结构图

[图片来源:汩鸿(上海)环保工程设备有限公司网站]

图 1-6　水力颗粒分离器应用

[图片来源:汩鸿(上海)环保工程设备有限公司网站]

3. 旋流分离技术

旋流分离技术是一项高效的固液分离技术。它是根据离心沉降和密度差分原理设计而成,能直接、高效、快速地分离固体悬浮物,削减固体悬浮物含量。常规旋流分离器结构主要由进水口、主体分离腔、溢流出水口和底流排污口组成。雨水径流或合流制溢流污水以较高速度从进水口沿切线方向进入分离腔,受外壁限制作用,作由上而下的旋流运动,由于固液两相存在密度差,所受到的离心力、向心浮力和流体拖曳力并不相同,较重的固体颗粒随部分液体经旋流器底流排污口排出,而大部分经过分离后的清液经过溢流出水口排出,从而实现固液分离的目的。

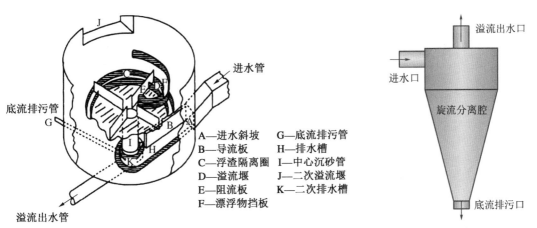

图 1-7 典型水力旋流分离器结构图(EPA 旋流分离器)   图 1-8 典型压力旋流分离器结构图

用于雨水径流及合流制溢流污水处理的旋流分离器,根据动力来源不同可分为水力/无动力旋流分离器和压力/动力旋流分离器。水力旋流分离器(图 1-7)随设备技术改进,底流排污口逐渐被沉砂室取代,主要为圆柱体结构;压力旋流器(图 1-8)主要为上部圆柱、下部锥体相结合的结构,设置底流排污口。

1) 水力旋流分离器

水力旋流分离器由于无动力运行,需充分利用现场的水头差形成入口压力。其一般设置于地下,具有结构简单、无能耗、运行维护费用低、对大颗粒($>125\,\mu m$)污染物去除效果较好、不影响景观、易实现规模化和连续运行等特征;对小颗粒污染物去除效果较差,但经过不断地研究和改进,分离效率有了很大的提升,如 Vortechs® 水力旋流分离器系统对大于 $50\,\mu m$ 的颗粒也能取得较好的分离效果。另外,分离效果还取决于入口压力和进水口流速。如小雨期间,进水口流速过小导致旋流速度过慢,对固体颗粒分离效果影响较大。随着研究的不断深入,水力旋流分离器的功能形式也更加丰富,并逐步向处理效果提升、清理维护自动化、智能化,产品规格化、系统化等方向发展。水力旋流分离器可以安装在雨水排放口或雨污合流溢流口取代检查井,设置成在线或离线控制系统,但进行旧井改造时,考虑到与现场管线的连接问题,水力旋流分离器选择需考虑进水管管底标高与出水管管底标高的关系,两者不宜倒置。水力旋流分离器还可以作为预处理措施与其他雨水处理设施相结合形成综合雨水处理及回用系统,在雨水径流及合流制溢流污水处理领域将会有更广阔的应用前景。

20 世纪 60 年代初,Bernard Smisson 在英国研制了第一代水力旋流分离器的雏形,并首次将其应用于合流制溢流污水处理;从 20 世纪 70 年代起,美国环境保护署对水力旋流分离技术进行了一系列的试验和研究,确定了最佳操作和设计参数,最终形成以 Swirl 为代表的第二代旋流分离器,相较于第一代 Bernard Smisson 旋流分离技术,其增加了流量控制功能;20 世纪 80 年代,以英国的 Storm King 为代表的第三代旋流分离技术克服了Swirl 旋流分离技术存在的固体颗粒物再悬浮以及高流量条件下水头损失大等缺陷;20 世纪 80 年代中后期,为降低高流量下的紊流扰动状况,在旋流分离腔内去除了阻流板和其他障碍物,形成了以德国的 Fluidsep 为代表的第四代旋流分离技术。这些旋流分离技术都具有固体颗粒物分离沉降、漂浮物隔离功能,且都有底流排污管。底流污水需要排入污水处理厂进行处理,但当需要用泵进行排除时会增加能耗和运行管理费。Swirl旋流分离技术具有Storm King和Fluidsep旋流分离技术没有的流量控制功能,且所需入口压力更低,当不能满足入口压力时,在进水口之前的管道设置提升泵站时就不再是无动力旋流分

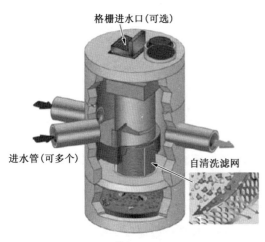

图1-9 CDS®水力旋流分离器结构图

离系统。在此基础上,科研工作者开发了新一代水力旋流分离技术,其主要特征是在底部设置了沉砂室取代底流排污管,沉积的底泥经过一段时间堆积后需通过人工清掏或真空吸泥车进行排除,例如新西兰的Downstream Defender®旋流分离技术,美国的CDS®(图1-9)和Vortechs®(图1-10)旋流分离技术等。CDS®旋流分离器最大的特征是增加了特有的连续自清洗滤网(2.4 mm筛孔),能截留全部2.4 mm或以上的漂浮物和碎片,且利用分离腔内部不断旋转运动的水流进行水力剪切堵塞的颗粒物,另外还可以设置多条不同方向的进水管。

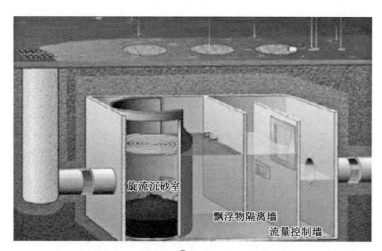

图1-10 Vortechs®水力旋流分离器系统

然而,国内应用于雨水径流及合流制溢流污水处理的水力旋流分离专利技术相对较少,主要的创新是在水力旋流分离技术的基础上增加了过滤、防止堵塞、易于清理、改善流态和改变进出水口方向等功能,以及研发结合其他处理措施的一体化雨水径流及合流制溢流污水处理系统,但目前实际工程应用案例还较少。2009年前后,江苏大学在前期研究的基础上设计了水力旋流分离器,并进行了多次实际工程应用,如镇江第三人民医院的雨水处理与回用示范工程,设计规模为15 m^3/h,采用地下式安装,无水泵提升。运行结果表明,水力旋流分离器处理效果随时间波动较大,对浊度、SS去除效果较好,每年综合利用雨水6 000 m^3,实现了雨水资源回收利用和部分收益。

　　2）压力旋流分离器

　　压力旋流分离器需依靠外部动力运行,一般借助污水提升泵,所以不受位置限制,可设置于地上,也可设置于地下,位于合流制排水泵站后端。压力旋流分离器具有操作简单、处理量大、占地面积小、相较于水力旋流分离器对细颗粒(粒径为 $30\sim45\ \mu m$)有更好的分离效率等优点,特别是对于暴雨径流瞬时流量大、脉动性强、固体悬浮物浓度高的污染源有很强的针对性。目前,国内压力旋流分离器已经较为成熟,种类也较多,设备一般需要根据压力旋流分离器直径、进水口压力、处理能力和分离颗粒物粒径等进行选择。但压力旋流分离器运行能耗高,设备磨损快(特别是进水口与出水口周边),且分离效率还取决于操作参数(主要是进口压力)、结构参数、进水浓度和颗粒粒径。城市用地紧张、城市规划景观要求高和运行费用大,制约了压力旋流分离器在雨水径流及合流制溢流污水处理领域的推广应用。但在合流制污水泵站、雨水泵站等有条件的地方,可以设置压力旋流分离器,利用现有提升泵站的动力,结合 PLC 自动化控制,对初期雨水和溢流污水进行处理,减轻泵站排入城市水体的污染负荷。

　　压力旋流分离技术在国内外多应用于石油、矿山、煤炭等工业领域,也应用于黄河水泥沙分离、废水澄清和浓缩处理中,其结构参数(包括水力旋流器直径、进水管直径、溢流排污管直径、锥体角度、溢流出水管插入深度、筒体柱段长度等)、操作参数(进口压力、进水浓度、颗粒粒径及分布等)以及计算机模拟研究都已经较为成熟。但该技术由于能耗高、运行费用大等原因很少应用于雨水径流及合流制溢流污水处理。

　　2002 年,清华大学学者发明了多功能复合型固-液旋流分离器,具有导流、阻隔分离与旋流分离多重功能。对于粒径在 $30\ \mu m$ 以上的固体颗粒去除效率可达 65% 左右;对于粒径在 $10\sim30\ \mu m$ 的固体颗粒去除效果也可达 36.3%。其增加的导流板能有效降低进水口压力,减小能耗,相对于无导流板的 200 mm 和 100 mm 柱锥型旋流分离器,其进水口压力不能低于 0.06 MPa,并且需要控制在 $0.05\sim0.12$ MPa,可更好地应用于雨水径流及合流制溢流污水处理中。在"十一五"国家水体污染控制与治理科技重大专项研究期间,清华大学科研团队在常州晋陵泵站道路初期雨水处理示范工程中,设计选用了能有效分离 $40\ \mu m$ 以上颗粒粒径的压力旋流分离器,处理规模为 $60\ m^3/h$,经监测压力旋流分离器对 SS 的去除效果较为明显,平均去除率为 36%,但波动较大。2011 年,安徽建筑工业学院在前期水质调查和小试研究的基础上,开展技术示范工程,在合肥南淝河清 I/II 冲沟泵站内设计建造了溢流污水就地处理设施,利用泵站排水压力,对进入压力旋流分离器的溢流污水进行处理,处理规模为 $55\ m^3/h$。6 次降雨监测结果显示,压力旋流分离器对 COD、SS 的平均去除率分别达 35.2% 和 47.4%。

　　4. 气浮技术

　　气浮技术应用较为广泛,工艺比较成熟,药剂投加量较普通沉淀法少,主要用于密度跟水接近的悬浮物质的分离。其基本原理是向废水中通入含有大量微气泡的溶气水,气泡与絮体及污染物颗粒产生黏附后上浮至水面,实现去除污染物的作用(图 1-11)。气浮技术按照加气方式可分为溶气真空气浮、加压溶气气浮、电絮凝气浮等。

　　1）溶气真空气浮

　　溶气真空气浮是在加压条件下将空气溶入水中,在负压条件下析出形成溶气水。整

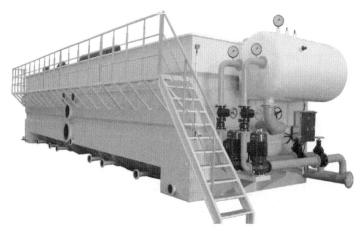

图 1-11 气浮设备

个过程需要在负压条件下运行,析出的空气量取决于溶解空气量和真空度。该方法的优点是气浮分离整个过程都在设定条件下进行,絮体所受扰动较小,固液分离效果比较稳定。缺点是气浮池构造比较复杂,运行和维护成本高,限制了其在实际工程中的应用。

2)加压溶气气浮

加压溶气气浮是在压力罐中将空气溶入水中,经释放器常压释放产生溶气水,空气在压力作用下溶解于水中并达到饱和状态,恢复至常压后溶解于水中的空气便以微气泡的形式析出,产生稳定致密的溶气水,这种微气泡产生方式简单,实验室小试时多采用空压机供气、离心泵供水产生溶气水,工程应用时多采用溶气泵直接产生溶气水。

3)电絮凝气浮

电絮凝气浮是一种新型气浮工艺,利用铁铝等可溶性阳极产生的 Fe^{3+} 和 Al^{3+} 等阳离子经过水解、聚合作用起到混凝作用,从而有效去除水中的悬浮污染物。水电解时会在电极表面产生如 H_2、O_2 等细小气体,其黏附性很好,吸附着絮体和悬浮物上升到水面,达到净化效果。电絮凝气浮多用于去除较为细小分散的悬浮物和胶体。主要优点是产生的气泡直径小、泥渣量少、工艺比较简单等。缺点是阳极易腐蚀、电板极易结垢。

在"十三五"期间全国水污染防治行动中,气浮技术已广泛应用于河道治理、市政水厂提标、工业废水除磷等领域,在河道水质提升和泵站溢流污水治理方面均有气浮技术应用的成功案例。通过特殊的反应器结构、气体释放器以及高效复配药剂可高效去除河道、溢流污水等水体中的 TP、无机质颗粒物、胶体、油脂等物质,同时还可有效降解有机质(TOC、氨氮)等,出水 SS 可达到 5.0 mg/L 以下,TP 可达到 0.05 mg/L 以下,浊度小于 0.5 NTU,较好地实现了水体的净化效果。

以南京江宁区洋桥泵站放江处理为例,该泵站为雨污混排污水泵站,由于缺少相应的污水处理过程,积存污水外排对周边环境造成污染,极大地影响了附近市民的日常生活。为了响应南京市总体污水整治工作,减少泵站溢流污染,采用以气浮+MBBR 为主的处理工艺,泵站对溢流水体进行处理,达到地表 V 类水标准后外排河道。结合泵站实际情况配套了最大处理能力为 10 000 m³/d 的污水处理设备,稳定运行后出水水质达到地表 V 类水标准。项目的工艺流程见图 1-12,主要处理流程可分为水处理和污泥处理。

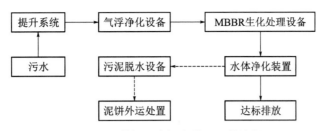

图 1-12 洋桥泵站污水处理工艺流程

（1）水处理流程。首先通过转鼓格栅、前置气浮净化装置对污水进行预处理，去除对后段处理单元有影响的固体垃圾、SS 以及部分 COD、TP 等污染物，再通过配水装置均匀配置水量后进入 MBBR 生化处理装置。其中，生物硝化采用两种生物填料联合的方式，前段为硝化填料，达到硝化和脱碳作用，并且可以防止填料堵塞；后段采用多孔结构复合填料，其具有极高的生物浓度，并可培育生长出一定厚度的生物膜，能够同步实现水中氨氮的硝化和硝酸盐、亚硝酸盐的反硝化，同步实现对氨氮、总氮污染物的有效去除。完成 MBBR 生化处理的生物硝化、反硝化工艺后，后置水体净化装置（气浮工艺）进一步深度去除水体中残留的 COD、TP、SS 等污染物，后续通过消毒处理，最终实现水体稳定达标排放。

（2）污泥处理流程。污泥主要由前置水体净化装置、后置水体净化装置产生。先用污泥泵将污泥排入储泥桶，经过储泥桶重力分层后，上部清液回流，下部污泥由泵打入污泥脱水机进行脱水，干化污泥袋装后交由污泥处置单位外运安全处理。

项目平面布置见图 1-13，其中前置气浮净化装置 2 台，单台主体设备尺寸为 10 m× 3.2 m×3.1 m，MBBR 生化处理装置共计 12 台，分 2 组运行，单台主体设备尺寸为 13 m×3.5 m×3.1 m，项目总占地面积约 1 200 m^2。本项目设备采用模块化装配，缩短了建设周期，从开工建设到出水达标用时 3 个月。

根据运行数据，处理系统进水 COD、氨氮、TP、TN 浓度分别为 95～150 mg/L，16～27 mg/L，0.8～2.4 mg/L，19～27 mg/L，系统出水 COD、氨氮、TP、TN 浓度分别为 5～35 mg/L，0.1～1.2 mg/L，0.1～0.36 mg/L，8～12 mg/L，出水浓度达到设计要求且运行稳定。

5. 混凝沉淀技术

受混接混排和初期雨水影响，雨水泵站前池及溢流污染物中 SS 含量非常高，且存在溢流时间短、冲击负荷大等特点。根据国内外相关资料和研究成果，采用混凝沉淀技术进行处理是溢流污水高效处理的首选方法。化学混凝强化法原理类同于混凝沉淀原理，即向水体中投加混凝剂、助凝剂，使水体中的微细粒和胶体污染物发生凝聚和絮凝反应，形成较大的颗粒，提高沉淀效率。

目前多种溢流污水高效絮凝处理工艺已成功商业化，例如德国 Kruger 公司（Veolia Water 集团下属子公司）的 Actiflo 工艺、法国 Degremont 公司的 Densadeg ＋Biofor 工艺和 Parkson 公司的 Lamclla Plate 工艺等，以及国内的磁絮凝工艺、高效浊水净化工艺等。各类工艺原理基本相似，即将泵站污水或溢流污染物抽至设备中进行絮凝处理，但在装置占地面积、设备构造、絮凝剂及助凝剂种类等方面有所不同。

图 1-13　洋桥泵站污水处理现场平面布置

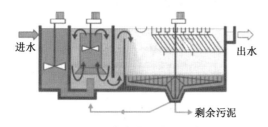

图 1-14　高密度沉淀池示意图

1）高密度沉淀池（图 1-14）

高密度沉淀池以 Degremont（得利满）公司开发的 Densadeg 工艺为典型代表，是一种带有污泥外部循环的改进型絮凝澄清池，将斜管澄清和污泥浓缩两种原理结合，具有结构紧凑、易于封闭、对环境影响小、灵活、高效等优点。

（1）工艺特点

① 产水量高。因池体内设有带浓缩功能的刮泥机，外排污泥的浓度较高，减少了水量损失。

② 污泥浓缩同步完成。外排污泥浓度高达 20～40 g/L，可直接脱水，无需再浓缩，节省了污泥后续处理的投资及运行费用。

③ 用地集约紧凑。Densadeg 工艺高性能沉淀池集絮凝、沉淀、浓缩于一体，结构紧凑，水力负荷高。

④ 抗冲击负荷能力强。因为絮凝区污泥浓度主要依靠浓缩污泥的回流，不依赖进水絮凝后的悬浮絮体，所以对原水的水质和水量波动的敏感性不强。

⑤ 削减污染效果显著。对 TP、SS、COD 都有较好的去除效果。

⑥ 外加药剂得到高效利用。污泥的回流促进了反应池中的混凝和絮凝作用，且回流污泥中会含有一定的药剂成分，回流至絮凝区后，延长了泥渣和水的絮凝接触时间，使药剂再次得到利用，进一步减少药剂的投加，比常规混凝沉淀工艺节省药剂 10%～20%。

（2）工艺参数

适用于 CSO 处理的高密度沉淀池主要设计参数见表 1-1。由于原水水质的不同，高密度沉淀池设计采用的水力负荷（上升流速）差异很大。对于污水深度处理、污水初级沉淀、雨水及合流污水处理,SS 去除率与上升流速的关系如图 1-15 所示。由于初期雨水中各类污染物的可沉比例较高、有机物含量相对较低,采用高密度沉淀池处理雨水或合流污水,其上升流速参数可偏大取值。

表 1-1 适用于 CSO 处理的高密度沉淀池主要设计参数

参数	数值
最大斜管上升流速/$(m \cdot h^{-1})$	100
典型水力负荷/$(m \cdot h^{-1})$	20～40
排泥浓度/$(g \cdot L^{-1})$	30～80
处理后水的悬浮物浓度/$(mg \cdot L^{-1})$	<30

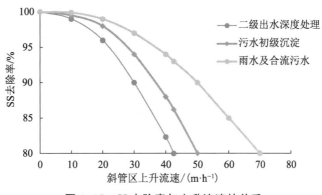

图 1-15 SS 去除率与上升流速的关系

2) 加砂高速沉淀池(微砂循环)

在普通高密度沉淀池的基础上,将泥渣循环改为微砂循环,就形成一种新型工艺装置——加砂高速沉淀池,以 Veolia Water(威立雅水务集团)开发的 Actiflo 工艺为典型代表(图 1-16)。该工艺通过投加微砂(粒径为 100～150 μm),使污染物在高分子絮凝剂的作用下与微砂聚合成大颗粒的易于沉淀的絮体,从而加快污染物在沉淀池中的沉淀速度,再利用斜板沉淀原理,极大地减少沉淀池的面积及沉淀时间,并能得到良好的出水效果。

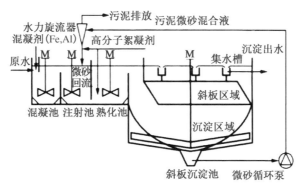

图 1-16 Actiflo 工艺流程

（1）工艺特点

① 占地面积小。加砂高速沉淀池将混合、絮凝、沉淀高度集成一体，由于采用更高的水力负荷，相较于同类高效沉淀池更能节省用地。

② 水力负荷高。由于以微砂为核心形成的絮体沉降速度快，在相同出水水质前提下，可以允许相对较高的水力负荷。

③ 抗冲击负荷能力强。微砂循环能够保证沉淀池内具有较高的悬浮物浓度，接受进水悬浮物浓度冲击的能力更强。

④ 絮体沉降分离效果好。对 TP、SS、COD 都有较好的去除效果，出水水质好。絮体沉降速度快，在进入斜板区时，大量絮体已沉降，斜板不需要经常冲洗。

⑤ 重新启动时间短。短时间启动即可达到稳定的出水水质。

（2）工艺参数

适用于 CSO 处理的加砂高速沉淀池主要设计参数见表 1-2。

表 1-2　适用于 CSO 处理的加砂高速沉淀池主要设计参数

参数	数值
最大斜管上升流速/$(m \cdot h^{-1})$	140
典型水力负荷/$(m \cdot h^{-1})$	30～60
排泥浓度/$(g \cdot L^{-1})$	3～10
处理后水的悬浮物浓度/$(mg \cdot L^{-1})$	<20

3）磁混凝高效沉淀池

在普通高密度沉淀池的基础上，同步加入磁介质（即磁粉，相对密度为 5.2，平均粒径为 1～1.5 μm），通过絮凝、吸附、架桥的作用将水中的微小悬浮物或不溶性污染物与粒径极小的磁性颗粒进行结合，来增加絮体的体积和密度，絮体更大、更结实，絮凝效率更高，达到高速沉降的目的，有效降低水体在澄清池的水力停留时间，并增大絮体表面负荷。磁粉可以通过磁鼓回收循环使用。图 1-17、图 1-18 所示分别为磁混凝工艺流程和设备结构图。

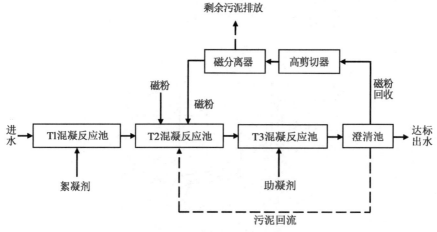

图 1-17　磁混凝工艺流程

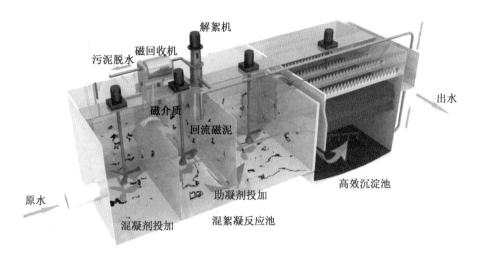

图 1-18　磁混凝工艺设备结构图

（1）工艺特点

① 采用磁粉作为载体构造磁絮团,技术稳定成熟,沉淀速度快,占地面积小,表面负荷高达 $20\sim30\ m^3/(m^2\cdot h)$。

② 出水透明度高,感官效果好。尤其对 SS、TP 去除效果好,出水水质可达到 TP<0.3 mg/L,SS≤10 mg/L。同时还能去除大肠杆菌、非溶解性物质和藻类等。

③ 污泥回流能使药剂循环利用,有效降低运行成本。

④ 耐冲击负荷能力强,对水质有独特的耐冲击能力。

⑤ 高度集成污泥脱水系统,实现污泥就地处理。

⑥ 磁絮凝设备的磁场强度提高难度大,往往存在一定的漏磁现象,混凝剂一般要具有顺磁性。

（2）工艺参数

适用于河道水质提升和 CSO 处理的磁混凝沉淀主要设计参数见表 1-3。

表 1-3　适用于河道水质提升和 CSO 处理的磁混凝沉淀主要设计参数

参数	数值
最大斜管上升流速/$(m\cdot h^{-1})$	40
典型水力负荷/$(m\cdot h^{-1})$	$15\sim25$
排泥浓度/$(g\cdot L^{-1})$	$3\sim10$
处理后水的悬浮物浓度/$(mg\cdot L^{-1})$	<10

目前磁混凝沉淀技术应用于黑臭河道的水质提升以及溢流污水处理已有较多成功案例。

如南京市解溪泵站前池水质净化站项目。为提升解溪泵站前池水质,处理工艺选择"磁加载高效澄清系统＋立式滤布滤池＋高效曝气生物催化系统"的组合工艺。该工艺出水水质指标满足治理要求,主要检测指标稳定达到Ⅴ类水,物理感官清澈、透明度高,不会破坏后续受纳水体生态健康,且具有促进作用,同时该工艺不会产生二次污染。

如武汉市湖溪河水体治理项目。为了解决初期雨水径流这一重要污染源,新建初期雨水处理厂,工程内容包括有效容积为 33 700 m³ 的初期雨水调蓄池,并配套建设了 30 000 m³/d的就地调蓄处理设施。主体工艺采用"平流沉砂池+加砂高速沉淀池+转鼓过滤+紫外消毒"的组合方式,详细处理工艺流程见图 1-19。初期雨水处理以 TP、SS 作为设计出水水质的控制指标,指标数值参考《城镇污水处理厂污染物排放标准》(GB 18918—2002)中一级 A 标准,确定为 TP≤0.5 mg/L,SS≤10 mg/L。同时,由于 SS 的去除对 COD 的去除具有相关协同作用,根据同类工程经验,COD 指标可按去除率 50% 作为出水参考值,指导设施运行。初期雨水处理厂雨季处理调蓄池内收集的初期雨水,旱季处理湖溪河水,作为河道生态需水补充。初期雨水处理厂平面尺寸为 76.2 m× 30.90 m,净高约为 8 m,占地面积约 2 400 m²。调蓄池及初期雨水处理厂工程费用 21 713.71 万元,按年运行 300 d、运行规模 30 000 m³/d计,工程运行成本约为 506 万元/年。

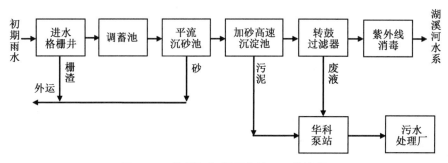

图 1-19　湖溪河初期雨水处理工艺流程

如宿迁市泗阳县经开区泗塘河文成路水质净化项目(图 1-20)。该项目位于文成东路与泗塘河交口东北角,泗阳仁慈医院以东,实际占地面积约 836.2 m²,设计处理能力为 2 000 m³/d,采用"磁混凝系统+曝气生物滤池系统"的主体工艺处理截流污水。站区内的进水接自河道旁的原提升泵站,出水通过观察井排入泗塘河。水质净化工艺流程见

图 1-20　泗塘河文成路水质净化项目现场照片

图 1-21,设计进出水水质要求见表 1-4。

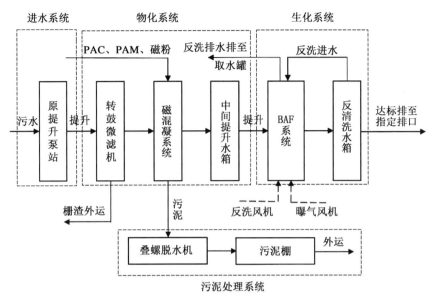

图 1-21 泗塘河水质净化处理工艺流程

表 1-4 设计进出水水质

类型	COD$_{Cr}$	BOD$_5$	NH$_3$-N	TP
设计进水/(mg·L^{-1})	≤250	≤100	≤20	≤4
设计出水/(mg·L^{-1})	≤50	≤10	≤5(8)	≤0.5

注:括号内数值为冬季水温≤12℃时的执行标准。

6. 曝气生物滤池技术

曝气生物滤池(Biological Aerated Filter,BAF)将生物接触氧化与快速滤池结合起来,使同一生物反应器同时具有生物降解和吸附过滤的功能。

如安徽国祯环保节能科技股份有限公司胡天媛等利用某雨水调蓄池项目的预处理设施,采用箱式曝气生物滤池,将改良曝气生物滤池应用于排放口应急处理。项目主体由预处理池、改良曝气生物滤池、反洗水箱组成,设计进水量为 1 000 m³/d,工艺流程如图 1-22 所示。

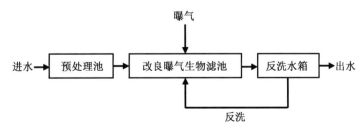

图 1-22 某雨水调蓄池项目工艺流程图

污水经预处理池后,由水泵提升至改良曝气生物滤池进水分配渠,处理后的出水自流入反洗水箱。设备达到反洗条件时进行气洗和水洗,气洗空气来自设备风机房的反洗风机,水洗水来自反洗水箱。设备正常出水及反洗排水就近排入厂区污水管。为了便于与已建成的雨水调蓄池项目结合,提高试验效率,改良曝气生物滤池采用箱体结构,设计承托层高度为 0.25 m,生物陶粒滤料高度为 1.2 m,低于《生物滤池法污水处理工程技术规范》(HJ 2014—2012)中曝气生物滤料层高(2~4 m)的要求。这种改良结构一方面改变了传统曝气生物滤池普遍为瘦高的结构形态,避免了单位面积的基础受压强度大,可解决项目周边基础抗压强度弱的问题;另一方面避免了曝气风机及反冲洗供气风机风压过大、能耗过高等问题。配水采用钢制滤板联合长柄滤头方式,单边出水。项目运行结果表明:进水 COD 质量浓度从 84 mg/L 下降到 44 mg/L 以下,氨氮质量浓度从 5.3~24.4 mg/L 下降到 0.09~1.20 mg/L,TP 质量浓度从 0.08~1.36 mg/L 下降到 0.04~0.40 mg/L;改良曝气生物滤池工艺对 COD、氨氮、TP 等的去除率分别约为 33.5%,96%,55%;出水水质达到《地表水环境质量标准》(GB 3838—2002)Ⅴ类水~Ⅳ类水标准。

如泗阳县经开区葛东河文成路水质净化项目(图 1-23),位于文成东路与葛东河路交口东南角,实际占地面积约 704.2 m²,设计处理能力为 2 500 m³/d,采用"磁混凝系统＋曝气生物滤池系统"的主体工艺处理截流污水。站区内的进水接自河道旁的污水井,出水通过清水渠流入葛东河。水质净化工艺流程见图 1-24,设计进出水水质要求见表 1-5。

图 1-23　葛东河文成路水质净化项目现场照片

表 1-5　设计进出水水质

类型	COD$_{Cr}$	BOD$_5$	NH$_3$-N	TP
设计进水/(mg·L⁻¹)	≤250	≤100	≤20	≤4
设计出水/(mg·L⁻¹)	≤50	≤10	≤5(8)	≤0.5

注:括号内数值为冬季水温≤12℃时的执行标准。

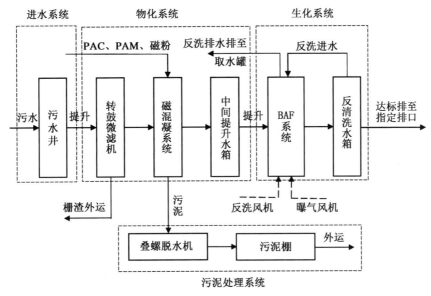

图 1-24 葛东河文成路水质净化项目工艺流程

7. 移动床生物膜反应器技术

移动床生物膜反应器(Moving Bed Biofilm Reactor,MBBR)技术兼具传统流化床和生物接触氧化法两者的优点,是一种新型有效的污水处理方法,其原理是依靠曝气池内的曝气和水流的提升作用使载体处于流化状态,进而形成悬浮生长的活性污泥和附着生长的生物膜。流化载体可使移动床生物膜完全利用整个反应器空间,充分发挥附着相和悬浮相生物两者的优越性,使之扬长避短,相互补充。与以往其他填料的区别是,悬浮填料能与污水频繁多次接触,因而被称为"移动的生物膜"。

MBBR 工艺的主要特点:①处理负荷高;②氧化池容积小,可节约用地,降低投资;③可以不需要回流设备和反冲洗设备,减少了设备投资,操作简便,降低了污水的运行成本;④污泥产率低,降低了污泥处置费用;⑤填料直接投加,不需要填料支架,节省了安装时间和费用。

MBBR 工艺在设备内部放置密度接近于水的填料,曝气时,填料与水呈完全混合状态,形成了气、液、固三相,为微生物生长提供了有利环境。填料在水中的碰撞和剪切作用,使空气气泡更加细小,增加了氧气的利用率。每个填料内外均具有不同的生物种类,内部以生长厌氧菌或兼氧菌为主,外部以生长好氧菌为主,使硝化反应和反硝化反应同时存在,提高了处理效果。

MBBR 工艺的关键技术是使用密度与水接近的填料,微生物可以在填料上生长,并随水流运动,其对污水的处理主要依靠填料上的微生物膜,填料上微生物的含量及其活性都会影响污水处理的效果。

如南京市江宁区洋桥泵站雨污混排污水处理项目采用了以气浮+MBBR 为主的处理工艺(图 1-25),泵站溢流污水经过处理后达到地表Ⅴ类水标准后外排河道。MBBR 生化处理装置共计 12 台,分 2 组运行,单台主体设备尺寸为 13 m×3.5 m×3.1 m,MBBR 设

27

备总占地面积约 900 m^2。根据运行数据,处理系统进水氨氮、TN 分别为 16～27 mg/L,19～27 mg/L,系统出水氨氮、TN 分别为 0.1～1.2 mg/L,8～12 mg/L,出水浓度达到设计要求且运行较稳定。

图 1-25 南京市江宁区洋桥泵站雨污混排污水处理中 **MBBR** 设备现场照片

8. 小结

本节针对雨水泵站放江中溢流污水和混接污水处理的相关工艺开展了现场调研和资料收集分析工作,结合各工艺技术的优缺点、实际应用情况以及上海市雨水泵站适用要求对各工艺技术进行了对比分析,并汇总见表 1-6。

根据以上对比分析,目前针对泵站放江溢流污染物和混接污水控制的末端治理技术主要以物理过滤拦截、化学强化反应快速处理结合生物处理为主,没有形成固定的治理模式。

各地针对雨水泵站放江污染治理的处理工艺相差较大,没有形成类似于污水处理厂比较固定的几种处理工艺或模式,初步分析主要有以下原因:

(1)以项目实际需求进行设计,出水水质要求差别大。目前缺乏针对泵站放江溢流污染物就地处理排放的相关标准,各项目根据不同的需求选择不同的处理技术,出水水质目标要求相差较大,既有只需达到消除感官黑臭的项目,也有需要达到《城镇污水处理厂污染物排放标准》(GB 18918—2002)一级 A 排放标准的项目,甚至有需要达到《地表水环境质量标准》(GB 3838—2002)Ⅳ类水标准的项目。

(2)项目实施可用占地面积受限。改善感官黑臭的难度相对较小,工艺设备占地面积基本能满足;若需要将氨氮指标处理达到一级 A 甚至Ⅳ类水的目标要求,工艺须采用生物处理法,如 BAF、MBBR 等,该类工艺必须保证一定的水力停留时间,决定了必须有足够大的占地面积放置处理设施设备,而大多数现有雨水泵站的占地面积难以满足。例如采用 MBBR+磁混凝工艺处理 10 000 m^3/d 的污水,常规项目占地面积需达到 1 000 m^{2}以上。

表 1-6　各处理工艺对比分析

序号	工艺名称	工艺主要优点	工艺不足	典型应用案例	主要问题
1	水力自洁式滚刷拦截过滤技术	处理量大，模块化产品；水轮驱动，无需外来动力；无需维护，可靠性高，有持续自洁功能，不会由于挠性刷毛导致堵塞	仅能截流较大颗粒，对小颗粒去除效率低；对氨氮几乎无效果；对设备安装高度有一定要求	北京市龙潭西湖排湖口溢流雨水预处理项目等	已建泵站出水高差难以满足
2	水力颗粒分离技术	处理量大，模块化产品；可提供细栅间距为 4、6、8、10、12 mm 的产品；水头损失小，有效滤速约为 500 s/m²（细栅间距为 4 mm）	仅能截流较大颗粒，对小颗粒去除效率低；对氨氮几乎无效果；对设备安装空间有一定要求	池州市海绵城市合流制溢流污染治理工程等	已建泵站出水高差难以满足；新建蓄调设施可考虑比选采用
3	旋流分离技术	可多套并行，处理量大；结构简单，操作方便；占地面积小，投资少；无转动部件，易于实现自动控制	仅去除相对较大的颗粒；对氨氮几乎无效果	合肥市南淝河清Ⅰ/Ⅱ冲沟泵站溢流水来地处理工程等	去除效率较低
4	气浮技术	表面水力负荷可高达 30 m³/(m²·h)；出水水质好，TP<0.1 mg/L，SS<10 mg/L；运行费用较高；出水溶氧高	对氨氮去除效果不佳	北京市龙潭湖水体净化项目，南京市江宁雨污混排河文体治理项目等	占地和污泥的处置问题
5	磁混凝沉淀技术	表面水力负荷可高达 30 m³/(m²·h)；出水水质好，TP<0.1 mg/L，SS<10 mg/L；运行费用较低	对氨氮去除效果不佳	泗阳县经开区葛东文成路水质净化项目，上海市徐汇康健污染物汇减试点项目等	占地和污泥的处置问题
6	曝气生物滤池技术	工艺流程短，运行操作简单；氨氮、COD 去除负荷高，抗冲击负荷强，模块化组合，可灵活运行；停留时间约为 1~2 h；填料多为生物陶粒，可达地表水Ⅳ类水标准；氨氮出水指标低	对 TP 去除效果不佳，需与其他技术组合使用	泗阳县经开区葛东文成路水质净化项目等	占地大，需有足够用地
7	移动床生物膜反应器技术	工艺流程短，运行操作简单；氨氮、COD 去除负荷高，抗冲击负荷强，水力停留时间约为 2 h；填料多为聚乙烯、聚丙烯及改性材料制成，不宜堵塞、脱膜容易；模块化组合，可采用集装箱式或罐式，灵活运行；氨氮出水指标低，可达地表水Ⅳ类水标准	对 TP 去除效果不佳，需与其他技术组合使用；填料易局部堆积	南京市江宁区洋桥泵站雨污混排污水处理项目等	占地大，需有足够用地

城市雨水泵站放江已成为制约城市中心城区水质提升的瓶颈,迫切需要对泵站放江进行治理,末端治理作为雨水泵站放江治理的重要一环,目前缺乏就地处理排放标准,且中心城区已有泵站可利用空间狭小,新增处理设施设备存在较大困难。结合城市中心城区雨水泵站水体水量大、空间狭小、可用占地有限以及污染控制的迫切需求,参照类似于污水处理厂的方式采用大规模设备或设施难以实施。因此,探索调蓄设施设备、泵站运行优化与末端治理相结合的污染物削减治理模式,开展相关深入研究和示范非常必要和迫切。

1.2.5　上海市泵站放江管控现状

上海是一座因水而生的城市,河网密布,湖荡众多。自开埠以来,市政排水泵站作为城市排水系统的"心脏",对保障城市防汛安全、提高人民生活质量、改善城市生态环境起到了举足轻重的作用,已成为保障城市安全运行的重要市政基础设施。

随着国家对环境要求逐步提高,近年来河道水体黑臭现象已引起人们的广泛关注。由于沿海地区地势低洼,中心城区地面与河道水位落差较小,甚至相反,因此,雨水集中汇流后需采用泵站强排入河。建设市政排水泵站的目的是将区域内汇集的雨污水抽送至排水设施或排放至受纳水体,但排水泵站在承担区域性防洪排涝的同时,作为排水系统末端的入河排放口,受地表径流污染和混接混排的影响,会使雨天的汇流雨水携带着系统上游污染物排入河道。以上海为例,统计表明,在不考虑河道上游来水的情况下,中心城区内入河污水主要以泵站放江为主,其已经成为中心城区河道污染的主要因素之一。降雨放江是短时间集中式放江,污染冲击负荷大,导致中心城区河道水质持续改善遭遇瓶颈,主要水质指标不能稳定达到水功能区标准,尤其是每逢降雨期间和降雨后,河道沿线排水泵站排放口附近河段时常出现返黑返臭现象。

目前,城市排水系统主要分为合流制排水系统和分流制排水系统,主要是将污水输送至污水厂经处理后排放,雨水经管网直接输送至河道排放。对于污水处理厂或合流系统,超过其处理能力和输送能力的污水通过溢流排入受纳水体。随着国内城镇化的快速发展,由于人口集聚、公众意识模糊、设施配套不全、管网漏损等方面的原因,排水系统存在超负荷运行、设施老化、雨污混接严重等现象。超量污水溢流、雨污混接排放、管网和雨水泵站污泥沉积、地表径流污染成为城市雨水泵站放江污染的主要来源。研究发现,雨水泵站放江污染物负荷主要有三个来源:雨水径流污染、旱流污水以及管道沉积物。李田等采用输入输出质量平衡法初步分析了某排水系统雨天总出流(溢流加截流)与溢流过程的SS、氨氮来源,结合降雨特性分析了雨天总出流、溢流的污染源解析结果的差异,并与雨天总出流的污染负荷进行对比得出:对于2012年6场降雨溢流事件中的溢流SS和氨氮负荷,地表径流的贡献率分别下降了10.2%～25.1%和4.5%～11%,生活污水贡献率分别下降了0.3%～1.5%和6%～30.7%,管道沉积物贡献率则分别增长了11.2%～25.4%和6.8%～37.2%。同济大学对上海中心城区鞍山、芙蓉江和江西北三个排水系统放江污染负荷来源的研究表明,放江污染物的COD负荷主要来源于管道沉积物和地表径流,其中管道沉积物的COD负荷所占比例为53.9%～67.3%。研究结论认为,对于排水系统雨天放江,污染负荷的各主要来源排序是:管道沉积负荷＞地面径流＞旱流污水。总体而言,雨天溢流污染物约60%来自管道沉积物。一般而言,发生连续降雨放江之后,出流水质逐次改善,若 2~3 周没有降雨,则污染负荷再度回升。雨季来临时的第一次放江污染程度最严重。结合降雨特征分析,雨水溢流污染控制应重点控制小到中雨、系统初次放江、短历时强降雨等几种情况。

针对排水系统存在的先天性功能缺陷和弊端,城市管理部门和排水业界采取了一系列弥补措施。如在泵站附近增设截流设施或回笼水设施,理论上将降雨初期的地表径流截流至截流井内,待污水输送管道有空余能力时,再通过污水管网输送至污水厂处理。这种措施对于合流制泵站可提高截流倍数,减少混合雨污水的放江量,对于雨水泵站可减少初期地表冲刷污染雨水的放江量。如上海市苏州河综合整治工程,在沿岸多个市政泵站增设了调蓄池。近年来,国内大规模推进海绵城市的建设,借鉴国际上低影响开发建设模式,通过渗、滞、蓄、净、用、排等多种技术措施,阻控降雨径流污染,提高管网溢流临界点,减少地表径流污染的入河量。但实际情况是,一方面管网污染沉积率高,特别是老城区合流管道,在远距离输送过程中,污染沿程沉淀,沉积率高达 40% 以上;另一方面,随着城镇化的发展,存在大量雨水接入污水管网或污水接入雨水管网的混接现象,雨水管道、调蓄池和泵站前池成为混接污水的存蓄池和厌氧反应池,泵站放江直接造成河道瞬间黑臭。

泵站放江对水环境的影响主要表现在两个方面:

一是增加水质污染物浓度。陈长太等收集了黄浦江、苏州河沿线 73 座市政泵站放江数据,定量化分析研究了不同典型降雨时段溢流排放对黄浦江和苏州河的水质影响程度。结果表明,雨天市政泵站排放对黄浦江和苏州河的水质浓度有不同程度的影响,越靠近中心城区的河道水体污染物浓度升幅越大,降雨量越大对水体的水质影响也越大。

二是造成受纳水体的黑臭。泵站排出的初期雨水携带大量的沉积底泥,大量污水携带管道内的污泥排入水体后,污水团在整个断面上向四周扩散,使水体产生黑臭现象。

为此,如何有效管控泵站放江和削减排放污染成为水环境治理的关键和重点。

1. 雨水调蓄设施建设

上海的水污染治理一直走在国内前列,特别是从 1998 年苏州河综合治理开始,针对泵站放江治理和水环境治理开展了一系列工作。上海在国内率先提出合流制排水系统溢流污染物控制技术研究,并将调蓄池作为控制溢流污染负荷的主要手段。

上海市中心城区存在一定数量的雨污合流排水管网,降雨期间,部分雨污合流水体会通过合流管道及泵站溢流入河,严重污染河道水质。为解决合流制泵站溢流入河的问题,上海市自 2006 年起沿苏州河中下游陆续建成成都路、新昌平、梦清园等 8 座合流调蓄池,以及芙蓉江、蒙自、后滩等 5 座分流调蓄池,共计完成 13 座雨水调蓄池,调蓄总容积达 11.16 万 m^3,如表 1-7 所示。

表 1-7   至 2020 年上海市中心城区雨水调蓄池设施量总表

序号	调蓄池名称	所属排水系统	排水体制	所属行政区	服务面积/km^2	容积/m^3
1	成都路	成都路	合流	黄浦区	3.06	7 400
2	新昌平	康定、昌平	合流	静安区	3.45	15 000
3	梦清园	宜昌、叶家宅	合流	普陀区	2.96	25 000

（续表）

序号	调蓄池名称	所属排水系统	排水体制	所属行政区	服务面积/km²	容积/m³
4	江苏路	万航、江苏路	合流	长宁区	3.77	10 800
5	芙蓉江	芙蓉江	分流	长宁区	6.93	12 500
6	新师大	新师大	合流	普陀区	2.08	3 500
7	蒙自	蒙自	分流	黄浦区	1.85	5 500
8	后滩	后滩	分流	浦东新区	0.87	2 800
9	浦明	浦明	分流	浦东新区	2.50	8 000
10	南码头	南码头	分流	浦东新区	1.03	3 500
11	大定海	大定海	合流	杨浦区	4.25	7 700
12	新大连	大连	合流	杨浦区	0.57	900
13	新宛平	宛平	合流	徐汇区	3.06	9 000
合计					36.38	111 600

"十四五"期间，上海市规划建设 200 多座调蓄池和大型地下调蓄隧道，通过提高调蓄容量削减雨天泵站放江进入地表水体的污染总负荷。

1）上海世博园区雨水调蓄工程

黄浦江水景是 2010 年世博会最重要的景观之一，而世博会期间正值上海汛期，降雨频繁，由于初期雨水携带大量管道内沉积黑泥，COD_{Cr} 浓度远高于黄浦江的水质标准，若直接排河，势必造成水体黑臭现象，破坏沿岸水景的感观和环境。因此，控制泵站放江对黄浦江水体造成的污染是一项至关重要的工作。世博浦东园区采用雨污分流的排水体制，建设了 4 座雨水调蓄池，总容积 19 800 m³，其中后滩和浦明 2 座雨水泵站分别建有约 2 800 m³ 和 8 000 m³ 的调蓄池。上海世博园区调蓄池运行效果数值模拟结果显示，在上海平水年对应的降雨条件下，调蓄池年均削减径流量 50%，同时在具有初期冲刷的分流制雨水系统中，其对污染物的去除率为 42.9%～67.4%。在暴雨时，雨水管网内污染物浓度较高的初期雨水先进入调蓄池暂时贮存，在暴雨停止后，将收集的雨水错峰输送至市政污水管网，纳入污水厂进行处理，中后期的雨水由雨水泵站排入黄浦江水体，大大减轻了初期雨水对水体水质的污染影响，具有较好的工程示范作用。

2）苏州河沿岸雨水调蓄工程

近百年来，上海平均年降雨量约为 1 150 mm，近 30 年来，上海中心城区的平均年降雨量为 1 200 mm，其中约 70%集中在汛期（4—9 月）。近 10 年来苏州河两岸排水系统年平均雨洪溢流量约为 2 800×10⁴ m³，近 60%的泵站溢流集中出现在 7—9 月，季节性排放特征显著，且污染负荷大。

在国内，上海于 2003—2005 年率先利用雨水调蓄池的方式控制雨洪期间排水系统对城市河道水质的污染影响，沿苏州河南岸分别建设了成都路、新昌平、梦清园、江苏路和芙蓉江 5 座雨水调蓄池(表 1-8),将叶家宅、宜昌、新昌平、成都、芙蓉江、江苏、万航等 7 座大型泵站初期雨水接入调蓄池,调蓄池总容积为 70 700 m^3,服务面积达 20.07 km^2。运行监测结果显示,调蓄池对排水系统雨洪的瞬时截流倍数提高 5.6~14.8 倍,对雨洪短时平均截流倍数提高 2.2~6.8 倍。在容积建造标准介于 20~105 m^3/hm^2 的条件下,调蓄池对雨洪溢流水量的削减率介于 5.4%~78.8%,对雨洪溢流 COD_{Cr} 的削减率介于 7.1%~92.3%,且调蓄池对雨洪污染减排的效应随着容积建设规模的增大而提高。5 座调蓄池联动使用时,在断面平均流速为 0.50,0.30,0.10 m/s 的条件下,苏州河河口断面全过程 COD_{Cr} 通量浓度可分别下降 12.2,13.8,14.4 mg/L。

表 1-8 苏州河中下游沿岸 5 座雨水调蓄池概况

项目	服务排水系统名称	排水系统类型	服务面积/km^2	有效容积/m^3	试运行年份	正式运行年份
成都路	成都路	合流制	3.06	7 400	2006	2007
新昌平	新昌平	合流制	3.45	15 000	2008	2009
梦清园	宜昌、叶家宅	合流制	2.96	25 000	2010	2011
江苏路	万航、江苏路	合流制	3.77	10 800	2010	2011
芙蓉江	芙蓉江	分流制	6.83	12 500	2010	2012

截至目前,我国尚没有全面系统开展排水系统中污染物削减的研究,在该领域也缺乏相应的工程建设经验和规范。20 世纪 90 年代,国内部分城市,如上海、天津、珠海等,着手建立了以 GIS 为基础的排水管理信息系统,为管理工作的信息交互提供了技术平台和技术支持。

如 1999 年为了消除苏州河干流黑臭现象,根据苏州河第三次调水试验结果,上海市苏州河环境综合整治领导小组办公室组织立项"上海市苏州河水系水环境综合整治研究"课题,其中主要的子课题之一"优化泵站运行管理,减少苏州河沿岸泵站雨天溢流研究",旨在优化苏州河沿岸泵站运行,通过管理措施减少初期雨水的溢流量,削减沿岸市政泵站雨天溢流对苏州河干流形成的污染负荷,提升水质。根据研究成果制定的"苏州河沿岸 37 座泵站优化运行方案"对原来的泵站运行方案进行了调整,并于 2000 年 4 月开始执行。实际运行结果表明,优化运行后,昌平、中山西、成都、芙蓉江和江苏 5 座放江量大的泵站在 1999 年和 2000 年降雨量及降雨强度相近的等可比条件下,雨天向苏州河排放的放江总量可减少 46%,37 座泵站的放江总量可减少 20% 以上。但从另一角度来看,由于受排水截流设施能力现状的限制,部分泵站已无优化的余地,尤其是对于一些特殊的泵站,仅仅依靠水位的调节已不能减少泵站向苏州河排放的溢流量,必须采取相应的工程措施,截流更多的污染水体,将苏州河沿岸泵站的放江次数和放江总量控制在水环境容量的允许范围内。

3) 苏州河深隧工程

苏州河深隧工程主隧总长度规划设计约 15.3 km,隧道内径约 10 m,调蓄容积不小于 74 万 m^3。苏州河深隧工程的服务范围主要为苏州河沿线市区段,涉及长宁、普陀、静安、黄浦等四区，总服务面积为 57.92 km²，包括 25 个排水系统，其中曹丰、苗圃西、云岭西、北新泾北、北虹北和芙蓉江等 6 个排水系统是分流制，其余 19 个排水系统为合流制。如图 1-26、图 1-27 所示。

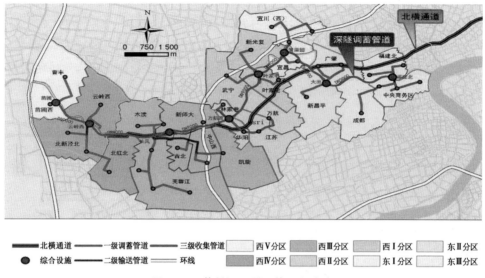

图 1-26 苏州河深隧总体工程方案

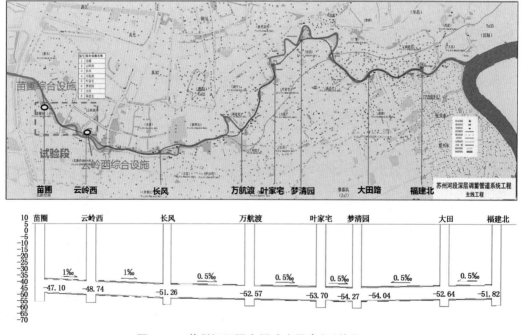

图 1-27 苏州河深隧主隧路由及高程(单位: m)

根据《苏州河段深层排水调蓄管道系统工程规划》及该工程的前期研究成果，苏州河段深层排水调蓄管道系统主要解决苏州河水质提标、内涝防治和初期雨水污染等问题。

整个系统包括一级调蓄管道及附属综合设施,二、三级管网,初期雨水提升泵房,合流一期总管,初雨处理厂等。拟形成"1158"的苏州河段深层排水调蓄管道工程布局(1座提升泵站,1座初期雨水处理厂,>50 km的收集、输送和调蓄管道,8座入流综合设施),如图1-28所示。

图1-28 苏州河深隧试验段一级调蓄管道示意图

苏州河段深层排水调蓄隧道试验段是上海市深层排水调蓄隧道系统的先行段,其主要工程目标如下:

(1)苏州河沿线排水系统设计标准达到五年一遇(1 h);

(2)苏州河沿线排水系统设计能有效应对百年一遇降雨(1 h),不发生区域性城市运行瘫痪,路中积水深度不超过15 cm;

(3)22.5 mm以内降雨强度下泵站不溢流,基本消除工程沿线初期雨水污染。

建设深层调蓄隧道是保障上海市中心城区排水、提升区域除涝安全和改善水环境质量的创新性尝试,也是国外已建区域提高设防标准的通常做法。根据设想,苏州河深隧工程的建设主要贯彻海绵城市的建设要求,拟削减初期雨水径流污染负荷、改善苏州河水环境质量、缓解城市内涝、保障服务范围内的排水防涝安全。根据《落实长江大保护控制污水溢流近期实施方案》(沪水务〔2021〕331号),苏州河深层排水调蓄管道试验段工程正在持续推进中,后续工程的前期工作也在同步深化中。

2. 末端治理措施削减放江污染

泵站放江污染控制是一项系统工程,涉及排水系统全链条和全过程,包括地表径流面源污染控制、雨污混接调查和改造、管道积泥清淤、末端截流和污水厂处理等多方面。这一系统工程前期投入大、建设周期长、全面建成后方可显现系统成效,建设期间可能会对市民生活和城市交通、管线等基础设施运行带来较大影响。

上海市排水公司在中心城区泵站加装了泵站排放口垃圾拦截设施,对泵站出口漂浮物起到了较好的拦截作用。具体采用的是一种兜底式漂浮垃圾拦截设施(图1-29),其漂浮固定于排水口前一定水域,对泵站排放的漂浮垃圾进行拦截(图1-30)。它适用于浅水区域,对直径大于2 mm的漂浮垃圾拦截率可达95%以上,但对较小粒径的颗粒污染物拦截净化效果较差。

上海宏波工程咨询管理有限公司对上海市徐汇区康健泵站和嘉定区曹丰泵站开展了末端污染物削减试点示范工作,通过在泵站内部狭小空间内加装一套一体化集成的高效组合澄清系统对泵站前池污染进行末端治理,取得了一定的效果(图1-31)。

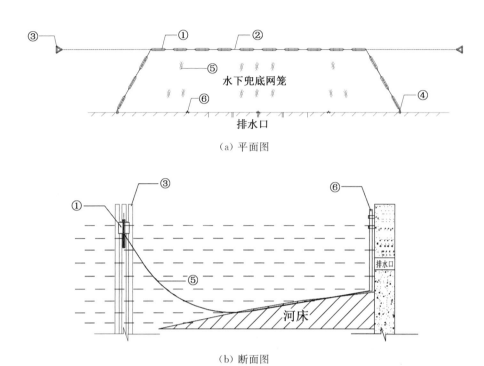

（a）平面图

（b）断面图

①浮漂；②耐酸碱油胶板；③定位桩；④接岸固定座；⑤水下兜底网笼；⑥插杆及固定座

图 1-29　兜底式漂浮垃圾拦截装置

图 1-30　漂浮垃圾拦截装置应用案例照片

图 1-31 高效组合澄清系统应用案例照片

康健雨水泵站集水区面积为 3.70 km^2，排水能力为 18.60 m^3/s。雨水泵站出水穿过市政道路后排入河道。该雨水泵站有 2 台截污泵，单台流量为 0.25 m^3/s，1 用 1 备；有 6 台雨水泵，单台流量为 3.1 m^3/s，总流量为 18.6 m^3/s。集水区域内雨污混接较为严重，泵站排水中污染物浓度远超过地表水 V 类标准，部分时段呈黑臭水体。末端治理研究了高效组合澄清系统对泵站前池污染物的削减效果和去除能力。结果表明，高效组合澄清系统对 SS 的去除率为 80%～87%，对 COD_{Cr} 的去除率为 50%～80%，对 TP 的去除率为 60%～86%，验证了高效组合澄清系统对颗粒态污染物去除效率较高，适用于雨水泵站非溶解态污染物的削减。

曹丰泵站所纳雨水由于存在较严重的污水混接情况，并且泵站服务范围内的污水短期内还无法纳入污水管网系统，因此，采用了类似的一体化集成高效组合澄清系统处理方式，削减泵站放江污染物，降低放江频率，消除放江水体的黑臭现象，解决了居民投诉问题。

3. 运行管控

针对泵站放江对所纳河道的水体污染问题，上海市排水管理部门在"十三五"期间出台了一系列相关的制度，要求逐步转向精细化管控，对泵站放江污染控制起到了较好的指引作用。

2018 年 3 月 8 日，《上海市防汛泵站污染物放江监管办法（暂行）》和《上海市防汛泵站污染物放江监管办法实施细则（暂行）》发布，旨在有效管理泵站放江，削减放江污染对河道水环境的影响。文件中制定了明确的考核目标：泵站雨天放江量考核值为基于多年（自 2012 年至考核年的上一年）单位降雨放江量的基础上削减 10%；集水井水位未达到停车水位时，截流泵应保持正常运行状态，考虑到截流设备检修等因素，截流量应不低于上年的 80%，特别提出当截流量达到或超过上年考核数值时酌情加分，目的是"多截流、少放江"。

2019年,基于"两水平衡"(水安全和水环境统筹)要求,上海市排水管理事务中心牵头制订了上海市淀北片"两水平衡"方案,即在综合考虑淀北片的防汛泵站、河道水系和水闸泵站情况下,提出充分利用潮汐动力、泵站动力、周边清水资源和河道调蓄容量,对相关水利水闸泵站和市政防汛泵站进行协同运行,同时联合河道保洁部门,及时启动河道保洁工作,及时清理河面垃圾,最大限度降低防汛泵站放江对河道水环境的影响。方案从实施条件、控制水位、泵闸调度、河道保洁、信息传递等五个方面明确了具体要求和管理措施,基本建立了"厂—站—网—河"一体化运行的雏形,从近年来的运行情况来看,发挥了较好的作用。

2021年,在《落实长江大保护控制污水溢流近期实施方案》(沪水务〔2021〕331号)中,进一步强调精细实施"两水平衡"方案。上海市水务局要求城投集团及各区综合平衡泵站放江水质、河道水环境状况和防汛安全等主要因素,对防汛泵站实施分类管控:对放江水质差的泵站继续严格施行"多截流、少放江"的政策;对放江水质较好的泵站调整运行模式,采用"少截流、多放江"的政策,通过源头精细管控减少污水厂进水量。

从全国来看,上海市排水系统建成的时间并不算长,但发展迅速。截至2020年底,上海市公共排水管道总长度约29 053 km(其中,雨水管道约12 591 km,合流管道约1 238 km,污水管道约9 411 km,支管约5 813 km),共有公共排水泵站1 476座。值得注意的是,合流制排水系统的溢流污水会影响河道水体水质,而分流制排水系统由于雨水径流污染和雨污水管道混接,会造成泵站雨天放江污染,尤其是雨污混接会使雨水管道中沉积大量污染物,从而加剧降雨初期的放江污染程度。近年来,上海市为降低泵站放江对水环境的污染,大幅度降低泵站排水频率,旱天不放江,甚至小到中雨也不放江,排水管网高水位运行成为常态。

总体来看,泵站放江污染控制措施可分为源头控制、管道系统控制、构建调蓄池和末端处理四大类技术措施以及运行管理控制措施。国内研究主要集中在旱流截污处理和构建调蓄池,受资金和实施条件的限制,实施难度大,推广进度慢,同时调蓄设施在运行中客观存在一些问题和难点,短时间内还难以见到明显效果。针对泵站放江和溢流污染控制的末端治理技术主要以物理过滤拦截、化学强化快速处理结合生物处理为主,但由于受到排水标准、占地和资金等的影响,没有形成固定和普适的治理模式。

上海市排水管理事务中心在近几年开展了中心城区泵站放江水体的持续监测工作,积累了大量的数据,针对这些数据呈现的规律、所反映的问题以及采取何种应对措施来控制和削减放江污染物均有必要深入研究。

第2章 研究区概况

2.1 自然环境概况

2.1.1 气象

上海市地处太湖流域下游,太湖蝶形洼地东缘,属于长江三角洲冲积平原。受海洋性气候影响,季风盛行,四季分明,空气湿润,雨量充沛,常年平均气温15.5℃,极端最高气温39.6℃,最低气温-10.5℃,冬季1月平均气温3.1℃左右,夏季8月平均气温27.8℃左右。日照充足,多年平均日照小时数为2 025 h。无霜期长,年均无霜期220天左右,雨量丰沛,降水季节明显,但分布不均。年平均降雨量为1 114.7 mm,最大为1 548 mm,最小为744 mm。年平均雨日133.6天,最大暴雨量达193.2 mm。雨期主要集中在4—9月,降雨量约占全年降雨量的70%,以梅雨和台风暴雨型降水为主,出现暴雨灾害的概率较高。灾害性天气主要是热带气旋、风暴潮、龙卷风、暴雨、冰雹等。

2.1.2 水文

上海境内地势低平,河网发达,表现为典型的平原感潮河网地区,属太湖流域,但河道疏密不均,郊区河网密布。城市化地区经多次填浜筑路,河网面积大幅减小,特别是中心城区,河湖水面率较低,其中苏州河以南的老市区河网密度几乎为零。值得注意的是,河网密度随城市化进程的发展而减小的趋势尚未得到全面的遏制,可能会造成新的不利水文现象。

长江位于市区东北角,距中心区20 km,是上海市最大的过境水资源,江面宽约15 km,多年平均径流量为29 300 m³/s,高桥长江段历史最高潮位为5.99 m。长江和黄浦江是上海市主要的供水水源地,其潮位值如表2-1所示。

表2-1 长江口与黄浦江特征潮位

特征潮位	长江口外高桥	吴淞站	黄浦江高桥站	黄浦公园站
实测最高潮位/m	5.99	5.99	5.58	5.72
发生年月	1997/8/19	1997/8/19	1981/9/1	1997/8/19
实测最低潮位/m	-0.43	-0.25	-0.07	0.24
发生年月	1969/4/5	1969/4/5	1969/4/5	1914/1/1
平均高潮位/m	3.26	3.24	3.21	3.12
平均低潮位/m	0.89	1.03	1.08	1.29
平均潮位/m	2.0	2.14	2.15	2.21

黄浦江上游衔接以太湖为中心的湖群,自太浦闸至吴淞口全长约 150 km,黄浦江干流段平均面宽 400 m 左右,是太湖洪水最大的泄水通道,上游米市渡水文站点实测多年平均净泄流量约为 300 m/s。黄浦江属感潮河流,为非正规的半日潮型。一般涨潮历时约 5 h,落潮历时约 7.5 h;吴淞站多年平均潮差 2.31 m,历史上最大潮差 4.5 m,多年平均潮位为 2.14 m。

苏州河是黄浦江的一大支流,全长约 125 km,上海境内长度为 54 km,其中市区段长 17 km,面宽 50~70 m,在黄浦公园处与黄浦江交汇,黄渡站多年平均径流量约为 10 m/s。

上海市中心城区的雨水泵站主要分布在黄浦江中、下游和苏州河中、下游两侧。

2.1.3 水资源

2020 年,上海市平均降雨量为 1 554.60 mm,属丰水年。本地水资源总量为 58.57 亿 m^3,年地表径流量为 49.88 亿 m^3,太湖流域来水量为 201.80 亿 m^3,长江干流来水量为 11 620 亿 m^3(数据来自《2020 年上海市水资源公报》)。

2.1.4 水质

2020 年,上海市地表水环境质量较 2019 年进一步改善。根据《地表水环境质量标准》(GB 3838—2002)对全市主要河流断面水质进行评价,全市主要河流的 259 个考核断面中,Ⅱ~Ⅲ类水质断面占 74.1%,Ⅳ类水质断面占 24.7%,Ⅴ类水质断面占 1.2%,无劣Ⅴ类水质断面。高锰酸盐指数平均值、氨氮和总磷平均浓度均呈明显下降趋势(图 2-1—图 2-3),2020 年分别为 4.1,0.51,0.159 mg/L,较 2019 年分别下降 6.8%,16.4%,16.8%。上海市 4 个在用集中式饮用水水源水质全部达标(达到或优于Ⅲ类标准)。地下水环境质量总体保持稳定。

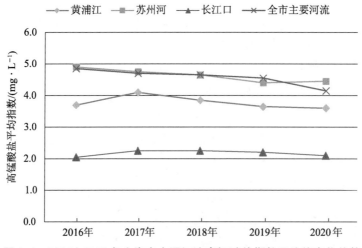

图 2-1　2016—2020 年上海市主要河流高锰酸盐指数平均值变化趋势

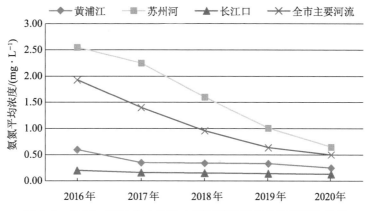

图 2-2　2016—2020 年上海市主要河流氨氮平均浓度变化趋势

图 2-3　2016—2020 年上海市主要河流总磷平均浓度变化趋势

　　淀山湖处于轻度富营养状态,综合营养状态指数较 2019 年略有上升。

　　黄浦江 6 个断面中,1 个断面水质为Ⅱ类,5 个断面水质为Ⅲ类。与 2019 年相比,水质总体有所改善,主要指标中,氨氮平均浓度下降 24.1%,高锰酸盐指数平均值和总磷平均浓度基本持平。

　　苏州河 7 个断面中,4 个断面水质为Ⅲ类,3 个断面水质为Ⅳ类。与 2019 年相比,水质总体有所改善,主要指标中,氨氮和总磷平均浓度分别下降 35.6% 和 11.5%,高锰酸盐指数平均值基本持平。

　　长江口 7 个断面中,4 个断面水质为Ⅱ类,3 个断面水质为Ⅲ类。与 2019 年相比,水质总体有所改善,主要指标中,氨氮和总磷平均浓度、高锰酸盐指数平均值分别下降 15.4%,11.0%,8.7%。

　　2020 年,上海地区地下水水质总体保持稳定,根据《地下水质量标准》(GB/T 14848—2017)对纳入国家地下水环境质量考核的 13 个监测点开展了地下水水质监测并进行了评价。评价结果显示,全市地下水水质为Ⅲ类、Ⅳ类、Ⅴ类的监测点数量分别为 6 个、5 个和2 个,分别占 46.1%,38.5% 和 15.4%。上海地区地下水质量总体保持稳定,其中影响潜水综合质量评价的指标主要为铁、硫酸盐和亚硝酸盐,铁在潜水中为高背景环境,硫酸盐和亚硝酸盐则可能受人类活动影响;影响承压水综合质量评价的指标主要为铁和锰,铁、锰在承压水中亦为高背景环境。

2020 年,上海市海洋环境质量总体保持稳定,根据《海水水质标准》(GB 3097—1997)进行评价,海域符合海水水质标准第一类和第二类的监测点位占 15.2%,符合第三类和第四类的监测点位占 15.2%,劣于第四类的监测点位占 69.6%,主要污染指标为无机氮和活性磷酸盐。

与 2019 年相比,符合海水水质标准第一类和第二类的监测点位比例下降 5.3 个百分点,符合第三类和第四类的监测点位比例上升 4.9 个百分点,劣于第四类的监测点位比例上升 0.4 个百分点。主要指标中,化学需氧量平均浓度为 1.60 mg/L,较 2019 年上升 14.3%;无机氮平均浓度为 0.781 mg/L,较 2019 年下降 4.4%;活性磷酸盐平均浓度为 0.031 5 mg/L,较 2019 年下降 11.8%。

2.2 雨水排水系统概况

2.2.1 排水设施现状

截至 2020 年底,上海市共有城镇公共排水管道 29 053.33 km,其中,雨水管道 12 590.91 km,合流管道 1 237.55 km,污水管道 9 411.29 km,支管 5 813.57 km。检查井 81.94 万座,雨水井 67.78 万座。如表 2-1 所示。

表 2-2　2020 年上海市城镇公共排水管道设施量总表

项目		2020 年	2019 年	同比增减	
				数量	百分比/%
管道设施量/km		29 053.33	28 233.31	820.02	2.9
其中	雨水管道/km	12 590.91	12 408.11	182.8	1.47
	合流管道/km	1 237.55	1 246.68	−9.13	−0.73
	污水管道/km	9 411.29	8 969.52	441.77	4.93
	支管/km	5 813.57	5 609.01	204.56	3.65
检查井/万座		81.94	81.20	0.74	0.91
雨水井/万座		67.78	65.53	2.25	3.44

截至 2020 年底,上海市共有城镇污水处理厂 42 座,总处理能力为 840.30 万 m³/d。其中,中心城区城镇污水处理厂 7 座,处理能力为 604 万 m³/d;郊区城镇污水处理厂 35 座,处理能力为 236.3 万 m³/d。

截至 2020 年底,上海市共有城镇公共排水泵站 1 476 座,泵排能力为 5 629.18 m³/s,其中,雨水泵站 290 座,合流制泵站 79 座,污水泵站 679 座,立交(地道)泵站 428 座。各类泵站数量见表 2-3。

表 2-3(a)　2020 年上海市城镇公共排水泵站设施量总表

项目	2020 年	2019 年	同比增减	
			数量	百分比/%
泵站总数/座	1 476	1 450	26	1.79
雨水泵站/座	290	286	4	1.40
合流泵站/座	79	81	−2	−2.47
污水泵站/座	679	670	9	1.34
立交(地道)泵站/座	428	413	15	3.63

表 2-3(b)　2020 年上海市城镇公共排水泵站设施量详表

所属	类别	雨水	雨水截流设施	污水	合流	立交	小计
总计	数量/座	290	230	679	79	428	1 476
	流量/(m³·s⁻¹)	3 557.54	39.31	864.04	831.15	337.14	5 629.18
	功率/kW	376 342.50	4 914.8	154 498.00	94 013.00	49 006.05	678 774.35
市管	数量/座	99	98	149	77	—	325
	流量/(m³·s⁻¹)	1 310.28	26.18	487.95	826.71	—	2 651.12
	功率/kW	136 915.20	2 650.10	93 765.15	93 618.00	—	326 948.45

　　截至 2020 年底,上海市已建成雨水调蓄池 13 座,总调蓄能力为 111 600 m³,调蓄池分布情况见表 2-4。

表 2-4　2020 年上海市雨水调蓄池设施量总表

序号	调蓄池名称	所属排水系统	排水体制	所属行政区	服务面积/km²	容积/m³
1	成都路	成都路	合流	黄浦区	3.06	7 400
2	新昌平	康定、昌平	合流	静安区	3.45	15 000
3	梦清园	宜昌、叶家宅	合流	普陀区	2.96	25 000
4	江苏路	万航、江苏路	合流	长宁区	3.77	10 800
5	芙蓉江	芙蓉江	分流	长宁区	6.93	12 500
6	新师大	新师大	合流	普陀区	2.08	3 500
7	蒙自	蒙自	分流	黄浦区	1.85	5 500
8	后滩	后滩	分流	浦东新区	0.87	2 800

（续表）

序号	调蓄池名称	所属排水系统	排水体制	所属行政区	服务面积/km²	容积/m³
9	浦明	浦明	分流	浦东新区	2.50	8 000
10	南码头	南码头	分流	浦东新区	1.03	3 500
11	大定海	大定海	合流	杨浦区	4.25	7 700
12	新大连	大连	合流	杨浦区	0.57	900
13	新宛平	宛平	合流	徐汇区	3.06	9 000
合计					36.38	111 600

2.2.2 雨水排水规划

根据《上海市城镇雨水排水规划（2020—2035 年）》，将形成布局合理、安全可靠、环境良好、管理有效、智慧韧性的现代化雨水排水体系。至 2035 年，排水系统基本达到 3～5 年一遇能力，50～100 年一遇内涝可控，溢流污染负荷控制率达到 80%（以 SS 计）。规划对标国际先进城市，按照《室外排水设计标准》（GB 50014—2021）要求，雨水排水系统设计重现期 3～5 年一遇，地下通道和下沉式广场设计重现期 ≥30 年一遇，内涝防治设计重现期 50～100 年一遇。对于强排系统初期雨水截流标准，合流制 ≥11 mm，分流制 ≥5 mm。

1. 排水体制

规划排水体制以分流制为主、合流制为辅，其中新建地区采用分流制；建成区维持现有排水体制，并对分流制地区持续推进雨污混接改造，对已建合流制采用截流调蓄处理等措施进行完善。

2. 排水分区

按规划水利分片边界，将上海市雨水排水划分为 14 个排水分区，并按照排水模式不同，将各分区内的城镇用地进一步细分为若干强排区域和自排区域。其中，中心城区主要涉及嘉宝北片、蕴南片、淀北片和浦东片，这些地区以强排模式为主、自排模式为辅；其他地区以自排模式为主、强排模式为辅。

3. 规划策略

借鉴国际经验，结合上海市平原感潮河网和高度城市化的特点，积极践行海绵城市理念，根据城市发展和排水设施建设情况，推进绿色源头削峰、灰色过程蓄排、蓝色末端消纳、管理提质增效，因地制宜，"绿、灰、蓝、管"多措并举。其中，"绿"是海绵设施的运用和深化，指在源头建设的雨水蓄滞削峰设施，如设置在绿地、广场、小区的中小型调蓄设施和雨水花园、植草沟、生物滞留设施等，具有生态、低碳等特征；"灰"是指市政排水设施，包括管网、泵站及大型调蓄设施等；"蓝"是指增加河湖面积、打通断头河、疏浚底泥、控制河道水位、提高排涝泵站能力等；"管"是指管网检测、修复、完善、长效养护等精细化、智慧化管理措施。

4.规划布局

上海市城镇雨水排水总体形成"1＋1＋6＋X绿灰交融,14片蓝色消纳"的规划布局,即规划"1"——苏州河深隧片区,"1"——合流污水一期复线片区,"6"——中心城6座功能调整的污水处理厂片区,"X"——分散调蓄片区等绿灰交融的四大服务区域(图 2-4)。同时按照 14 个水利片的总体布局,推进河湖水系及除涝泵闸建设,形成消纳能力与城镇雨水排水相匹配的防洪除涝体系。

1)绿灰设施方案

绿灰设施形成"1＋1＋6＋X绿灰融合"的规划布局,总计规划强排系统 402 个,强排系统面积约 945 km²,自排地区配套新建和改造管道。

规划绿色设施:新建绿色设施调蓄容积约 825 万 m³。新建用地应同步实施雨水调蓄设施,已建用地宜结合地块改扩建计划实施雨水调蓄设施。

规划灰色设施:新建灰色设施调蓄容积不小于 407 万 m³,新建泵站流量 1 878 m³/s,自排地区配套新建和改造管道。

(1)苏州河深隧片区

苏州河深隧片区服务苏州河沿线 25 个排水系统,面积约 58 km²。规划在充分利用已建灰色设施的基础上,沿苏州河敷设集中调蓄管道,接纳沿线系统的调蓄水量,错峰后通过泵站提升,纳入污水总管,外排至末端污水处理厂,处理达标后排放,整体实现污染控制和系统提标。

(2)合流污水一期复线片区

合流污水一期复线片区服务彭越浦、走马塘沿线地区以及洲海路—外环高速沿线地区,共计 43 个排水系统,面积约 78 km²。规划利用拟建的合流污水一期复线工程,在满足污水系统规划功能的基础上,发挥其调蓄能力,接纳沿线系统的污水量,调蓄错峰后,通过泵站提升至末端污水处理厂,处理达标后排放。同时在片区内按需增设绿色设施。

(3)6 厂片区

6 厂(即天山、桃浦、曲阳、龙华、长桥及泗塘等 6 座功能调整的污水厂)片区服务 24 个排水系统,面积约 62 km²。规划充分发挥原有设施的作用,主要利用 6 座污水厂现有设施和用地建设调蓄设施、泵站,新建或改造部分管网,同步实现污染控制和系统提标。

(4)X 分散调蓄片区

"X 分散调蓄片区"服务 310 个强排系统(约 747 km²)及 1 855 km² 自排区域,总面积约 2 602 km²。结合区域规划,采用就地分散建设绿灰设施的方式,对强排系统按规划建设或增设绿灰设施;对自排地区严格执行雨污水分流,处理好地面高程与河道水位的关系,新建和改造雨水管、新建绿色设施,实现污染控制和系统提标。

2)蓝色设施方案

依托上海市防洪除涝规划的"1 张河网、14 个水利综合治理分片、226 条骨干河道、多座泵闸"总体方案,全市规划河湖水面率 10.5% 左右,提高河网槽蓄库容,进一步畅通水系,增强涝水外排和消纳雨水的能力。

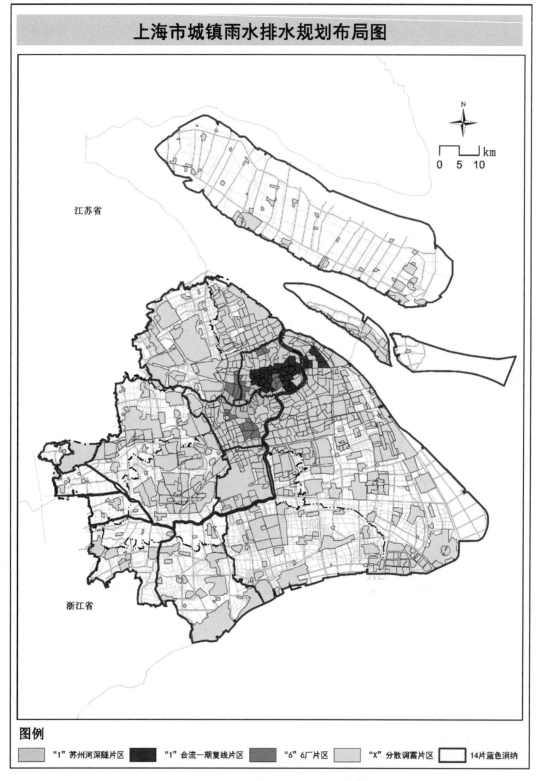

图 2-4 上海市城镇雨水排水规划布局图

[图片来源：上海市城镇雨水排水规划(2020—2035 年)]

3）智慧管理方案

一是用 1～2 年完成管网健康普查；二是有计划、有针对性地实施管道检测和修复；三是对标国际先进水平，提高养护频次，并将管道积泥标准从管径的 1/10 逐步提高到 1/30；四是按照一网统管的"观、管、防、处"新要求，建设智能化排水运管平台，完善应急管理系统，提高智慧化、精细化管理水平。

2.2.3　区域排涝

1. 河湖水系

根据《2020 上海市河道（湖泊）报告》，2020 年全市共有河道（湖泊）47 446 条（个），河道（湖泊）面积 640.931 0 km²，河湖水面率 10.11%。其中，河道 47 404 条，长 30 309.83 km，面积 566.843 5 km²，河网密度 4.78 km/km²；湖泊 42 个，面积 74.087 5 km²。2020 年各管理登记河道（湖泊）情况统计见表 2-5、图 2-5。

图 2-5　2020 年上海市市、区管河道（湖泊）分布图

[图片来源：《2020 上海市河道（湖泊）报告》]

表 2-5　2020 年各管理登记河道(湖泊)情况统计表

水体类型		数量/(条或个)	长度/km	面积/km²	河湖水面率/%
河道	市管	31	853.16	95.585 0	1.51
	区管	514	2 933.23	101.926 7	1.61
	镇管	2 660	6 537.15	119.253 8	1.88
	村级	39 032	18 513.20	196.312 0	3.10
	其他河道	5 167	1 473.11	53.766 0	0.85
	小计	47 404	30 309.83	566.843 5	8.94
湖泊	市管	2		48.269 3	0.76
	区管	20		22.794 1	0.36
	镇管	20		3.024 1	0.05
	小计	42		74.087 5	1.17
合计		**47 446**	**30 309.83**	**640.931 0**	**10.11**
小微水体		50 902		63.988 0	

2. 水利片区

按照上海市水利总体布局,全市大陆区域以内黄浦江、苏州河、蕴藻浜、淀浦河、太浦河、拦路港—泖港—斜塘、红旗塘—大蒸塘—园泄泾、胥浦塘—掘石港—大泖港、淀山湖、元荡等河道、湖泊及部分区界为界划分为 11 个水利片区,崇明岛、长兴岛、横沙岛三个独立水系形成另外 3 个水利片区,全市共划分为 14 个水利片区,合计面积为 6 158.62 km²,占全市陆域总面积(6 340.50 km²)的 97.13%。如表 2-6、图 2-6 所示。

表 2-6　上海市水利分片情况统计表

序号	水利片名称	面积/km²	涉及行政区
1	嘉宝北片	698.77	嘉定区、宝山区、普陀区
2	蕴南片	173.37	宝山区、静安区、杨浦区、普陀区、虹口区
3	淀北片	179.28	长宁区、徐汇区、闵行区
4	淀南片	186.75	闵行区、徐汇区
5	浦东片	1 976.60	浦东新区、闵行区、奉贤区
6	青松片	758.23	青浦区、松江区
7	太北片	85.05	青浦区
8	太南片	99.96	青浦区、松江区
9	浦南东片	479.00	金山区、松江区
10	浦南西片	293.06	金山区、松江区

（续表）

序号	水利片名称	面积/km²	涉及行政区
11	商榻片	32.42	青浦区
12	崇明岛片	1 070.00	崇明区
13	长兴岛片	76.87	崇明区
14	横沙岛片	49.26	崇明区
合计		**6 158.62**	

图 2-6　上海市水利片分布图

［图片来源：《2020 上海市河道（湖泊）报告》］

　　根据《上海市防洪除涝规划（2020—2035 年）》，按照新时期"节水优先、空间均衡、系统治理、两手发力"的治水新思路，以国家防洪治涝规划为统领，以长江流域和太湖流域治水规划为依据，以流域规划 5 个水利四级分区为基础，以位于流域下游的长江口和黄浦江河网水系为主体，立足上海滨江临海地理区位和河口湾区潮汐特点，遵循自然规律，落实长三角一体化发展战略，坚持"团结治水、系统治水"，坚持"外挡内控，分片治理、以蓄为主，蓄以待排"，进一步深化完善流域、区域和城市等三个层次的防洪格局，构建由"2 江4 河、1 弧 3 环、1 网 14 片"组成的行洪挡潮、海塘防潮和城乡除涝的防洪除涝体系和布局

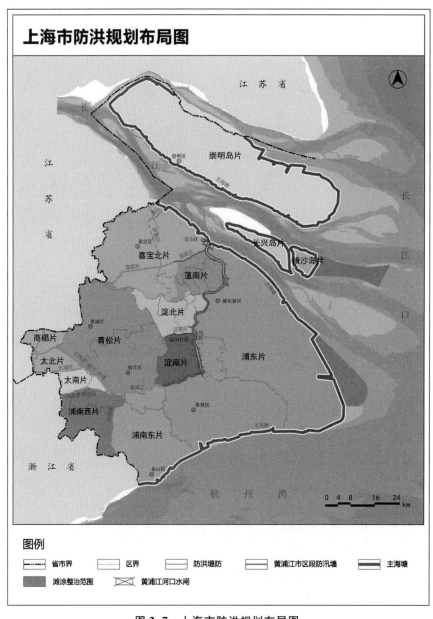

图 2-7　上海市防洪规划布局图

［图片来源：《上海市防洪除涝规划（2020—2035）》］

(图 2-7)。"2 江 4 河"——江堤防御流域和区域洪水,"1 弧 3 环"——海塘抵挡台风高潮,"1 网 14 片"——河、湖、泵、闸、堤防等工程是全市防洪除涝体系的基础。其中,"2 江"指黄浦江和吴淞江,"4 河"指黄浦江上游拦路港—泖港—斜塘、太浦河、红旗塘—大蒸塘—园泄泾和胥浦塘—掘石港—大泖港等 4 条主要支流;"1 弧"指沿长江口南侧和沿杭州湾北岸的大陆弧形主海塘,"3 环"指崇明岛、长兴岛、横沙岛三岛环形主海塘;"1 网"指对接长江流域、太湖流域覆盖全市的一张河网,包括长江口、大陆区域水系和江岛水系,"14 片"指嘉宝北片、蕴南片、淀北片、淀南片、浦东片、青松片、太北片、太南片、浦南东片、浦南西片、商榻片、崇明岛片、长兴岛片和横沙岛片共 14 个三级涝区,即 14 个水利综合治理"洪、涝、潮、渍、旱、盐、污"分片。各工程规划标准按照不同地区和不同防御对象采用流域防洪、区域防洪和城市防洪以及城乡除涝相对应的设防标准,保障上海防洪除涝安全。

2.3 雨水泵站放江入河污染概况

随着《上海市防汛泵站污染物放江监管办法(暂行)》和《上海市防汛泵站污染物放江监管办法实施细则(暂行)》的执行,通过对中心城区典型防汛泵站调查发现,雨水泵站在低降雨强度和旱天时,采用截流泵截留雨水和混接污水,不进行放江;在降雨汇流达到开泵水位或长期未启动雨水泵时,需要进行试车和检修、预抽空等,再开动雨水泵。合流制泵站在旱天和低强度降雨时通过截流井将生活污水、预处理后工业废水、初期雨水截流输送至污水干管,之后送达污水处理厂;对降雨汇流超过截流能力后的混合污水,经溢流井溢出,通过雨水泵排入水体。

从"十三五"期间至今,上海市排水管理事务中心和上海市城市排水有限公司为了降低放江对水环境的影响,针对中心城区雨水泵站提出"两水平衡"运行管理模式,中心城区防汛泵站长期处于高水位工况下运行,本书所涉研究收集的资料均是在此条件下的实测数据,也以此管理模式和运行工况为前提开展研究和分析。

2.3.1 泵站放江基本情况调查

根据《2020 年排水设施年报》,2020 年全市防汛泵站共计 369 个,其中,合流制泵站 79 个,分流制泵站 290 个(总排水能力 3 557.54 m³/s);2019 年全市防汛泵站共计 367 个,其中,合流制泵站 81 个,分流制泵站 286 个,雨水调蓄池 13 座,总调蓄能力为 111 600 m³。上海市在 2019 年启动了全市 188 座泵站(合流制泵站 62 个,分流制泵站 126 个)的水质监测,水质监测内容包括 pH、SS、TP、氨氮、COD_{Cr} 等 5 项。

1. 泵站放江类型

根据调查情况可知,泵站放江类型分旱天放江和雨天放江,具体包括:

(1)旱流放江。非降雨时,泵站因集水井水位达到防汛控制水位,启动雨水泵将管网中的水排入河道,这种在旱天时的放江形式称为旱流放江。

(2)水泵试车放江。为保障防汛泵的正常运行,根据泵站管理有关规定,雨水泵站在一定的时间周期内必须运行一次。若在周期内未有降雨,泵站将通过回笼水设施进行试车。若泵站缺乏回笼水设施,只能将试车的水直接排入水体中,造成试车放江。

（3）雨前预抽空放江。为了保障区域排水安全,防台应急响应高于Ⅲ级,在遭遇暴雨天气前,预先对排水管道进行抽空而造成的放江。

（4）检修放江。当泵站内部的防汛或截流设施需要进行维修维护时,将泵站集水池内的水位降低而产生的旱天放江。

（5）施工等配合放江。在市政施工、管道维护等需要降低排水系统水位时,采用雨水泵把排水系统水位降低而产生的放江。

（6）隐形放江。非降雨时,因泵站出水管道水位高于河道水位,导致泵站管道内的水通过泵站排放口上方的拍门溢流进河道,形成隐形放江。

（7）降雨放江。以雨天放江为最主要的放江类型。

与雨天放江相比,虽然旱天放江水量和污染物量所占比例相对较小,但旱天放江产生的臭味易遭居民投诉,并且放江污染浓度（原生污水和通沟底泥）较高,严重恶化受纳河道的水质和影响水体景观。因此,管理部门提出严格控制中心城区的旱天放江行为,目前已基本杜绝了旱天放江的现象。

2. 全市泵站放江水量情况

根据上海市排水管理事务中心提供的相关资料,近5年年降雨量和泵站放江量见表2-7。

表2-7　近5年年降雨量及泵站放江量统计

降雨量/放江量	2015年	2016年	2017年	2018年	2019年
年降雨量/mm	1 649.1	1 597.1	1 388.8	1 407.9	1 409.1
降雨日/d	152	154	124	134	134
泵站年降雨放江量/万 m³	46 123.64	43 323.07	22 224.82	20 540.17	—
泵站年总放江量/万 m³	48 334.02	44 501.52	22 948.78	20 721.09	35 812.02

通过对2015—2019年放江数据比较发现,放江量与降雨量存在一定的相关性;泵站年降雨放江量和总放江量呈明显的逐年递减趋势,同时泵站放江总量与年降雨放江量差值越来越小,说明降雨放江为主要放江类型,其他类型放江水量相对较小。

根据《2020上海统计年鉴》,年降雨量为1 409.1 mm,降雨日为134 d,约占全年的36.7%,如图2-8所示。根据《2019年上海市防汛泵站放江水质状况年报》,全年雨量集

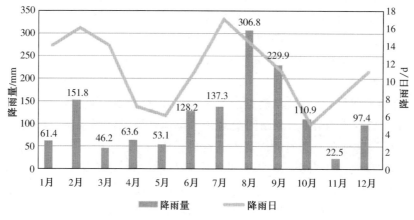

图2-8　2019年各月度降雨量和降雨日

中在 6—10 月,其中雨量较大的时间有"利奇马"台风期间和 9 月 1 日,降雨主要集中在浦东新区、松江区、奉贤区。2019 年,全市防汛泵站放江 6 605 站次,放江总量约 35 812.02 万 m³,主要集中在黄浦江、苏州河、桃浦河等三条河道,约 8 776.78 万 m³,占比 26.54%。8 月全市放江量最多,约 11 724 万 m³,占比 32.59%,如图 2-9 所示。

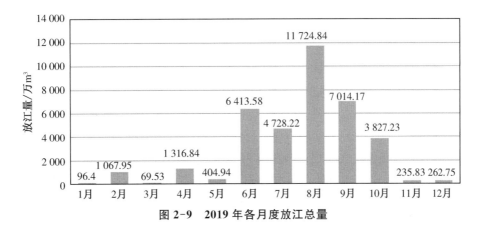

图 2-9　2019 年各月度放江总量

此外,收集上海市 2020 年防汛泵站放江水量、放江次数及放江污染物负荷等数据进行分析,统计 2020 年全市泵站放江 3 757 站次的结果表明:

(1) 总放江量约为 1.68 亿 m³,放江量低于前三年的总放江量。

(2) 在 2020 年 3 700 多站次泵站放江过程中,仅有 42 场全过程放江的 COD_{Cr}、氨氮和 TP 浓度满足地表Ⅴ类水水质标准(不考虑 SS)。

(3) 从放江月份的分布情况(图 2-10)可知,受全年降雨量分布不均的影响,放江量也呈现分布不均的情况,放江量较多的月份主要集中在汛期的多雨季节,即 6—9 月,其他月份放江量相对较少。

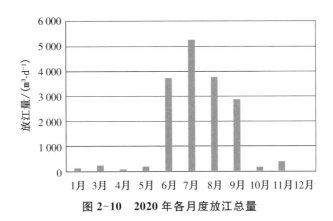

图 2-10　2020 年各月度放江总量

3. 全市防汛泵站放江污染物情况

根据《2019 年上海市防汛泵站放江水质状况年报》,全市防汛泵站放江污染物 COD_{Cr} 总量为 6 568.51 t,氨氮总量为 773.88 t,TP 总量为 74.5 t。其中,苏州河接纳 COD_{Cr}、氨氮、TP 等污染物排放量最多:COD_{Cr} 为 1 484.948 t(主要集中在芙蓉江泵站、剑河泵站、成都北泵站),占比62.07%;氨氮为149.145 t(主要集中在芙蓉江泵站、剑河泵站、大光复泵站),占比67.96%;TP为15.07 t(主要集中在芙蓉江泵站、剑河泵站、武宁泵站),占比62.57%。以上数据说明苏州河沿线泵站排放污染物量较多,对河道瞬时冲击负荷高,对河道水环境的影响较大。

4. 上海全市防汛泵站放江水质情况

如图2-11所示,采用箱形图对近几年泵站放江水质聚散情况进行统计分析。从各个箱形图的中位数和上下四分位数的间距可以看出,各指标的箱形图以右偏分布为主,即主要分布在中位数和上四分位数之间,相对不平衡,以较高浓度为主。各水质指标箱子随着年度呈现由短变长再变短的趋势,2016年氨氮数据指标显示浓度分布最分散,2017年SS、TP、COD$_{Cr}$数据指标显示浓度分布最分散。2016年、2017年各指标平均浓度较高,2019年、2020年各指标平均浓度相对较低,2019年和2020年数据分布较集中,以中位数来看,总体相对稳定,说明2019年、2020年放江入河污染情况略有好转。同时可以看出,大多数降雨条件下放江平均浓度均高于地表Ⅴ类水水质标准。

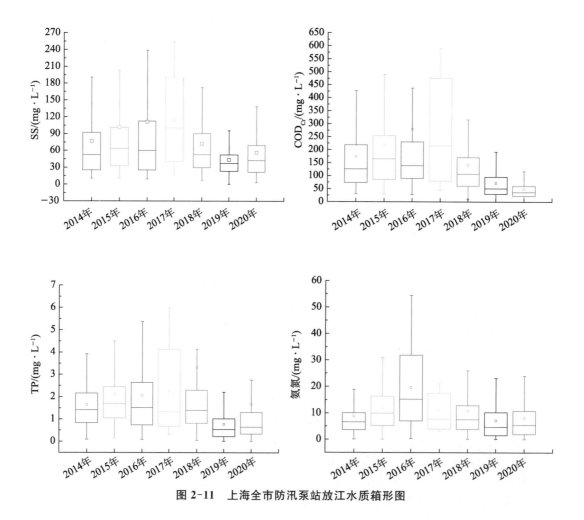

图2-11 上海全市防汛泵站放江水质箱形图

虽然上海市中心城区市政防汛泵站数量众多且建设年代较远,但实施系统性的监测开始于 2014 年,且初期实施监测的泵站数量较少。根据现有泵站相关运行记录数据,选取 2020 年度中数据序列相对完整、放江次数较多、分布较为广泛、规模基本相当的 74 个分流制泵站和 26 个合流制泵站进行数据分析。

2.3.2 分流制泵站水质情况调查

统计各泵站多次放江的水质平均值,如表 2-8 所示,SS 浓度均值范围为 15~158 mg/L,COD_{Cr} 浓度均值范围为 14~126 mg/L,TP 浓度均值范围为 0.1~8.2 mg/L,氨氮浓度均值范围为 0.8~40 mg/L。所有分流制泵站放江污染指标的均值如下:SS＝52.98 mg/L,COD_{Cr}＝49.52 mg/L,TP＝1.91 mg/L,氨氮＝8.03 mg/L。大多数放江水质高于地表Ⅴ类水水质标准(COD_{Cr}≤40 mg/L,TP≤0.4 mg/L,氨氮≤2 mg/L)和污水处理厂一级 A 排放标准[COD_{Cr}≤50 mg/L,SS≤10 mg/L,TP≤1 mg/L,氨氮≤5(8) mg/L]。

表 2-8　分流制泵站水质情况

序号	行政区	泵站名称	采样次数	SS 平均浓度/(mg·L⁻¹)	COD_{Cr} 平均浓度/(mg·L⁻¹)	TP 平均浓度/(mg·L⁻¹)	氨氮平均浓度/(mg·L⁻¹)
1		宝杨	25	44.21	69.46	1.28	7.62
2		宝杨西	14	69.83	57.77	0.62	4.66
3		大场老街	12	83.21	67.12	0.52	4.28
4		大黄	11	29.39	63.14	0.63	7.09
5		荻村南	18	44.81	49.96	0.37	2.34
6		富锦东	12	50.51	58.29	0.39	2.54
7		富长泵站	24	99.69	29.11	1.08	7.85
8		国权北泵站	18	70.28	33.28	1.23	8.12
9		海滨	27	52.60	62.47	0.91	8.71
10	宝山区	何家湾	22	81.09	32.25	1.10	8.75
11		虎林泵站	21	79.80	57.93	1.45	8.98
12		江杨南(雨)	8	65.82	48.31	0.39	1.84
13		交通北泵站	20	82.75	38.64	1.61	8.03
14		岚皋北泵站	20	84.81	31.46	2.11	9.38
15		临汾花园东泵站	20	78.12	44.43	1.79	9.98
16		庙行	25	61.17	68.04	0.61	4.79
17		民主(雨)	17	62.45	68.57	1.52	6.22
18		漠河	6	72.48	31.89	1.64	9.77
19		南大北	11	72.36	37.97	1.32	9.26

（续表）

序号	行政区	泵站名称	采样次数	SS平均浓度/(mg·L⁻¹)	COD_Cr平均浓度/(mg·L⁻¹)	TP平均浓度/(mg·L⁻¹)	氨氮平均浓度/(mg·L⁻¹)
20	宝山区	盘古	26	37.38	64.18	1.03	6.10
21		祁连新村	17	82.36	29.86	1.45	8.78
22		乾溪新村泵站	21	71.14	34.93	1.25	9.34
23		乾溪新村南泵站	23	82.90	48.25	1.80	10.04
24		庆安泵站（临时）	10	89.88	32.19	0.45	7.13
25		上大	21	57.43	48.25	0.47	3.58
26		淞南	11	64.18	46.81	0.59	5.59
27		新铁力	7	63.07	33.74	0.42	3.64
28		杨盛泵站	20	102.89	40.19	1.22	9.35
29		杨泰	11	50.03	50.09	0.76	6.43
30		张庙	17	48.53	51.33	0.49	3.44
31		真大	16	35.16	49.76	0.45	1.56
32	虹口区	东体	5	72.60	31.83	1.41	9.57
33		江湾西	5	56.59	38.09	1.39	8.81
34	静安区	场中（雨）	20	61.05	64.72	0.86	7.37
35		临汾	9	43.45	104.03	0.80	6.62
36		灵石（雨）	18	45.47	75.82	0.64	5.84
37		彭浦十期	10	101.04	118.04	0.97	6.62
38		新客站（雨）	8	58.34	125.75	1.46	9.46
39		永和南	11	46.27	49.71	0.42	2.57
40		志丹	34	52.98	55.81	0.70	6.01
41	闵行区	虹南	5	28.20	20.58	0.30	2.48
42		虹桥枢纽1#	5	43.91	21.61	0.28	1.42
43		虹桥枢纽2#	17	25.06	30.08	0.15	0.83
44		虹桥枢纽4#	8	28.84	33.24	0.15	0.90
45		平南	7	36.34	29.14	0.47	2.58
46	普陀区	交通南	12	64.07	89.66	0.77	6.38
47		岚皋南（雨）	28	53.30	58.92	0.71	7.56
48		桃浦	33	81.53	64.11	0.53	5.30
49		桃浦新村	8	50.76	87.71	0.46	3.17

（续表）

序号	行政区	泵站名称	采样次数	SS平均浓度/（mg·L⁻¹）	COD_Cr平均浓度/（mg·L⁻¹）	TP平均浓度/（mg·L⁻¹）	氨氮平均浓度/（mg·L⁻¹）
50		铜川（雨）	16	43.03	86.02	0.94	6.64
51		真光	17	55.83	71.84	0.86	11.05
52	普陀区	真南	9	157.83	96.99	0.43	2.57
53		真南北	6	70.72	36.26	0.57	3.64
54		真西	19	45.53	72.18	0.71	7.99
55		方塔南路泵站	20	24.18	29.85	5.22	18.33
56		方舟广场泵站	18	18.03	19.54	6.30	21.26
57		方舟园泵站	30	38.44	57.93	5.63	20.89
58		谷阳南路泵站	17	38.86	40.93	8.25	34.93
59		广富林（东）泵站	15	19.48	20.83	7.23	12.85
60		广富林（西）泵站	15	17.34	15.59	8.00	13.62
61		华新路雨水泵站	15	33.51	20.23	5.57	8.40
62	松江区	蒋泾桥泵站	15	21.84	49.15	6.17	40.18
63		客运中心泵站	14	15.95	17.54	7.27	9.17
64		乐都路泵站	22	23.27	42.04	5.42	12.21
65		南乐路（东）泵站	11	28.58	50.81	4.35	6.78
66		南乐路雨水泵站	16	20.79	14.35	6.21	12.10
67		茸平泵站	18	18.83	22.65	5.60	11.62
68		茸新路雨水泵站	16	25.99	16.76	5.12	7.88
69		育新河泵站	7	19.16	22.60	5.91	11.26
70		华泾北	6	23.81	25.00	0.12	1.13
71	徐汇区	罗秀	5	40.65	90.83	1.09	10.02
72		吴中	7	32.92	30.88	0.40	2.72
73	长宁区	北虹南	15	25.22	54.77	0.49	5.83
74		芙蓉江	6	40.92	80.06	0.35	2.22
总计			1129	52.98	49.52	1.91	8.03

注：本次仅选取采样次数不低于5次的市政雨水泵站。

根据放江水质均值,统计 74 个分流制泵站放江水质分布情况,见表 2-9。

表 2-9　分流制泵站水质分布情况

序号	COD$_{Cr}$/(mg·L^{-1})			氨氮/(mg·L^{-1})		
	≤50	50～100	100～200	≤2	2～5	≥5
1	蕰村南	宝杨	临汾	江杨南(雨)	宝杨西	宝杨
2	富长泵站	宝杨西	彭浦十期	真大	大场老街	大黄
3	国权北泵站	大场老街	新客站(雨)	虹桥枢纽1#	蕰村南	富长泵站
4	何家湾	大黄		虹桥枢纽2#	富锦东	国权北泵站
5	江杨南(雨)	富锦东		虹桥枢纽4#	庙行	海滨
6	交通北泵站	海滨		华泾北	上大	何家湾
7	岚皋北泵站	虎林泵站			新铁力	虎林泵站
8	临汾花园东泵站	庙行			张庙	交通北泵站
9	漠河	民主(雨)			永和南	岚皋北泵站
10	南大北	盘古			虹南	临汾花园东泵站
11	祁连新村	杨泰			平南	民主(雨)
12	乾溪新村泵站	张庙			桃浦新村	漠河
13	乾溪新村南泵站	场中(雨)			真南	南大北
14	庆安泵站(临时)	灵石(雨)			真南北	盘古
15	上大	志丹			吴中	祁连新村
16	淞南	交通南			芙蓉江	乾溪新村泵站
17	新铁力	岚皋南(雨)				乾溪新村南泵站
18	杨盛泵站	桃浦				庆安泵站(临时)
19	真大	桃浦新村				淞南
20	东体	铜川(雨)				杨盛泵站
21	江湾西	真光				杨泰
22	永和南	真南				东体
23	虹南	真西				江湾西
24	虹桥枢纽1#	方舟园泵站				场中(雨)
25	虹桥枢纽2#	南乐路(东)泵站				临汾

（续表）

序号	COD$_{Cr}$/(mg·L^{-1})			氨氮/(mg·L^{-1})		
	≤50	50~100	100~200	≤2	2~5	≥5
26	虹桥枢纽 4$^{\#}$	罗秀				灵石（雨）
27	平南	北虹南				彭浦十期
28	真南北	芙蓉江				新客站（雨）
...	...					...
43	吴中					...
...						...
52						北虹南
泵站数合计	43	28	3	6	16	52
放江泵站数所占比例	58%	38%	4%	8%	22%	70%

根据表 2-8、表 2-9 可知：

（1）泵站放江 1129 站次中有 161 站次放江均值满足地表 V 类水水质标准（不考虑 SS）。

（2）74 个泵站中，COD$_{Cr}$≤50 mg/L 的泵站数占 58%，占比最高，即泵站数最多；COD$_{Cr}$在 50~100 mg/L 的泵站数约占 38%；COD$_{Cr}$在 100~200 mg/L 的泵站数占 4%。综上说明，大部分雨水泵站排出水体的 COD$_{Cr}$含量指标低于生活污水水质，但均超过了地表 V 类水的指标，为劣 V 类。而 2017 年、2018 年、2019 年放江泵站污染物浓度范围主要集中在 100~200 mg/L。

（3）74 个泵站中，氨氮≤2 mg/L 的泵站数占 8%；氨氮在 2~5 mg/L 的泵站数占 22%；氨氮>5 mg/L 的泵站数占 70%，占比最高。综上可以看出，90% 的泵站排出水体的氨氮含量指标超过地表 V 类水的指标。

2.3.3 合流制泵站水质情况调查

统计各合流制泵站多次放江水质平均值，如表 2-10 所示，SS 浓度均值范围为 18~110 mg/L，COD$_{Cr}$浓度均值范围为 19~120 mg/L，TP 浓度均值范围为 0.3~7.4 mg/L，氨氮浓度均值范围为 1~25 mg/L，稍低于分流制泵站放江浓度范围。所有合流制泵站放江污染指标的均值如下：SS=54.77 mg/L，COD$_{Cr}$=54.68 mg/L，TP=1.32 mg/L，氨氮=7.13 mg/L，与雨水泵站放江污染物浓度均值相近。可以看出，大多数放江水质远高于地表 V 类水水质标准（COD$_{Cr}$≤40 mg/L，TP≤0.4 mg/L，氨氮≤2 mg/L）、污水处理厂一级 A 排放标准[COD$_{Cr}$≤50 mg/L，SS≤10 mg/L，TP≤1 mg/L，氨氮≤5(8)mg/L]、上海市污水综合排水一级标准[COD$_{Cr}$≤50 mg/L，SS≤20 mg/L，TP≤0.3 mg/L，氨氮≤1.5(3)mg/L]。

表 2-10 合流制泵站水质情况

序号	区域	泵站名称	采样次数	SS平均浓度/(mg·L⁻¹)	COD$_{Cr}$平均浓度/(mg·L⁻¹)	TP平均浓度/(mg·L⁻¹)	氨氮平均浓度/(mg·L⁻¹)
1	宝山区	吴淞大桥	15	110.16	75.76	1.11	6.64
2		张华浜南泵站	21	89.70	38.74	1.53	9.03
3	虹口区	和田	5	68.27	35.40	1.57	11.43
4		江西北	5	78.13	119.87	1.00	7.27
5	黄浦区	三门	4	71.82	25.08	1.49	5.61
6		延安东	4	83.76	42.31	1.01	9.11
7		延安西	5	24.66	27.23	0.79	5.46
8		福建中	6	45.04	97.71	0.80	3.52
9		江西中	7	63.16	104.08	1.37	5.76
10	静安区	成都北	9	75.17	67.86	0.91	9.32
11		华新东路泵站	11	23.70	41.16	4.75	24.67
12		老沪太	12	54.49	55.99	0.66	3.90
13		彭江	11	30.46	49.71	0.52	3.15
14		普善	23	79.48	66.80	0.69	5.97
15		新福建北	4	40.77	71.44	0.79	3.15
16		宜川东	4	42.17	29.57	0.34	5.92
17	普陀区	大光复	27	55.80	59.49	1.07	9.89
18		泸定	5	39.09	36.55	0.46	1.16
19		平江桥	4	55.35	34.00	0.48	1.15
20		武宁	11	52.58	88.70	1.29	9.33
21	松江区	新沪松公路雨水泵站	16	21.09	19.39	7.40	12.77
22	徐汇区	肇嘉浜	7	18.07	34.74	0.44	4.59
23	杨浦区	新凤城	6	55.88	33.39	1.07	6.60
24		新松潘	4	84.50	52.19	0.91	7.81
25	长宁区	华阳	4	34.50	61.42	0.80	4.64
26		凯旋	10	26.26	53.04	0.94	7.61
合计			240	54.77	54.68	1.32	7.13

注：本次仅选取采样次数不低于3次的市政合流制泵站。

根据放江水质均值,统计 26 个合流制泵站水质分布情况,见表 2-11。

表 2-11　合流制泵站水质分布情况

序号	COD_{Cr}/(mg·L⁻¹)			氨氮/(mg·L⁻¹)		
	≤50	50~100	100~200	≤2	2~5	≥5
1	张华浜南泵站	吴淞大桥	江西北	泸定	福建中	吴淞大桥
2	和田	福建中	江西中	平江桥	彭江	张华浜南泵站
3	三门	成都北			新福建北	和田
4	延安东	老沪太			肇嘉浜	江西北
5	延安西	普善			华阳	三门
6	华新东路泵站	新福建北			老沪太	延安东
7	彭江	大光复				延安西
8	宜川东	武宁				江西中
9	泸定	新松潘				成都北
10	平江桥	华阳				华新东路泵站
11	新沪松公路雨水泵站	凯旋				普善
12	肇嘉浜					宜川东
13	新凤城					大光复
14						武宁
15						新沪松公路雨水泵站
16						新凤城
17						新松潘
18						凯旋
泵站数合计	13	11	2	2	6	18
放江泵站数所占比例	50%	42%	8%	8%	23%	69%

根据表 2-11 可知:

(1)泵站放江 240 站次中有 31 站次放江均值满足地表 V 类水水质标准(不考虑 SS)。

(2)26 个泵站中,COD_{Cr}≤50 mg/L 的泵站数占 50%,占比最高,即泵站数最多;

COD_{Cr} 在 50～100 mg/L 的泵站数约占 42%；COD_{Cr} 在 100～200 mg/L 的泵站数占 8%。综上说明,大部分合流制泵站排出水体的 COD_{Cr} 含量指标低于生活污水水质,但均超过了 Ⅴ 类水的指标,为劣 Ⅴ 类水体。

(3) 26 个泵站中,氨氮≤2 mg/L 的泵站数占 8%；氨氮在 2～5 mg/L 的泵站数占 23%；氨氮在 5～8 mg/L 的泵站数占 69%,占比最高。综上可以看出,90% 的合流制泵站排出水体的氨氮含量指标超过地表 Ⅴ 类水的指标。

本章在收集研究区域自然环境、雨水排水系统基本概况,根据排水泵站运行管理现状,调查整理现有泵站的历史资料基础上,总体研究分析了全市排水泵站放江水量、放江水质、放江污染浓度分布规律,具体如下:

(1) 泵站放江受纳河道较多,泵站放江量总体较大,降雨放江入河污染量总体也较大,放江总量呈下降趋势,降雨放江比例提高,有待进一步完善截流及回笼设施。

(2) 近 5 年分流制泵站放江主要以降雨放江为主,SS 浓度均值范围为 15～158 mg/L,COD_{Cr} 浓度均值范围为 14～126 mg/L,TP 浓度均值范围为 0.1～8.2 mg/L,氨氮浓度均值范围为 0.8～40 mg/L。放江均值:SS = 52.98 mg/L,COD_{Cr} = 49.52 mg/L,TP = 1.91 mg/L,氨氮=8.03 mg/L。污染物浓度都超过地表 Ⅴ 类水水质标准。

(3) 近 5 年合流制泵站同样以降雨放江为主,SS 浓度均值范围为 18～110 mg/L,COD_{Cr} 浓度均值范围为 19～120 mg/L,TP 浓度均值范围为 0.3～7.4 mg/L,氨氮浓度均值范围为 1～25 mg/L,稍低于分流制泵站放江浓度范围。放江污染物均值:SS=54.77 mg/L,COD_{Cr}=54.68 mg/L,TP=1.32 mg/L,氨氮=7.13 mg/L,与分流制泵站接近。污染物浓度都超过地表 Ⅴ 类水水质标准。

(4) 总体上,50% 以上泵站 COD_{Cr} 浓度介于 50～100 mg/L,90% 以上泵站氨氮浓度高于 2 mg/L,放江污染物浓度超过地表 Ⅴ 类水水质标准的占比达到 95%。从分流制泵站的水质浓度角度分析,雨水管网内有大量污水混入,说明目前排水管网雨污混接现象仍然十分严重。

通过调查分析,影响泵站放江水质的因素较多,包括泵站所在位置、服务范围、区域降雨特性、地表径流汇集过程、管网淤积程度等。在总体了解全市防汛泵站放江特性的基础上,下一章将进一步深入调查研究泵站放江水质的时程变化与特点,并围绕排水系统、泵站服务区域和降雨特性作进一步分析。

第3章 城市雨水泵站放江水质特征

3.1 城市雨水泵站样品采集及研究对象选取

3.1.1 泵站样品采集说明

城市雨水排水泵站雨天放江水质特征的研究数据来自上海市排水监测系统。监测点位于各泵站集水井或排放口,由自动采样仪或人工采集水样,雨天采样时间点分别为开始放江时,放江后 10,20,40,60,120,180 min 和放江结束时,每次采集 8 个样品。在旱天时,泵站每月采集一次,每 30 min 采样一次。降雨量通过泵站内配置的自动记录雨量计测定,从累计降雨量可计算得出相应时段的降雨强度。同时根据各台水泵的铭牌流量自动计算各时段放江过程的总流量,即总流量为所有开启的水泵的流量之和。

水质检测指标包括 pH、化学需氧量(COD_{Cr})、悬浮物(SS)、氨氮(NH_3-N)、总磷(TP)。检测方法均为国标方法(表 3-1)或参考《水和废水监测分析方法》(第 4 版)。

表 3-1 水质检测方法

序号	检测项目	检测方法	标准
1	化学需氧量(COD_{Cr})	重铬酸盐法	《水质 化学需氧量的测定 重铬酸盐法》(HJ 828—2017)
2	氨氮(NH_3-N)	纳氏试剂分光光度法	《水质 氨氮的测定 纳氏试剂分光光度法》(HJ 535—2009)
3	总磷(TP)	钼酸铵分光光度法	《水质 总磷的测定 钼酸铵分光光度法》(GB/T 11893—1989)
4	悬浮物(SS)	重量法	《水质 悬浮物的测定 重量法》(GB/T 11901—1989)

3.1.2 泵站的选取

综合考虑数据完整性、放江水质、服务面积及放江量、所属区域等因素,分别选取 8 个具有代表性和典型性的中心城区分流制泵站和合流制泵站进行水质分析,如表 3-2、表 3-3 所示。

表 3-2 分流制泵站基本情况

序号	泵站名称	所属区域	服务面积/hm²	排水能力/(m³·s⁻¹)	雨水配泵/(m³·s⁻¹)	污水配泵/(m³·s⁻¹)	排水方向（河道）	服务范围	泵站相关设施	排水体制
1	场中雨	静安区	1.89	9.362	9.2	0.162	西泗塘	泗塘河、场中路、共和新路、保德路	有回笼设施	分流制
2	交通南	普陀区	1.178	10.656	10.72	0.936	桃浦河	万泉路、桃浦路北侧、桃浦西路，武威东路	有回笼设施	
3	真西	普陀区	3.45	16.916	16.8	0.116	桃浦河	桃浦河、西虹江、朝阳河、沪宁铁路	有回笼设施	
4	苗圃西	长宁区	1.3	8.7	8.64	0.06	吴淞江	苏州河、通协路、环西大道、苏州河	有回笼设施	
5	芙蓉江	长宁区	6.93	25.38	24.54	0.84	苏州河	长宁路、定西路、天山路、哈密路、延安路、水城路、苏州河	有回笼和调蓄设施	
6	剑河	长宁区	1.18	21.6	21.6	—	苏州河	蒲松北路、北渔路、平塘路、苏州河	有回笼设施	
7	真光	普陀区	6.8	16.626	16.5	0.126	西虹江	朝阳河、西虹江、祁连山路、桃浦河	有回笼设施	
8	真江东	普陀区	2.69	15.537	15.3	0.237	西虹江	万镇路、西虹江、靖边路、金昌路	有回笼设施	

表 3-3 合流制泵站基本情况

序号	泵站名称	所属区域	服务面积/hm²	排水能力/(m³·s⁻¹)	雨水配泵/(m³·s⁻¹)	污水配泵/(m³·s⁻¹)	排水方向（河道）	服务范围	泵站相关设施	排水体制
1	成都北	静安区	3.06	25.795	22.5	3.3	苏州河	温州路、淮海中路、茂名北路、苏州河	有回笼和调蓄设施	截流式合流制
2	福建中	黄浦区	0.72	6	6	0	苏州河	山东路、贵州路、广东路、苏州河	有回笼设施	

序号	泵站名称	所属区域	服务面积 /hm²	排水能力/ (m³·s⁻¹)	雨水配泵/ (m³·s⁻¹)	污水配泵/ (m³·s⁻¹)	排水方向 (河道)	服务范围	泵站相关设施	排水体制
3	鲁班	黄浦区	4.40	31.04	25.6	5.44	黄浦江	制造局路、黄浦江、瑞金二路、淮海中路	有回笼设施	截流式合流制
4	江西中	黄浦区	0.65	3.21	2.7	0.51	苏州河	中山东一路、山东路、汉口路、苏州河	有回笼设施	
5	武宁	普陀区	—	15.66	13.2	2.46	吴淞江	武宁路、苏州河、铁路、桃浦河	有回笼设施	
6	肇嘉浜	徐汇区	740	34.23	29.43	4.8	黄浦江	鲁班路、肇嘉浜路、漕溪北路、华山路	有回笼设施	
7	国和	杨浦区	—	12.1	11.242	0.858	虹江	长海路、走马塘、恒仁路、政中路	有回笼设施	
8	新古北	长宁区	1.06	8.544	7.05	1.494	苏州河	遵义路、长宁路、茅台路、苏州河	有回笼设施	

3.2　城市雨水泵站放江水质规律及特征

3.2.1　分流制泵站放江水质规律

收集和选取了水质数据序列相对较为完整的 8 个典型分流制泵站多场次放江过程污染物浓度实测数据,分析不同放江情况下各污染物浓度随放江时程变化的规律,探寻泵站放江污染的特性。

1. 场中雨泵站

选取 4 场次放江过程的水质数据,如图 3-1(a)—(d)所示,从图中 4 个时段的放江污染指标实测数据可看出,SS、氨氮、TP 和 COD$_{Cr}$ 浓度在不同放江时段,均呈现多峰值的特点,并且最大峰值均没有出现在放江初期。

2020 年 6 月 12 日为中雨,总降雨量为 15.2 mm,前期一周均有小雨但未放江,从图 3-1(a)可知,COD$_{Cr}$ 和 TP 浓度相对较稳定,浓度变化幅度不大,SS 浓度波动较大,判断是由于放江时带动管道底泥扰动,加之流速不稳定,造成冲刷底泥量的不稳定,形成指标波动。

2020 年 6 月 15 日为暴雨,总降雨量为 82.3 mm。从图 3-1(b)可知,SS 和氨氮浓度有明显的波动,SS 浓度有逐渐增大的趋势,最大峰值出现在放江结束。COD$_{Cr}$ 和 TP 浓度

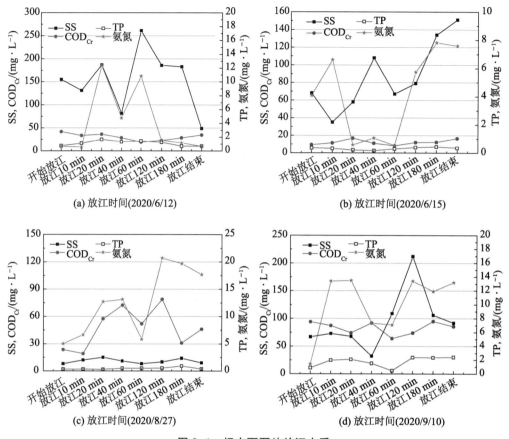

图 3-1 场中雨泵站放江水质

则无明显的变化趋势。分析主要是因为长时间大强度降雨对地表和管道的持续冲刷,加之大流量的稀释作用,使得 COD_{Cr} 和 TP 总体浓度较低,氨氮总体浓度也低于其他降雨场次,持续放江过程中,逐步加大对管底沉淤底泥的冲刷,进而造成放江结束前 SS 浓度逐渐升高。

2020 年 8 月 27 日放江当天为大雨,总降雨量为 46.8 mm,前 1 天有小雨,未放江。从图 3-1(c)可知,COD_{Cr} 和氨氮浓度在放江初期最低,氨氮出现升高趋势,在放江末期出现峰值,COD_{Cr} 浓度在放江中期有峰值出现,SS 和 TP 浓度相对较稳定,分析主要由于管道内水流流速不稳定,造成冲刷底泥量的不稳定,形成指标波动。

2020 年 9 月 10 日为大雨,总降雨量为 57.8 mm。从图 3-1(d)可知,SS 浓度在放江后期出现峰值,其余时段浓度相对稳定,氨氮浓度在放江 10 min 后出现第一峰值后保持较小波动,COD_{Cr} 的情况与图 3-1(c)接近,高于图 3-1(a)和(b),分析认为大雨对地表和管道的冲刷作用明显。

综上所述,对于大雨和暴雨污染物浓度前低后高的现象,分析认为主要与持续放江冲刷底泥后造成的污染释放有关。由于底泥长时间板结,强度较高,冲刷扰动随水流携带排出的污染物浓度呈间歇性,加之汇集雨量大,初步判断,底泥携带排出期间污染物浓度高,底泥没有携带排出期间受雨水稀释,相对浓度低,污染物浓度高低值相差较大。中雨雨情下由于间歇性冲刷带出底泥以及雨水持续稀释交互影响,污染物指标随放江时程出现多峰值。

2. 交通南泵站

选取 2019 年和 2020 年各 2 场次放江的水质数据,如图 3-2(a)—(d)所示。

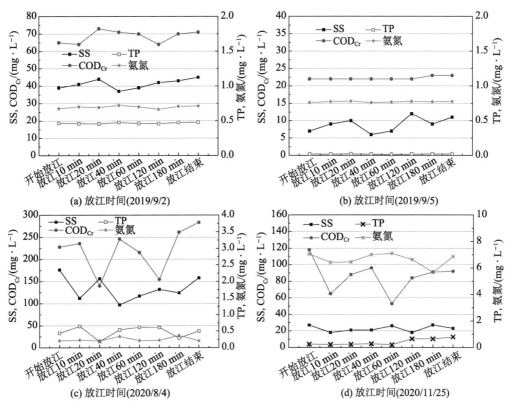

图 3-2　交通南泵站放江水质

2019 年 9 月 2 日降雨量仅为 0.2 mm,2019 年 9 月 5 日无降雨,2020 年 8 月 4 日为暴雨,降雨量为 77.1 mm,2020 年 11 月 25 日降雨量为 30.2 mm。图 3-2(b)中由于其他原因造成旱天放江,放江前后水质基本保持不变,图 3-2(b)中污染物浓度低于图 3-2(a)。图 3-2(c)中 COD_{Cr} 和 SS 浓度较高,氨氮和 TP 浓度较低,放江过程中水质有明显波动,呈现多峰值的特点。图 3-2(d)中,2020 年 11 月 25 日为大雨,前 6 天有小雨但未放江,氨氮浓度较高,COD_{Cr} 浓度峰值出现在放江开始,且 SS 和 COD_{Cr} 浓度均低于图 3-2(c),分析认为暴雨产生的径流量大,能冲刷携带大量颗粒态污染物,在径流过程中管道内流量较大,具有较强的冲刷沉积物和携带污染物的能力,而 SS 浓度受流量影响较大。整个放江过程中 COD_{Cr} 浓度波动较大,判断与混接、长时间地表径流持续冲刷和管道汇流来水污染物浓度波动有关。

3. 真西泵站

选取 2020 年 4 场次放江过程水质数据,如图 3-3(a)—(d)所示。

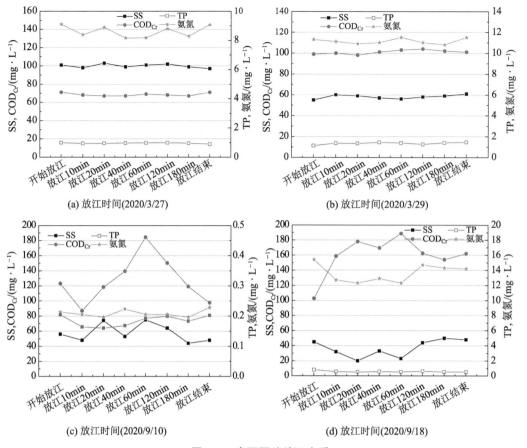

图 3-3 真西泵站放江水质

2020 年 3 月 27 日降雨量为 17.4 mm,前 1 天有降雨并进行了放江,降雨量为 23.4 mm;2020 年 3 月 29 日降雨量为 16 mm,前 1 天有小雨,降雨量为 4.3 mm,未放江;2020 年 9 月 10 日降雨量为 40 mm;2020 年 9 月 18 日降雨量为 3.5 mm,前 5 天有连续降雨,前 3～4 天进行了放江,其中前 1 天降雨量较高,为 31.7 mm,但未进行放江。

2020 年 3 月 27 日[图 3-3(a)]与 2020 年 3 月 26 日(表 3-4)相比,放江 SS 浓度远高于前 1 天,其余指标较接近,分析认为可能是前 1 天降雨量大,对颗粒污染物的稀释作用明显。2020 年 3 月 29 日与 2020 年 3 月 27 日降雨量相当,但 COD_{Cr} 与 SS 浓度大小互换,根据收集的数据,29 日的放江量约为 27 日放江量的 3 倍,判断放江带动管内沉淤底泥冲刷作用显著。2020 年 9 月 18 日降雨量较小,前 3～4 天存在连续放江,SS 浓度相对较低,但当天放江 COD_{Cr} 和氨氮浓度较高,判断泵站服务范围内雨污混接情况较为严重。

表 3-4 真西泵站 2020 年 3 月 26 日放江水质污染物浓度范围

日期	COD_{Cr}/(mg·L^{-1})	SS/(mg·L^{-1})	氨氮/(mg·L^{-1})	TP/(mg·L^{-1})
2020 年 3 月 26 日	66～70	22～26	10.1～10.5	1.2 mg/L

综上,该泵站在中雨单次放江过程中,污染物浓度指标随放江时程变化基本稳定。4 场次放江除图 3-3(c)和(d)中 COD_{Cr} 浓度出现峰值外,其余均为小幅变化。连续多天降

雨放江,SS 浓度先增后减,而 COD_{Cr} 和氨氮浓度增加,说明泵站服务范围内雨污混接情况较为严重,管道运行情况相对较差,在连续多天放江后污染物浓度仍较高。

4. 苗圃西

选取 2019 年连续 3 场次放江过程的水质数据,如图 3-4、表 3-5 所示。

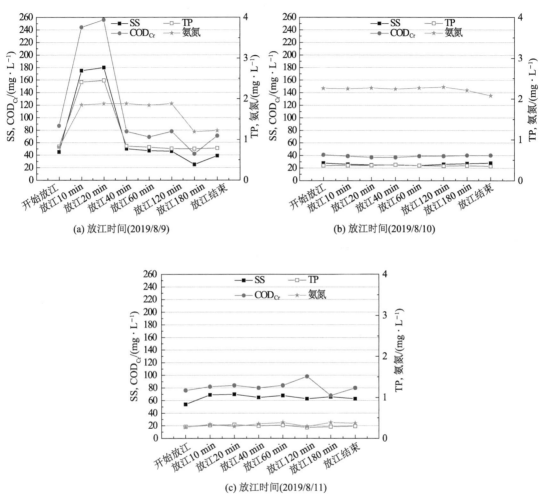

(a) 放江时间(2019/8/9)

(b) 放江时间(2019/8/10)

(c) 放江时间(2019/8/11)

图 3-4　苗圃西泵站放江水质

表 3-5　苗圃西泵站 2019 年度 3 场次放江水质污染物浓度范围

日期	$COD_{Cr}/(mg \cdot L^{-1})$	$SS/(mg \cdot L^{-1})$	氨氮$/(mg \cdot L^{-1})$	$TP/(mg \cdot L^{-1})$
2019 年 8 月 9 日	42～256	25～180	0.81～1.88	0.77～2.45
2019 年 8 月 10 日	37～41	24～30	2～2.3	0.3～0.4
2019 年 8 月 11 日	68～84	54～70	0.3～0.4	0.26～0.33

2019 年 8 月 9 日为大暴雨,总雨量为 68 mm。从图 3-4(a)可看出,COD_{Cr}、SS 和 TP 浓度在大强度降雨事件中受到明显影响,放江前期 10～20 min 出现高峰值,污染物浓度呈现明显的初期效应。由于强降雨和大汇流,前期降雨汇流对管道及泵站集水井中的沉

积污染、地表污染冲刷作用明显,随着降雨持续,前期沉积污染的排出,后期汇流对地表径流污染和混接污水的稀释作用明显,导致大强度降雨事件中污染物浓度呈现较明显的两极分化,随着降雨结束,后期泵站放江水体污染物浓度开始逐渐趋稳,但放江末期污染物浓度仍高于地表 Ⅴ 类水水质标准。

2019 年 8 月 10 日仍有大暴雨,总降雨量达 166 mm,总放江量约为前 1 天的 10 倍。图 3-4(b)中放江始末及过程中污染物浓度相对较稳定。由于连续两天大暴雨导致连续放江,8 月 10 日[图 3-4(b)]与 8 月 9 日[图 3-4(a)]相比,COD_{Cr}、SS、TP 浓度显著降低,说明强降雨和大汇流水量对管网沉积污染和地表径流污染的浓度稀释作用明显,但仍高于地表 Ⅴ 类水水质标准。2019 年 8 月 11 日无降雨,但受前 2 天大暴雨造成的积水影响,仍进行了放江,放江水量约为 8 月 10 日的 50%,污染物的平均浓度略高于 8 月 10 日的放江浓度。从图 3-4(c)可知,虽然之前已持续两天降雨放江,第 3 天降雨放江污染物浓度仍高于地表 Ⅴ 类水水质标准,因此可判断管网内存在严重的雨污水混接现象。

5. 芙蓉江泵站

选取 2019 年 3 场次放江过程的水质数据,如图 3-5 所示。

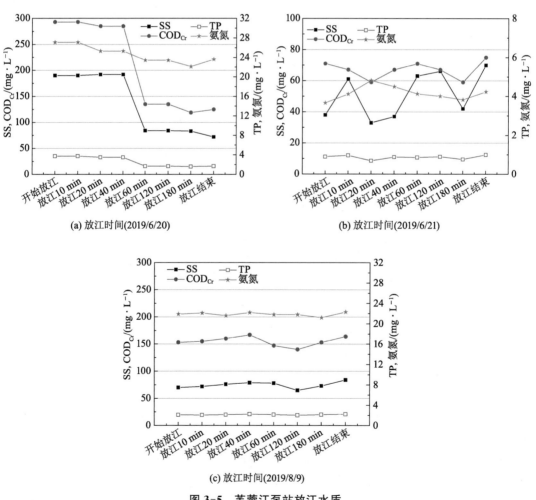

(a) 放江时间(2019/6/20)

(b) 放江时间(2019/6/21)

(c) 放江时间(2019/8/9)

图 3-5 芙蓉江泵站放江水质

2019 年 6 月 20 日为大雨,总雨量为 43.4 mm,6 月 19 日泵站进行了预抽空放江,放江污染物浓度接近于 6 月 20 日的数据。从图 3-5(a)可知,整个降雨放江过程中 COD_{Cr}、SS、氨氮、TP 平均浓度分别为 208,135,24.6,2.6 mg/L。放江前期 40 min 浓度出现持续高峰值,污染物浓度呈现明显的初期效应,浓度数值均较高,随着降雨历时的延长,污染物浓度明显降低。由于前期短历时强降雨和大汇流水量对管道及泵站集水井中的沉积污染、地表污染冲刷作用明显,随着降雨持续,前期沉积污染的排出,后期汇流对地表径流污染和混接污水的稀释作用明显,导致大强度降雨事件中污染物浓度呈现较明显的两极分化。随着降雨结束,后期泵站放江水体污染物浓度开始逐渐趋稳,但放江末期污染物浓度仍高于地表 V 类水水质标准。

2019 年 6 月 21 日为小雨,因前期雨量较大,导致泵站水位较高,产生放江。从图 3-5(b)可知,整个降雨放江过程中 COD_{Cr}、SS、氨氮、TP 平均浓度分别为 67,51,4.1,0.86 mg/L,可以看出,预抽空加上连续两天降雨放江,水体污染物浓度前后两天对比显著降低,但放江末期污染物浓度仍高于地表 V 类水水质标准,因此可判断管网内存在较严重的雨污水混接现象。

2019 年 8 月 9 日为大暴雨,总雨量为 72.4 mm。从图 3-5(c)可知,整个降雨放江过程中 COD_{Cr}、SS、氨氮、TP 平均浓度分别为 154.8,74.6,21.8,2.1 mg/L。COD_{Cr} 和氨氮浓度高,判断雨污混接较为严重,后两天进行了连续放江,放江污染物浓度明显降低。

2019 年 6 月 20 日[图 3-5(a)]与 2019 年 6 月 21 日[图 3-5(b)]相比,20 日放江初期污染物浓度较高,放江结束时的污染物浓度稍高于 21 日。6 月 20 日放江 60 min 之后至放江结束与 8 月 9 日[图 3-5(c)]放江全过程对比,氨氮、TP、SS 和 COD_{Cr} 浓度基本接近。由此可知,前期强降雨、大汇流会对管网沉积淤泥、地表径流污染造成冲刷,各项污染物浓度均较高,当放江水量和时间达到一定程度时,后期在持续排水的工况下,污染物浓度趋于稳定或小幅波动,但仍高于地表 V 类水水质标准,主要是受到雨污混接的严重影响。由于连续多天持续降雨放江,各项污染物浓度出现总体降低或小幅波动,波动幅度的峰值主要受到雨污混接来水稳定性的影响。

6. 剑河泵站

选取 2019 年 3 场次放江过程中的水质数据,如图 3-6、表 3-6 所示。

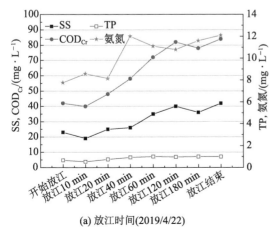

(a) 放江时间(2019/4/22)

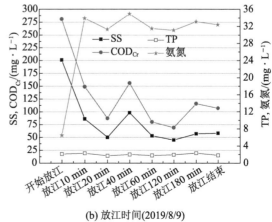

(b) 放江时间(2019/8/9)

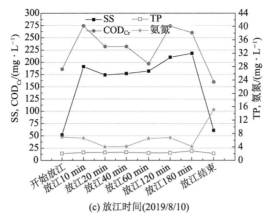

(c) 放江时间(2019/8/10)

图 3-6 剑河泵站放江水质

表 3-6 剑河泵站 2019 年度 3 场次放江水质污染物浓度范围

日期	COD_{Cr}/(mg·L^{-1})	SS/(mg·L^{-1})	氨氮/(mg·L^{-1})	TP/(mg·L^{-1})
2019 年 4 月 22 日	40～84	19～42	7.76～12	0.53～1
2019 年 8 月 9 日	69～281	45～201	6.48～34.9	1.71～2.31
2019 年 8 月 10 日	160～274	52～218	4～15	2.0～2.8

2019 年 4 月 22 日为中雨,总雨量为 17.5 mm。从图 3-6(a)可知,SS、氨氮和 COD_{Cr} 浓度呈逐渐上升的趋势,说明随着降雨径流增多,对管网和泵站集水井污泥沉积起到持续的冲刷作用,导致污染物浓度持续升高。

2019 年 8 月 9 日为大雨,总雨量为 54.3 mm。从图 3-6(a)可知,放江开始时 COD_{Cr} 和 SS 浓度即出现峰值,放江 10 min 后氨氮浓度大幅增加,并持续至放江结束,SS 和 COD_{Cr} 浓度均有明显的降低趋势,然后逐渐趋于平稳。分析判断大雨放江对管网及泵站集水井沉积淤泥具有较强的冲刷作用。由于在管网污泥沉积、地表径流污染及雨污混接的影响下,即使放江后期有大雨稀释作用,污染物浓度仍较高,特别是氨氮浓度远高于黑臭标准,判断可能与混接水质及管道底泥释放有关。

2019 年 8 月 10 日为大暴雨,总雨量为 152 mm。从图 3-6(c)可知,放江污染物浓度相对较高。在前 1 天大雨已放江的影响下,污染物浓度仍保持较高的状态,由此判断强降雨和大汇流放江对管网及泵站集水井沉积淤泥的冲刷作用显著。前后两天两次放江结束时,COD_{Cr}、SS、TP 的浓度基本一致,但放江末期污染物浓度仍高于地表 V 类水水质标准,其中氨氮浓度达到黑臭标准。

7. 真光泵站

选取 2019 年 3 场次放江过程中的水质数据,如图 3-7、表 3-7 所示。

表 3-7 真光泵站 2019 年度 3 场次放江水质污染物浓度范围

日期	COD_{Cr}/(mg·L^{-1})	SS/(mg·L^{-1})	氨氮/(mg·L^{-1})	TP/(mg·L^{-1})
2019 年 8 月 15 日	98～107	26～49	4.79～5.28	0.58～0.66
2019 年 8 月 18 日	104～109	82～99	5.7～6.5	0.39～0.42
2019 年 8 月 28 日	29～31	22～40	3.6～4.0	0.36～0.43

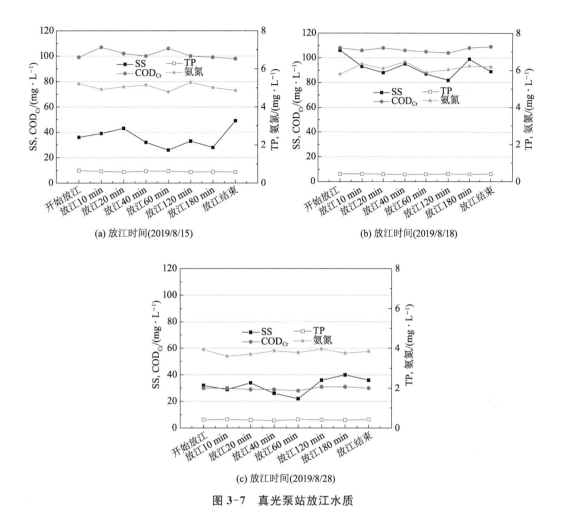

(a) 放江时间(2019/8/15)　　　　(b) 放江时间(2019/8/18)

(c) 放江时间(2019/8/28)

图 3-7　真光泵站放江水质

2019 年 8 月 15 日为中雨,总雨量为 23 mm,且前 19 天均未放江;2019 年 8 月 18 日为大雨,总雨量为 54.9 mm。

该泵站放江污染物浓度变化幅度较小。图 3-7(a)中污染物浓度略低于图 3-7(b),说明小强度降雨事件对污染物的稀释作用不明显,与大雨放江水质相当或略低。图 3-7(c)中污染物浓度和放江量均低于图 3-7(a)和(b),且前 1 天进行了放江。图 3-7(c)中污染物浓度较低,判断与前 1 天放江有关,由于连续放江导致地表径流污染和管道沉积物都受到较大程度的冲刷和稀释,使得污染物浓度相对较低。

8. 真江东泵站

选取 2019 年 3 场次放江过程的水质数据,如图 3-8、表 3-8 所示。

表 3-8　真江东泵站 2019 年度 3 场次放江水质污染物浓度范围

日期	$COD_{Cr}/(mg \cdot L^{-1})$	$SS/(mg \cdot L^{-1})$	氨氮/$(mg \cdot L^{-1})$	$TP/(mg \cdot L^{-1})$
2019 年 8 月 28 日	42~44	29~47	2.4~2.73	0.58~0.63
2019 年 9 月 1 日	110~124	40~48	0.48~0.53	0.18~0.2
2019 年 9 月 4 日	71~74	15~28	0.91~0.98	0.24~0.26

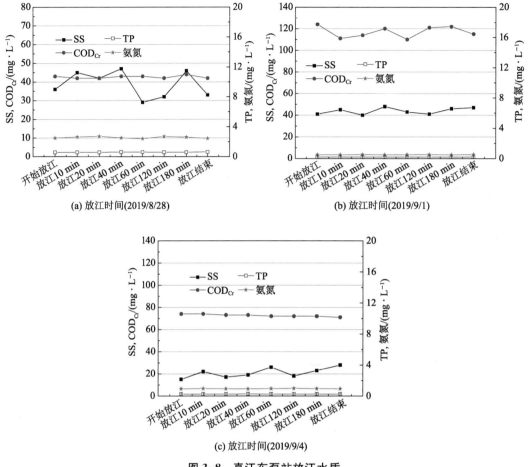

(a) 放江时间(2019/8/28)

(b) 放江时间(2019/9/1)

(c) 放江时间(2019/9/4)

图 3-8　真江东泵站放江水质

2019 年 8 月 28 日为大雨,总雨量为 28.5 mm,前 1 天进行了放江;2019 年 9 月 1 日为大雨,总雨量为 48 mm;2019 年 9 月 1 日为小雨,总雨量为 3.7 mm。

从 8 月 27 日开始到 9 月 4 日基本为连续降雨和放江,9 月 1 日[图 3-8(b)]污染物浓度较高,8 月 28 日[图 3-8(a)]与 9 月 4 日[图 3-8(c)]污染物浓度相差较小。说明连续放江时污染物浓度有降低趋势。图 3-8(b)中,在持续降雨放江且当天大雨情况下 COD$_{Cr}$ 浓度仍较高,分析判断与管道存在雨污混接混排有关。

分流制泵站放江水质规律如下:

(1)各场次降雨经历 3 h 左右的放江后,放江末期污染物浓度变化不明显,各污染物浓度基本超过地表 V 类水水质标准。

(2)强降雨和大汇流放江对管网及泵站集水井沉积淤泥的冲刷作用显著。中、小雨量对放江水体污染物的稀释作用不明显。分析判断 COD$_{Cr}$ 浓度波动较大与雨污混接、长时间地表径流持续冲刷有关。

(3)大强度降雨雨情下污染物浓度呈现较明显的两极分化,随着降雨结束,后期泵站放江水体污染物浓度开始逐渐降低趋稳,分析判断强降雨大汇流情况下,前期降雨汇流对管道及泵站集水井中的沉积污染、地表污染冲刷作用明显,随着降雨持续,前期沉积污染物的排出,后期汇流对地表径流污染和混接污水的稀释作用明显。

（4）连续多天持续降雨放江,各污染物浓度出现总体降低或小幅波动,波动幅度的峰值主要受到雨污混接来水稳定性的影响。

（5）放江过程中,污染物浓度的变化具有波动性或保持小幅波动,有可能出现多个峰值,污染物浓度的峰值不一定出现在放江开始,其变化规律复杂,呈不确定性。

通过以上分析,对于雨污混接严重的泵站,需要进一步加强雨污分流改造和效果后评估,逐步减少直至杜绝雨污混接;降雨对管道泵站底泥冲刷作用明显,故需要加强泵站和管道的定期清淤;对于放江水质差的泵站"多截流、少放江",对于放江水质较好的泵站"少截流、多放江",放江水量降不下来的泵站应通过措施降浓度,通过区域性、系统性控制和削减放江量和放江浓度,精细实施泵站放江污染控制。

3.2.2 合流制泵站放江水质规律

收集和选取了水质数据序列相对较为完整的 8 个典型合流制泵站多场次放江过程污染物浓度实测数据,分析不同放江情况下各污染物浓度随放江时程变化的规律,探寻泵站放江污染的特性。

1. 成都北泵站

选取 2019 年 3 场次放江过程的水质数据,如图 3-9、表 3-9 所示。

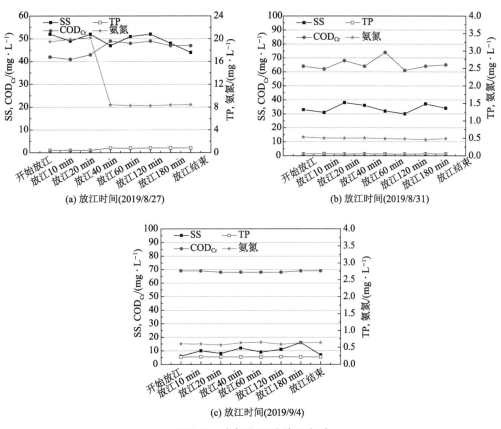

图 3-9　成都北泵站放江水质

表 3-9　成都北泵站 2019 年度 3 场次放江水质污染物浓度范围

日期	COD$_{Cr}$/(mg·L^{-1})	SS/(mg·L^{-1})	氨氮/(mg·L^{-1})	TP/(mg·L^{-1})
2019 年 8 月 27 日	41~49	44~52	8.26~20.2	0.41~0.83
2019 年 8 月 31 日	61~74	30~38	0.45~0.53	0.047~0.05
2019 年 9 月 4 日	68~69	6~16	0.56~0.65	0.21~0.23

通过收集数据整理后发现,2019 年 8 月 31 日[图 3-9(b)]与 2019 年 9 月 4 日[图 3-9(c)]两次放江的 TP 和氨氮浓度低于地表 V 类水水质标准。从图 3-9(a)可知,随着放江时间的增加,氨氮浓度变化较大,SS、COD$_{Cr}$ 及 TP 浓度变化幅度较小。

2019 年 8 月降雨充沛,整个月度泵站多次放江,但整理的三次完整的放江数据缺少同步的降雨记录。经分析,污染物浓度较低的原因主要是成都北泵站建有调蓄池和截流回笼设施,截流泵站规模大于分流制泵站,并且降雨期间一直处于截流调蓄状态,超过截流倍数的多余雨水才溢流放江,当调蓄池暂时存蓄水量已满,截流水量还未错峰输送至合流干管,汇入泵站的管道来水污水浓度较大时,放江水体污染物浓度也高。

2. 福建中泵站

选取 2019 年 3 场次放江过程的水质数据,如图 3-10、表 3-10 所示。

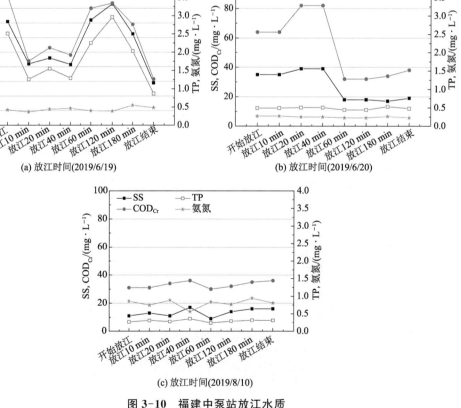

(a) 放江时间(2019/6/19)

(b) 放江时间(2019/6/20)

(c) 放江时间(2019/8/10)

图 3-10　福建中泵站放江水质

表 3-10　福建中泵站 2019 年度 3 场次放江水质污染物浓度范围

表 3-10　福建中泵站 2019 年度 3 场次放江水质污染物浓度范围

日期	$COD_{Cr}/(mg \cdot L^{-1})$	$SS/(mg \cdot L^{-1})$	氨氮$/(mg \cdot L^{-1})$	$TP/(mg \cdot L^{-1})$
2019 年 6 月 19 日	58～166	63～177	0.36～0.55	0.86～2.96
2019 年 6 月 20 日	32～82	17～39	0.22～0.27	0.44～0.53
2019 年 8 月 10 日	30～36	9～16	0.56～0.94	0.23～0.35

2019 年 6 月 19 日无降雨,泵站进行了预抽空放江,且放江水质波动较大,从图 3-10(a)可知,COD_{Cr}、SS 和 TP 浓度有相似的变化规律,沿放江时程出现多个峰值,分析判断放江对管网及泵站集水井沉积淤泥存在一定程度的冲刷作用。

2019 年 6 月 20 日为中雨,总雨量为 25.6 mm。由于截流的作用,溢流放江水质污染物浓度较低[图 3-10(b)];2019 年 6 月 21 日同样进行了放江,SS 浓度低于 6 月 20 日,其余污染物浓度接近,连续 3 天降雨,污染物浓度显著降低。

2019 年 8 月 10 日为大暴雨,降雨量达 124.7 mm,COD_{Cr}、SS 和 TP 浓度明显较低[图 3-10(c)],放江水质低于地表 V 类水水质标准,说明在截流的作用下,超出截流倍数的雨水溢流放江,对污染物的稀释作用明显,放江指标基本平稳,污染物浓度低。

3. 鲁班泵站

选取 2019 年 3 场次和 2020 年 1 场次放江过程的水质数据,如图 3-11、表 3-11 所示。

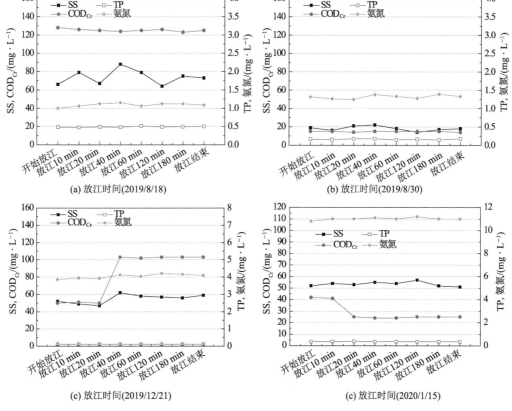

图 3-11　鲁班泵站放江水质

表 3-11 鲁班泵站 2019 年度 3 场次和 2020 年度 1 场次放江水质污染物浓度范围

日期	$COD_{Cr}/(mg \cdot L^{-1})$	$SS/(mg \cdot L^{-1})$	氨氮/$(mg \cdot L^{-1})$	$TP/(mg \cdot L^{-1})$
2019 年 8 月 18 日	123～128	64～88	1～1.1	0.47～0.51
2019 年 8 月 30 日	14～15	14～22	1.2～1.4	0.14～0.17
2019 年 12 月 21 日	50～103	47～62	3.8～4.2	0.11
2020 年 1 月 15 日	24～42	51～57	10.8～11.2	0.34～0.37

2019 年 8 月 18 日为中雨,降雨量为 13.6 mm;2019 年 8 月 30 日为大雨,降雨量为 38.8 mm;2019 年 12 月 21 日降雨量为 30.3 mm;2021 年 1 月 15 日降雨量为 6.6 mm。

从图 3-11 可知,汛期雨量充沛,放江频繁,污染物浓度相对较低[图 3-11(a)、(b)],特别是 8 月 30 日之前连续 3 天降雨放江,当天放江污染物浓度低于地表 V 类水水质标准。而非汛期降雨较少,放江前由于长时间未放江,污染物浓度较高[图 3-11(c)、(d)]。总体 4 场次放江污染物浓度沿时程变化波动不大。经分析认为,汛期连续降雨,对管道内污染物稀释作用明显,放江污染物浓度低。非汛期单场降雨前无放江行为,管道内水体污染物浓度高,在汇集雨量不大的前提下,对管道内污染物稀释作用不明显,造成放江污染物浓度高。

4. 江西中泵站

选取 2019 年 3 场次放江过程的水质数据,如图 3-12、表 3-12 所示。

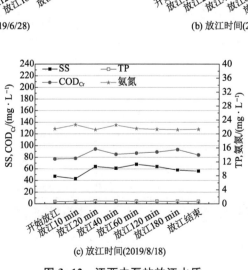

图 3-12 江西中泵站放江水质

表 3-12　江西中泵站 2019 年度 3 场次放江水质污染物浓度范围

日期	COD$_{Cr}$/(mg·L^{-1})	SS/(mg·L^{-1})	氨氮/(mg·L^{-1})	TP/(mg·L^{-1})
2019 年 6 月 28 日	152～236	62～118	12～17	1.3～2.4
2019 年 6 月 30 日	79～149	41～81	6.6～14	0.6～1.2
2019 年 8 月 18 日	77～94	43～68	21～22	0.63～0.76

2019 年 6 月 30 日为中雨,降雨量为 19.4 mm,前 1 天为暴雨,降雨量为 79.6 mm。2019 年 8 月 18 日为大雨,降雨量为 28.5 mm。

2019 年 6 月 28 日放江前几天未降雨,当天降雨溢流放江,污染物浓度大,并呈现多个峰值,说明降雨汇流对管道底泥的冲刷作用明显。从图 3-12(a),(b)可知,连续 3 天放江,污染物浓度有所降低,并趋于稳定。由于 2019 年 8 月 18 日前 2 天进行了降雨放江,降雨量及污染物浓度相当,说明降雨对污染物稀释作用明显,多天连续放江后,放江水体污染物浓度低,指标平稳。

5. 武宁泵站

选取 3 场次放江过程的水质数据,如图 3-13、表 3-13 所示。

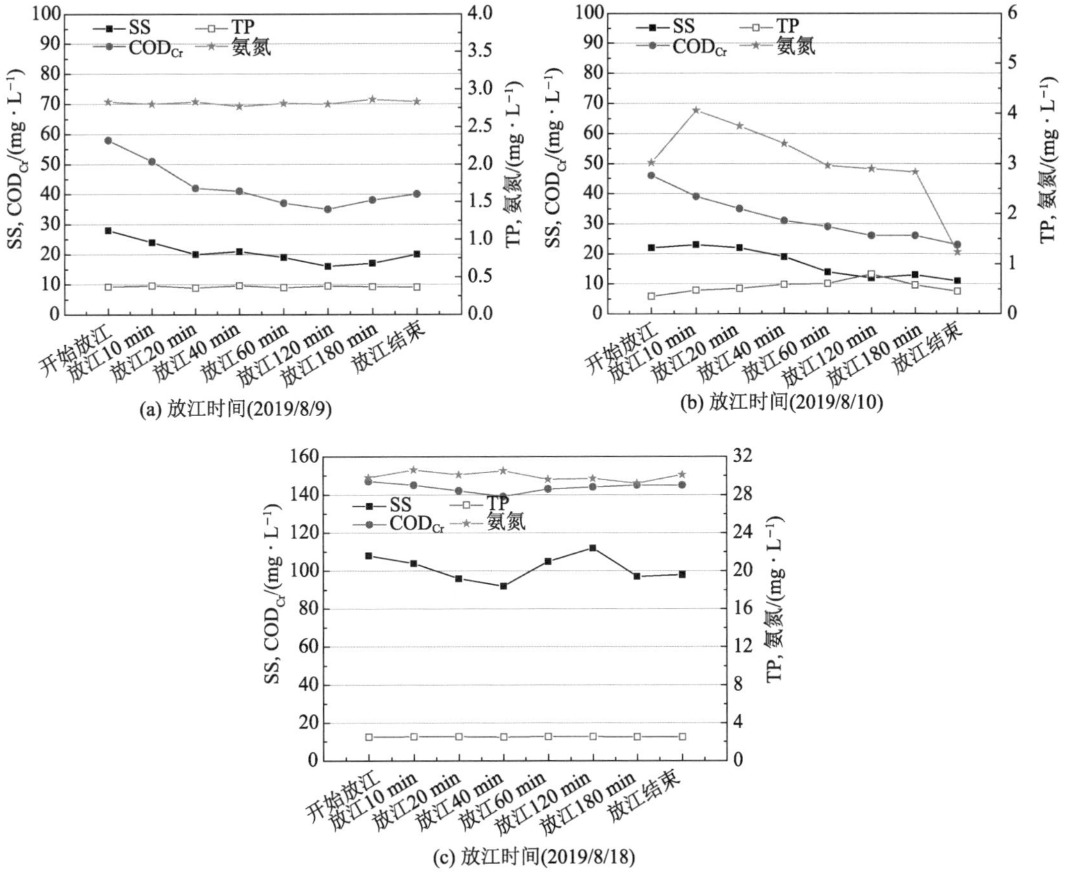

(a) 放江时间(2019/8/9)

(b) 放江时间(2019/8/10)

(c) 放江时间(2019/8/18)

图 3-13　武宁泵站放江水质

表3-13 武宁泵站2019年度3场次放江水质污染物浓度范围

日期	$COD_{Cr}/(mg \cdot L^{-1})$	$SS/(mg \cdot L^{-1})$	氨氮/$(mg \cdot L^{-1})$	$TP/(mg \cdot L^{-1})$
2019年8月9日	35～58	16～28	0.35～0.38	2.7～2.8
2019年8月10日	23～46	11～23	1.2～4	0.35～0.79
2019年8月18日	139～147	92～112	29～30	2.4～2.5

2019年8月9日降雨量为69.1 mm，2019年8月10日降雨量为135.3 mm，图3-13中显示放江水体污染物浓度较低，且有明显的降低趋势；2019年8月18日降雨量为53.9 mm，污染物浓度较高，且放江前后污染物浓度无明显变化。经分析判断，当降雨强度达到一定阈值时，稀释作用占主导；当降雨强度小于该阈值时，冲刷作用占主导。8月9日和8月10日均为大暴雨，并且连续2天放江，短时间形成的降雨径流和管网汇流稀释了放江污染物浓度。8月18日则以持续冲刷作用为主，污染物浓度沿放江时程平稳。

6. 肇嘉浜泵站

选取2019年3场次放江过程的水质数据，如图3-14、表3-14所示。

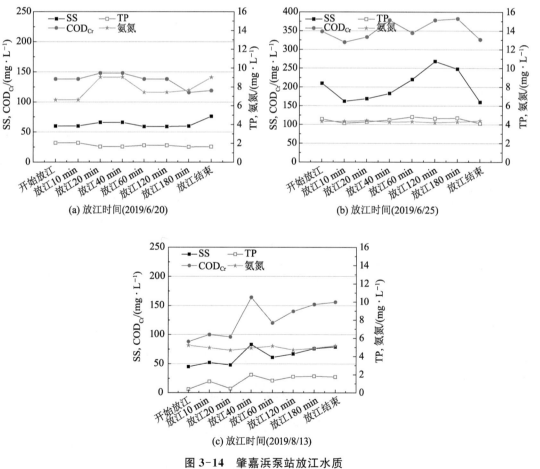

(a) 放江时间(2019/6/20)

(b) 放江时间(2019/6/25)

(c) 放江时间(2019/8/13)

图3-14 肇嘉浜泵站放江水质

表 3-14 肇嘉浜泵站 2019 年度 3 场次放江水质污染物浓度范围

日期	COD$_{Cr}$/(mg·L^{-1})	SS/(mg·L^{-1})	氨氮/(mg·L^{-1})	TP/(mg·L^{-1})
2019 年 6 月 20 日	116～148	59～76	6.6～9	1.6～2
2019 年 6 月 25 日	319～382	160～268	4.2～4.4	4.1～4.8
2019 年 8 月 13 日	88～164	45～83	4.6～5.2	0.38～2

2019 年 6 月 20 日为大雨,降雨量为 42.4 mm,前 1 天进行了预抽空放江。2019 年 6 月 25 日为中雨,降雨量为 16.6 mm,从图 3-14(b)可知,放江污染物浓度较高。2019 年 8 月 13 日为中雨,降雨量为 15.9 mm,前 2 天进行了降雨放江。图 3-14(b)中放江污染物浓度(除氨氮外)远高于图 3-14(a)和(c),说明连续降雨放江和大雨期间的产汇流水量对污染物浓度有明显的稀释作用。同时,该泵站放江污染物浓度总体较高,特别是氨氮在各种雨情下,放江浓度相差不大,判断与来水性质、地表径流情况等有关。

7. 国和泵站

选取 2019 年主汛期 3 场次放江水质数据,如图 3-15、表 3-15 所示。

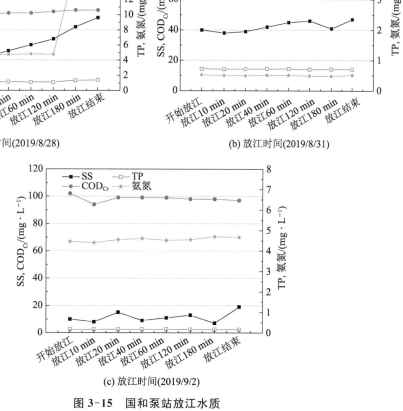

(a) 放江时间(2019/8/28)

(b) 放江时间(2019/8/31)

(c) 放江时间(2019/9/2)

图 3-15 国和泵站放江水质

表 3-15 国和泵站 2019 年度 3 场次放江水质污染物浓度范围

日期	$COD_{Cr}/(mg \cdot L^{-1})$	$SS/(mg \cdot L^{-1})$	氨氮$/(mg \cdot L^{-1})$	$TP/(mg \cdot L^{-1})$
2019 年 8 月 28 日	50～53	17～48	4.4～16.8	1.1～1.4
2019 年 8 月 31 日	77～88	38～47	0.48～0.52	0.70～0.72
2019 年 9 月 2 日	94～102	7～19	4.4～4.7	0.15～0.17

2019 年 8 月 28 日降雨量为 23.7 mm，前 1 天为中雨，未放江；2019 年 8 月 31 日降雨量为 34.6 mm，前 2 天为小雨，未放江；2019 年 9 月 2 日降雨量为 66.5 mm，前 1 天为大雨，未放江。

8 月 27 日—9 月 2 日连续降雨，其中 3 天进行了放江，从收集的数据分析，3 场次之间放江污染物浓度并无明显的规律，其中 8 月 31 日放江氨氮浓度较低，9 月 2 日 SS 和 TP 浓度较低。经分析判断，污染物浓度的变化与合流污水来水性质、降雨汇流对污染物冲刷作用和汇流量对污染物稀释作用的不确定性有关。

8. 新古北泵站

选取 2019 年主汛期 4 场次放江水质数据，如图 3-16、表 3-16 所示。

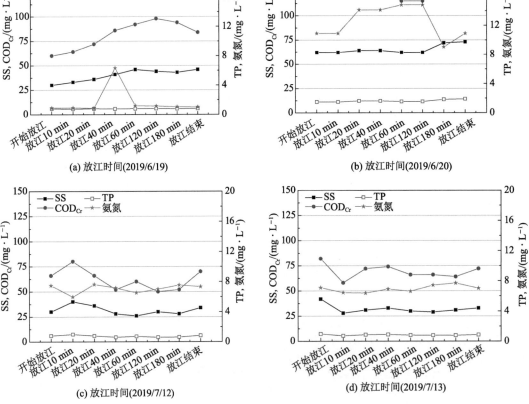

图 3-16 新古北泵站放江水质

表 3-16　新古北泵站 2019 年度 4 场次放江水质污染物浓度范围

日期	COD$_{Cr}$/(mg·L^{-1})	SS/(mg·L^{-1})	氨氮/(mg·L^{-1})	TP/(mg·L^{-1})
2019 年 6 月 19 日	60～98	30～46	0.8～6.3	0.76～0.8
2019 年 6 月 20 日	115～139	62～73	9～15	1.48～1.9
2019 年 7 月 12 日	50～80	26～40	5.9～7.6	0.6～0.98
2019 年 7 月 13 日	58～82	28～42	6.3～7.7	0.69～0.96

2019 年 6 月 19 日未降雨,进行了预抽空放江,2019 年 6 月 20 日降雨量为 40.8 mm,2019 年 7 月 12 日降雨量为 65.7 mm,2019 年 7 月 13 日降雨量数据缺失,与其位置较近泵站的降雨量为 14.5 mm。

6 月 19 日与 6 月 20 日连续 2 天放江,图 3-16 中(b)放江污染物浓度远高于图 3-16(a),经分析判断,大暴雨汇流对管道底泥的冲刷作用明显,并且 6 月 20 日放江末期 COD$_{Cr}$ 和 SS 浓度有升高的趋势。7 月 12 日与 7 月 13 日连续 2 天放江,污染物浓度相差较小[图 3-16(c)、(d)],放江污染物浓度均低于生活污水的浓度,并且放江污染物浓度沿时程变化幅度不大,经分析判断,大暴雨汇流对污染物有明显的稀释作用,连续 2 天放江污染物浓度仍较高。

合流制泵站放江水质规律如下:

(1)降雨期间泵站放江管网汇流水体对放江污染物的稀释作用和管底沉淤的冲刷作用同时存在,两种作用的主导性与降雨强度及产生的汇水量相关。

(2)中、小雨对放江污染物浓度稀释作用不明显。暴雨或长历时中、大雨对放江污染物浓度稀释作用明显。

(3)非汛期或汛期前期,放江前几天无降雨记录时,预抽空放江或降雨溢流放江,对管网底泥冲刷作用明显,实测污染物浓度出现多个峰值现象,并且浓度较高。连续放江后,污染物浓度降低,趋于平稳。

(4)汛期连续降雨,在截流的作用下,超出截流倍数的雨水溢流放江,降雨汇流对污染物浓度的稀释作用明显,放江污染物浓度低,指标平稳。

(5)放江过程中,污染物浓度的变化具有波动性或保持小幅波动,有可能出现多个峰值,污染物浓度的峰值不一定出现在放江开始,其变化规律复杂,呈不确定性。

通过以上分析,增设或加大调蓄及截流规模对于降低合流制泵站放江总量有较好的效果。在现有泵站截流设施的基础上,可通过研究厂、站、网联合精准调度加大泵站的截流频率和截流量。预抽空和放江前期对管道、泵站底泥冲刷作用明显,故需要加强泵站和管道的定期清淤。

3.2.3　不同降雨强度下的放江水质

收集和选取同一降雨天放江水质资料,对比分析不同降雨强度下同一区域内相对应的分流制泵站或合流制泵站的放江水体,研究不同污染指标的差异及原因;选取同一分流制泵站或合流制泵站,对比不同降雨天的水质差异,分析典型雨情与放江污染物浓度的关系。

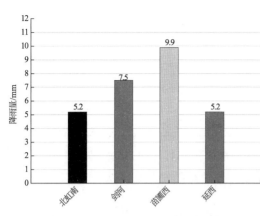

图 3-17 同一降雨天各泵站实测降雨量
[2019/7/1（长宁区）]

1. 分流制泵站

1）同一小雨天

分别选取 2019 年 7 月 1 日和 2019 年 7 月 6 日的降雨资料，对比分析同一降雨天长宁区多个泵站放江水质数据规律（表 3-17、表 3-18）。

2019 年 7 月 1 日为小雨，降雨量均较小，见图 3-17。4 个不同泵站污染物浓度相差较大，数值范围相差 1～2 个数量级，其中，剑河泵站放江污染物浓度最高，延西泵站则最低。各泵站的指标呈现一定的相关性，若其中 1 项指标高，另 2～3 项指标也相应高，见图 3-18。

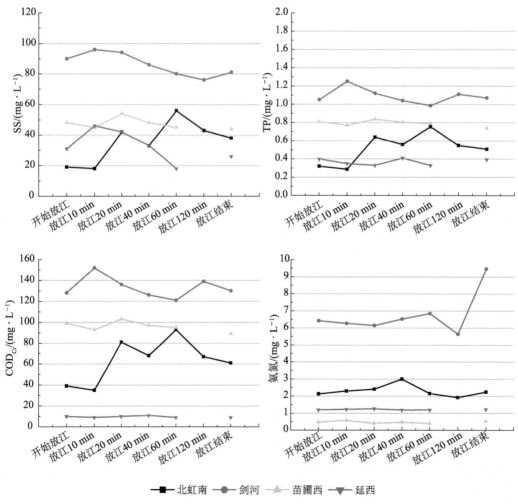

图 3-18 同一降雨天各泵站放江水质[放江时间(2019/7/1)]

表 3-17　2019 年 7 月 1 日放江水质污染物浓度范围

日期	$COD_{Cr}/(mg \cdot L^{-1})$	$SS/(mg \cdot L^{-1})$	氨氮$/(mg \cdot L^{-1})$	$TP/(mg \cdot L^{-1})$
2019 年 7 月 1 日	9～152	18～96	0.39～9.46	0.28～1.25

表 3-18　2019 年 7 月 6 日放江水质污染物浓度范围

日期	$COD_{Cr}/(mg \cdot L^{-1})$	$SS/(mg \cdot L^{-1})$	氨氮$/(mg \cdot L^{-1})$	$TP/(mg \cdot L^{-1})$
2019 年 7 月 6 日	21～276	10～152	2.3～15.1	0.8～2.9

2019 年 7 月 6 日为小雨,实测降雨量见图 3-19。5 个不同分流制泵站污染物浓度相差较大,同一指标的范围相差一个数量级,见图 3-20。其中,以降雨量较大的剑河泵站放江水质污染物浓度最高,北虹南泵站和苗圃西泵站 SS 与 COD_{Cr} 浓度相差较小。各泵站指标的相关性规律同 7 月 1 日。

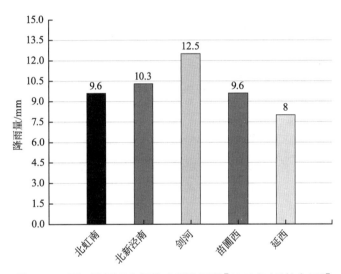

图 3-19　同一降雨天各泵站实测降雨量[2019/7/6(长宁区)]

2019 年 7 月 1 日和 7 月 6 日两天降雨放江,各泵站放江水体污染指标随放江时程变化规律基本相似,放江污染物浓度高低与放江日期关联性不强,如剑河泵站、北虹南泵站两次放江污染物浓度都高。同时,7 月 6 日污染物浓度指标明显高于 7 月 1 日,特别是氨氮和 TP,说明小雨放江混接来水水量、水质对放江水质的影响大。

2)同一中～大雨天

分别选取 2019 年 8 月 15 日和 2019 年 8 月 18 日同一降雨天普陀区、宝山区多个泵站放江水质进行对比分析(表 3-19、表 3-20)。

2019 年 8 月 15 日普陀区当天为中～大雨,各泵站实测降雨量见图 3-21。各泵站之间放江水质中污染物浓度指标无明显规律,其中桃浦泵站各水质污染物浓度指标较高,真光泵站相对较低。从放江开始至放江结束,各泵站污染物浓度指标变化幅度不大,见图 3-22。

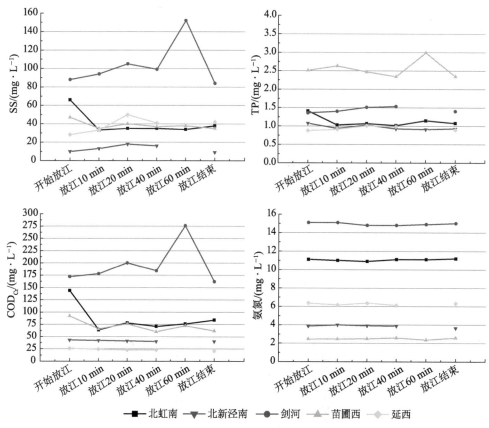

图 3-20　同一降雨天各泵站放江水质［放江时间（2019/7/6）］

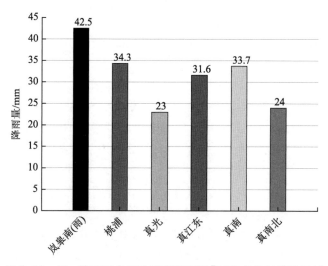

图 3-21　同一降雨天各泵站实测降雨量［2019/8/15（普陀区）］

表 3-19　2019 年 8 月 15 日放江水质污染物浓度范围

日期	降雨量 /mm	COD_{Cr} /(mg·L⁻¹)	SS /(mg·L⁻¹)	氨氮 /(mg·L⁻¹)	TP /(mg·L⁻¹)
2019 年 8 月 15 日	23~42.5	78~152	26~68	3.5~13	0.52~1.2

表 3-20　2019 年 8 月 18 日放江水质污染物浓度范围

日期	降雨量 /mm	COD_{Cr} /(mg·L⁻¹)	SS /(mg·L⁻¹)	氨氮 /(mg·L⁻¹)	TP /(mg·L⁻¹)
2019 年 8 月 18 日	17.3~39.3	69~170	16~57	1~26.9	0.17~2

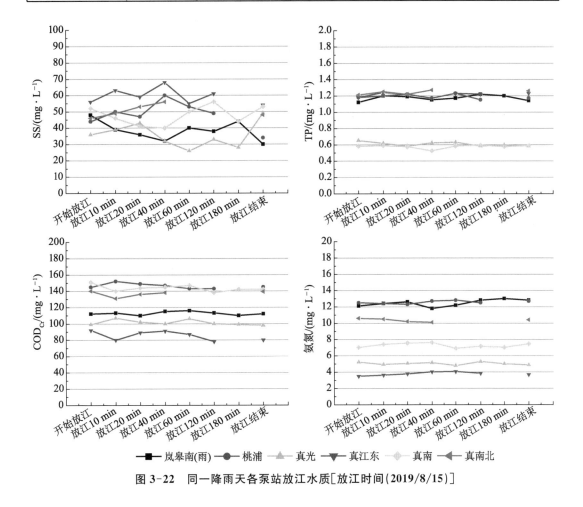

图 3-22　同一降雨天各泵站放江水质[放江时间(2019/8/15)]

　　2019 年 8 月 18 日宝山区当天为中~大雨,各泵站实测降雨量见图 3-23。各泵站之间放江水质污染物浓度指标无明显规律,其中,宝钢泵站放江 COD_{Cr} 浓度最高,民主泵站放江 TP 和氨氮浓度最高,各泵站放江污染物浓度相差较大。从放江开始至放江结束,各泵站污染物浓度指标除 SS 波动较大外,其余指标变化幅度不大,见图 3-24。

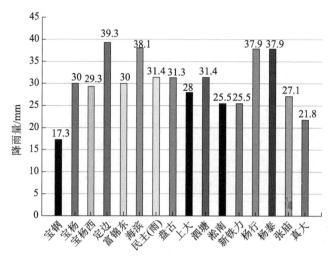

图 3-23　同一降雨天各泵站实测降雨量[2019/8/18(宝山区)]

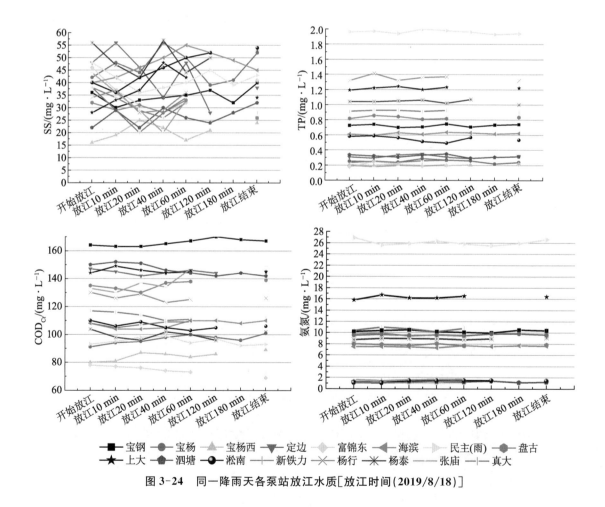

图 3-24　同一降雨天各泵站放江水质[放江时间(2019/8/18)]

3) 同一暴雨天

选取 2019 年 6 月 29 日同一降雨天闵行区多个泵站放江水质进行对比分析（表 3-21）。

2019 年 6 月 29 日闵行区当天为大暴雨，各泵站实测降雨量见图 3-25。各泵站放江污染物浓度相差较大，但普遍存在 COD_{Cr} 浓度较低（低于地表 V 类水排放标准）、SS 和氨氮浓度相对较高的现象。各泵站之间放江水质中污染物浓度指标无明显规律，其中合川泵站 SS 浓度最高，但 COD_{Cr} 浓度最低。从放江开始至放江结束各污染物浓度指标变化幅度不大，见图 3-26。

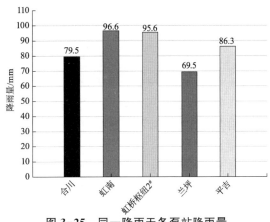

图 3-25　同一降雨天各泵站降雨量
[2019.6.29(闵行区)]

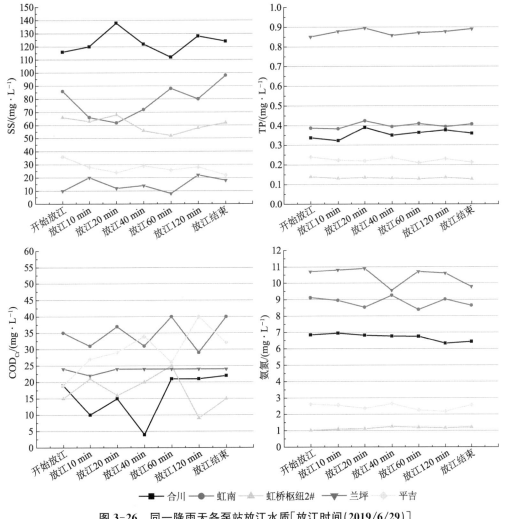

图 3-26　同一降雨天各泵站放江水质[放江时间(2019/6/29)]

表 3-21　2019 年 6 月 29 日放江水质污染物浓度范围

日期	降雨量/ mm	CODCr/ (mg·L⁻¹)	SS/ (mg·L⁻¹)	氨氮/ (mg·L⁻¹)	TP/ (mg·L⁻¹)
2019 年 6 月 29 日	69.5～96.6	4～40	8～138	1～10.9	0.12～0.9

　　在同一天同一区域相应降雨强度下,分析不同雨水泵站的实测水质数据规律可知,无论降雨强度大小,同一区域不同雨水泵站放江污染物浓度相差较大,同一指标的范围相差一个数量级以上;各泵站之间放江污染物浓度指标无明显规律;从放江开始至放江结束,各泵站污染物浓度指标变化幅度不大。小雨期间放江,各泵站污染物浓度指标呈现一定的相关性,其中一项指标高,其余指标相应也高;各泵站放江水体污染物浓度指标随放江时程变化基本相同;水体污染物浓度高低与放江日期关联性不强。不同日期放江,氨氮和TP 浓度变化较大,分析判断混接来水水量、水质对放江水质的影响大。大暴雨期间放江,普遍存在 CODCr 浓度低于地表 V 类水排放标准,而 SS 和氨氮浓度相对较高的现象。经分析判断,同一天水质差别较大的主要原因是受混合来水水质、雨水稀释、管底或泵站底泥冲刷等不确定性的影响,影响因素除了降雨强度外,还与泵站所在区域、自身的差异、区域产汇流水量及水质差异、混合污水性质、管道或泵站淤泥沉积厚度和特性、泵站运行方式等多种因素有关。

　　2. 合流制泵站

　　1) 同一大雨天

　　选取 2019 年 6 月 17 日同一降雨天多个合流制泵站放江水质进行对比分析。

　　2019 年 6 月 17 日上海中心城区当天为大雨,各泵站实测降雨量范围为 29.3～38.9 mm,见图 3-27。各泵站放江污染物浓度相差较大,但普遍存在 CODCr 浓度较低(低于地表 V 类水排放标准),仅和田泵站 CODCr 浓度高于 40 mg/L,见图 3-28。从放江开始至放江结束,各泵站放江过程各污染物浓度指标有一定波动,但变化幅度不大,其中大柏树、和田、彭江等泵站放江污染物浓度相对较高。

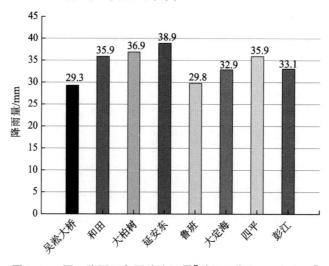

图 3-27　同一降雨天各泵站降雨量[放江日期(2019/6/17)]

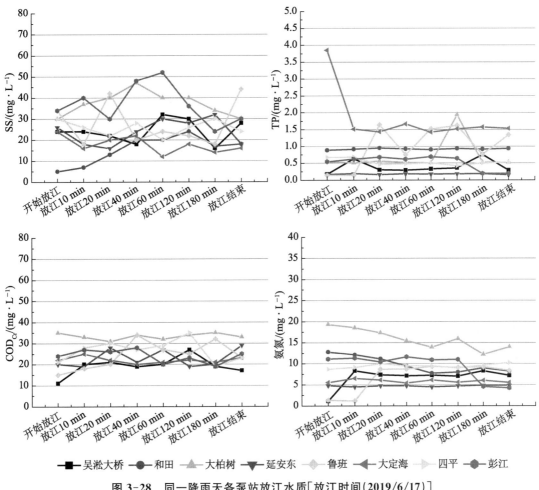

图 3-28　同一降雨天各泵站放江水质[放江时间(2019/6/17)]

2) 同一中～大雨天

选取 2019 年 8 月 18 日同一降雨天多个合流制泵站放江水质进行对比分析。

2019 年 8 月 18 日上海中心城区当天为中～大雨,各泵站实测降雨量范围为 12～53.9 mm,见图 3-29。各泵站放江污染物浓度相差较大,其中降雨量较大的武宁泵站放江 SS、TP 和氨氮浓度最高,复兴东路泵站对应的放江 COD_{Cr} 浓度最大,见图 3-30。从放江开始至放江结束,各泵站放江过程各污染物浓度指标有一定波动,但变化幅度不大。

分析判断同一降雨天的降雨特性不尽相同,放江水质与降雨量无明显的相关性。

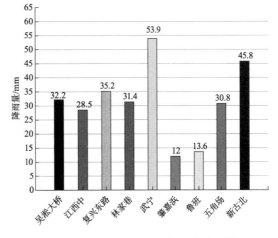

图 3-29　同一降雨天各泵站降雨量
[放江时间(2019/8/18)]

91

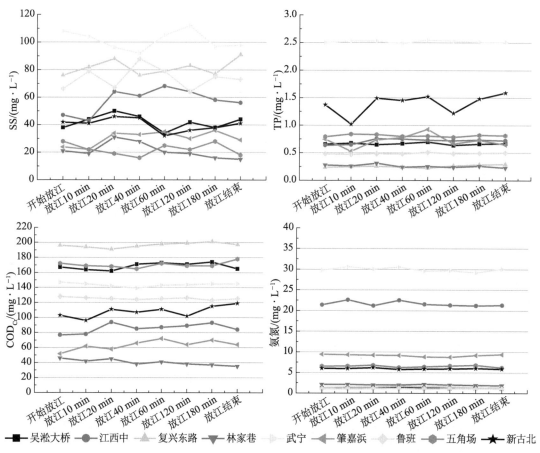

图 3-30　同一降雨天各泵站放江水质［放江时间(2019/8/18)］

3）同一大暴雨天

选取 2019 年 8 月 10 日同一降雨天多个合流制泵站放江水质进行对比分析。

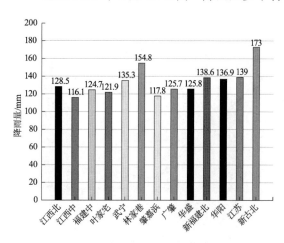

图 3-31　同一降雨日期各泵站降雨量
［放江日期(2019/8/10)］

2019 年 8 月 10 日上海中心城区当天为大暴雨,各泵站实测降雨量范围为 116.1~173 mm,见图 3-31。各泵站放江污染物浓度相差较大,其中广肇、江西北、华盛 3 个污染物浓度较高的泵站随放江过程污染物浓度有明显的降低趋势(图 3-32),分析判断管网和泵站的沉淤较为严重,在暴雨大汇流水量的冲刷作用下,造成放江前期排出水体污染物浓度高,后期在汇流稀释作用下污染物浓度显著降低。从放江开始至放江结束,各泵站放江过程各污染物浓度指标有一定波动,其中广肇、江西北、华盛 3 个泵站随放江时程污染物浓度指标波动较大,其余泵站随放江时程污染物浓度指标变化幅度不大。

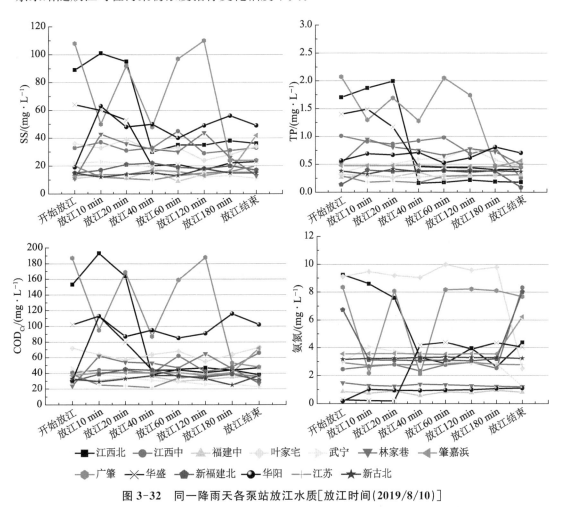

图 3-32　同一降雨天各泵站放江水质[放江时间(2019/8/10)]

4）同一泵站不同降雨强度对比

对比吴淞大桥泵站 2019 年 6 月 17 日和 8 月 18 日两次放江水质数据，在降雨量相差不大的情况下，放江水体各污染物浓度指标相差较大，6 月 17 日氨氮浓度较高，8 月 18 日 COD$_{Cr}$ 浓度较高。

对比鲁班泵站 2019 年 6 月 17 日和 8 月 18 日两次放江水质数据，在降雨量相差 1 倍的情况下，放江水体各污染物浓度指标相差较大，6 月 17 日为大雨，氨氮和 TP 浓度较高，并且各污染物浓度指标沿放江时程波动较大，8 月 18 日为中雨，SS 和 COD 浓度较高。

对比江西中泵站 8 月 10 日和 8 月 18 日两次放江水质数据，在降雨量相差 4 倍的情况下，8 月 18 日（中～大雨）的放江污染物浓度指标明显高于 8 月 10 日（大暴雨），其中氨氮浓度相差接近 10 倍，说明大雨量汇流对管网内水体的稀释作用明显。但该泵站放江水体中氨氮和 TP 浓度较高，两次放江达到黑臭程度。

对比林家巷泵站 8 月 10 日和 8 月 18 日两次放江水质数据，在降雨量相差 5 倍的情况下,两次放江污染物浓度指标基本接近,处于低于地表Ⅴ类水水质标准的临界点,分析判断该泵站服务范围内的管网运行状况较好。

对比武宁泵站8月10日和8月18日两次放江水质数据,在降雨量相差2.5倍的情况下,8月18日(大雨)的放江污染物浓度指标明显高于8月10日(大暴雨),其中氨氮浓度相差接近10倍,说明大雨量汇流对管网内水体的稀释作用明显。但该泵站放江水体中氨氮和TP浓度较高,两次放江达到黑臭程度。

对比肇嘉浜泵站8月10日和8月18日两次放江水质数据,在降雨量相差9.75倍的情况下,8月18日(中雨)的放江污染物浓度指标明显高于8月10日(大暴雨),其中氨氮浓度相差接近5倍,说明大雨量汇流对管网内水体的稀释作用明显。但该泵站放江水体中氨氮和TP浓度较高,两次放江达到黑臭程度。

对比新古北泵站8月10日和8月18日两次放江水质数据,在降雨量相差3.7倍的情况下,8月18日(大雨)的放江污染物浓度指标明显高于8月10日(大暴雨),其中氨氮和TP浓度相差接近3倍,说明大雨量汇流对管网内水体的稀释作用明显。但该泵站放江水体中氨氮和TP浓度较高,两次放江达到黑臭程度。

从以上对比分析可知,降雨汇流对合流制泵站放江水体存在稀释作用,其中雨量越大、泵站放江水体污染物浓度指标越高,稀释作用越明显;反之,对于污染物浓度较高的放江水体,即使在大暴雨大汇流稀释作用下,水质仍达到黑臭程度。

5)同一泵站三天不同降雨强度对比

在分析同一天不同泵站的实测水质数据的基础上,进一步分析各泵站三次采集(不同三天)的水质数据可知(见3.2.1节和3.2.2节),各泵站之间的放江水质变化规律基本一致,即在同一天降雨强度下不同泵站放江水质污染物浓度指标相差较大;在三天不同的降雨强度下,各泵站放江初、末期水质污染物浓度指标相差不大(只有当降雨量足够大、降雨历时足够长时才有降低趋势)。经分析,同一天不同泵站水质污染物浓度差别较大的原因除了降雨强度的影响外,还与泵站本身的差异、区域汇流量及汇水水质差异、降雨期间混合污水性质、泵站运行等有关。

3. 降雨量与放江水质的关系

选取数据相对较完整且服务面积较大的肇嘉浜合流制泵站和田林、剑河分流制泵站进行分析,三个泵站现状均无调蓄池。整理2019年度三个泵站不同日期的放江水质资料,发现降雨量大小与放江水质污染物浓度并无明显的规律,随着降雨量的不同,水质浓度呈现了明显的波动。

肇嘉浜泵站在2019年6月25日降雨量为16.6 mm,放江水体中SS和COD_{Cr}、TP浓度同时达到最高。2019年7月10日和2019年7月26日降雨量不足5 mm,可能因为需预抽空而进行了放江,氨氮和TP的浓度非常高,达到黑臭。2019年8月9日至10日、7月9日至13日、6月29日至30日为连续放江,放江水质污染物浓度均有降低趋势。其中8月10日为大暴雨,前1天又存在放江过程,因此放江水质污染物浓度相对较低。氨氮浓度变化趋势不同于其他污染物,尤其是7月10日氨氮浓度较高,由图3-43可知,各放江污染物浓度指标并不随降雨量的增大而相应变化,而是呈连续波动,波动幅度较大,总体氨氮和 TP 浓度较高,达到黑臭或劣 V 类水水质标准,除个别放江 COD 和 SS 浓度较高外,其余相对较低。

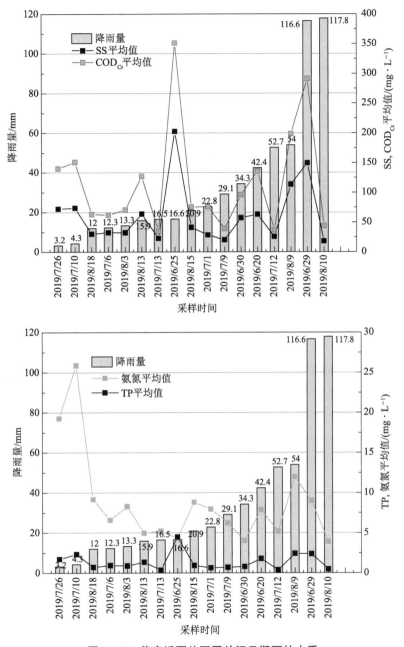

图 3-33　肇家浜泵站不同放江日期下的水质

田林泵站所对应的降雨场次较多,在降雨量低于 40 mm 时,放江水体中污染物浓度较高,氨氮浓度在全年各次放江中整体较高,见图 3-34。分析判断田林泵站服务范围内的雨水管网混接较为严重,当降雨量和汇水量不大时,其对混接污水和管道底泥的污染稀释作用较小。

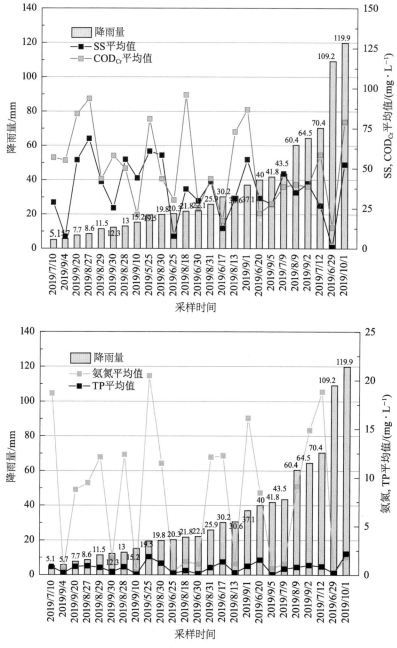

图 3-34　田林泵站不同放江日期下的水质

剑河泵站在小到暴雨情况下的放江水体都出现污染物浓度较高的情况,整体放江水质污染物浓度高于田林泵站,呈严重的黑臭状态,见图 3-35。

综上,不同泵站情况不完全相同,从以上三个泵站放江水质分析可知,各放江污染物浓度指标并不随降雨量的增大而相应变化,而是呈连续波动,波动幅度较大。降雨场次较多的 7 月、8 月在连续放江情况下,污染物浓度相对较低。在长时间未放江、放江前预抽空、大雨及暴雨早期放江时间段等情况下,污染物浓度较高。

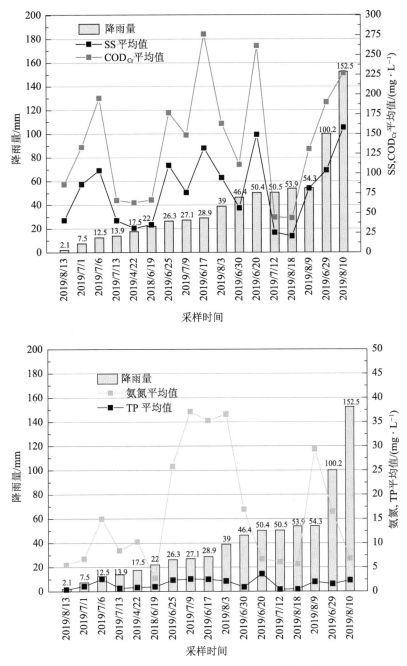

图 3-35　剑河泵站不同放江日期下的水质

对于合流制泵站,氨氮和 TP 浓度较高,达到黑臭或劣 V 类水水质标准,COD_{Cr} 和 SS 浓度相对较低,大暴雨期间对放江水体的稀释作用明显。

对于分流制泵站,氨氮、TP、COD_{Cr} 和 SS 浓度均较高,中雨或大雨期间连续放江对放江水体的稀释作用明显。

由于各场次放江水质差异较大,造成水质差异的因素复杂多样、不确定性强,在雨污水混接改造不彻底和地表径流污染影响下，对末端处理提出了挑战。

3.2.4 连续多年度泵站放江平均水质比较

选取两个典型合流制泵站和分流制泵站，对比分析不同年度及各月放江水质均值，研究泵站放江污染物浓度分布规律和影响因素。

1. 分流制泵站

收集分析剑河泵站和芙蓉江泵站 2014—2020 年各年度放江水质数据，对这两个分流制泵站多年放江水质进行比较发现，不同于合流制泵站趋势，无论全年均值或分年度月均值均出现随年份或月份先增后减再增后减的趋势，并未出现放江污染物浓度持续降低的趋势，见图 3-36 和图 3-37。分析判断管网雨污混接、地表径流污染、管道沉淤的情况仍大量存在。在加强了泵站污染物放江监管的条件下，年度放江总量得到了一定幅度的降低，但存蓄在管网和泵站中的水体污染物浓度在放江前存在累积升高的情况，长时间不放江，一旦降雨放江，水体污染物浓度较高。各年度放江污染物浓度不均衡与降雨量分布不均、混接污水来源的不明性、泵站放江时间的随机性、地表径流污染汇集至泵站末端的时空差异性、汇流放江对管网底泥冲刷的不确定性等各种复杂因素相关。总体放江污染物浓度均值与中位数相差较小。

2. 合流制泵站

收集分析成都北泵站和大光复泵站 2014—2020 年各年度放江水质数据，这两个合流制泵站近几年放江污染物浓度有逐年降低趋势，放江污染物平均浓度和中位数相差较小（这与大多数单次放江污染物浓度沿时程变化幅度较小的规律相符），分析判断与近几年采取的相关处理措施（如泵站截流和放江优化调度、定期清淤等）有关。成都北泵站（图 3-38）四项水质指标均有先增后减的趋势，SS 浓度高于 COD_{Cr} 浓度，2015 年污染物平均浓度相对较高，这与 2015 年泵站部分放江场次污染物浓度非常高有关。大光复泵站（图 3-39）2016 年、2017 年放江污染物浓度相对较高，SS、COD_{Cr} 浓度与氨氮浓度有相似的趋势。放江污染物浓度较高的月份主要分布在非汛期。

3.2.5 同一排水系统放江水质与旱流水质比较

选取数据较为完整、分布较为广泛的多个合流制泵站和分流制泵站，对比分析同一泵站 2018—2020 年放江水质均值及旱流水质均值，分析两者的差异及原因。

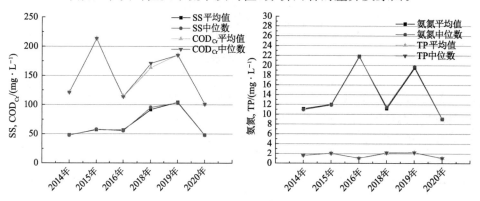

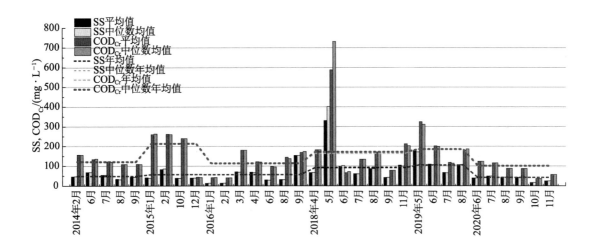

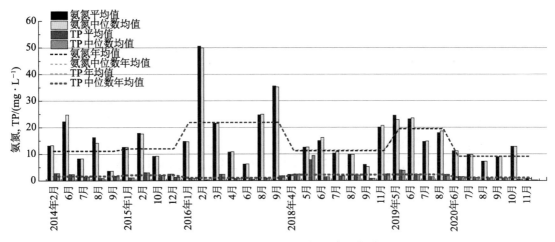

图 3-36　剑河泵站不同年份放江水质

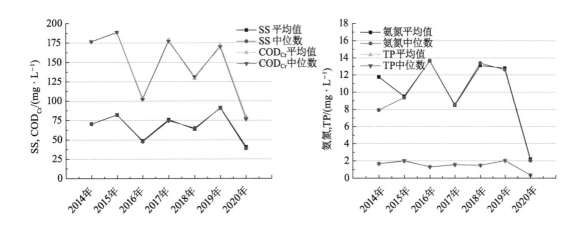

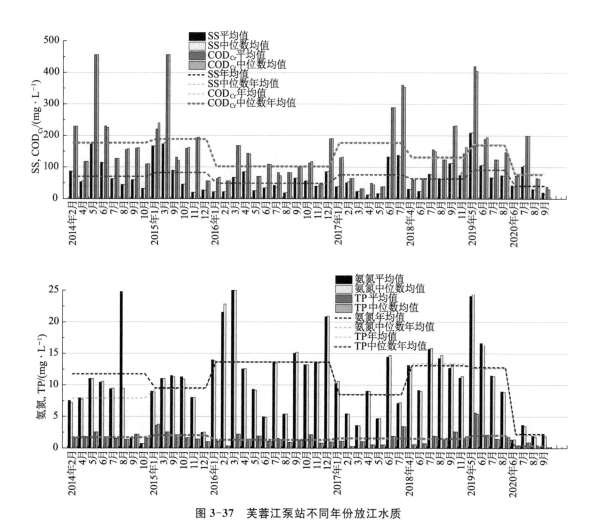

图 3-37　芙蓉江泵站不同年份放江水质

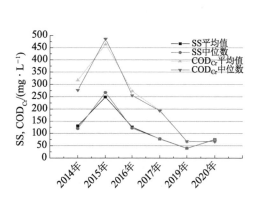

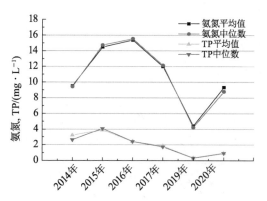

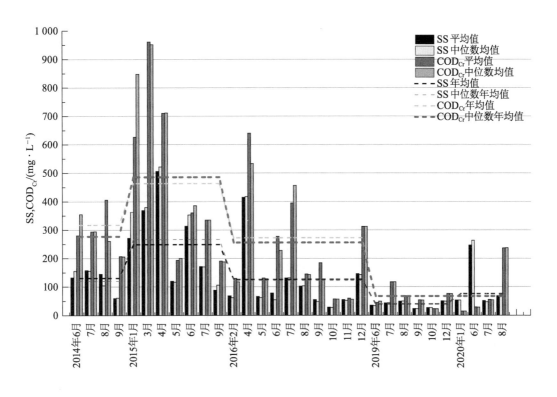

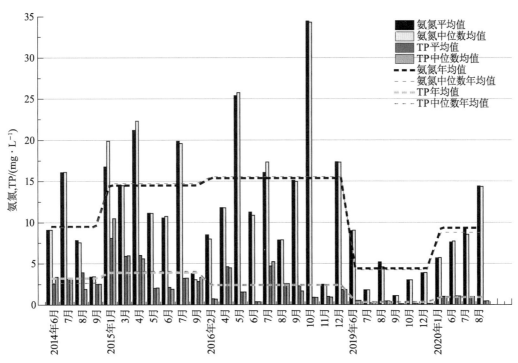

图 3-38　成都北泵站不同年份放江水质

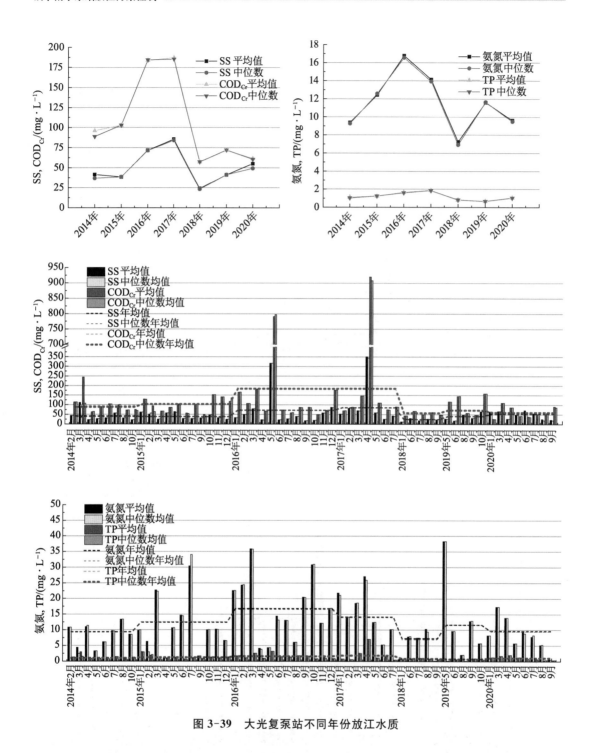

图 3-39　大光复泵站不同年份放江水质

1. 分流制泵站

对同一排水系统近三年放江水质与旱流水质均值进行比较,如图 3-40 所示,大部分泵站 2018 年放江 SS 浓度均值高于旱流均值,大部分泵站 2019 年放江 SS 浓度均值低于旱流均值,差值范围为 1～150 mg/L,2020 年放江均值、旱流均值较高的泵站各占 50%。

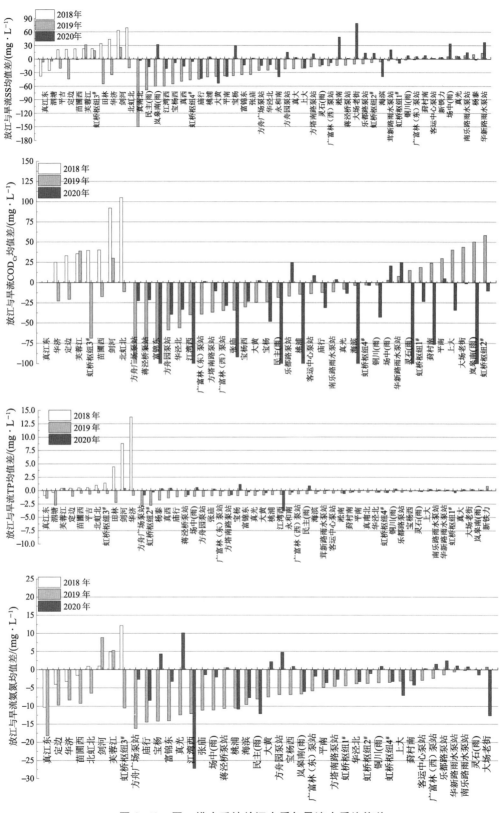

图 3-40　同一排水系统放江水质与旱流水质均值差

　　大部分泵站 2018 年放江 COD$_{Cr}$ 浓度均值高于旱流均值,大部分泵站 2019 年、2020 年放江 COD$_{Cr}$ 浓度均值低于旱流均值,同时大部分泵站 2019 年放江 COD$_{Cr}$ 浓度均值与旱流均值差值较大,这说明泵站雨天放江 COD$_{Cr}$ 浓度出现明显的稀释现象。

　　TP 浓度与 COD$_{Cr}$ 浓度有同样的规律,除部分泵站外,由于 TP 浓度本身数值较小,总体差值也较小。氨氮浓度与 COD$_{Cr}$ 浓度也有同样的规律,大部分泵站氨氮浓度差值为 5～15 mg/L。

　　2. 合流制泵站

　　对同一排水系统近三年放江水质与旱流水质均值进行比较,如图 3-41 所示,整体上近三年放江 SS、COD$_{Cr}$、TP、氨氮浓度均值低于旱流均值的比例较高,其中 2019 年占比最高,说明降雨汇流对放江污染物浓度有一定的稀释效应。

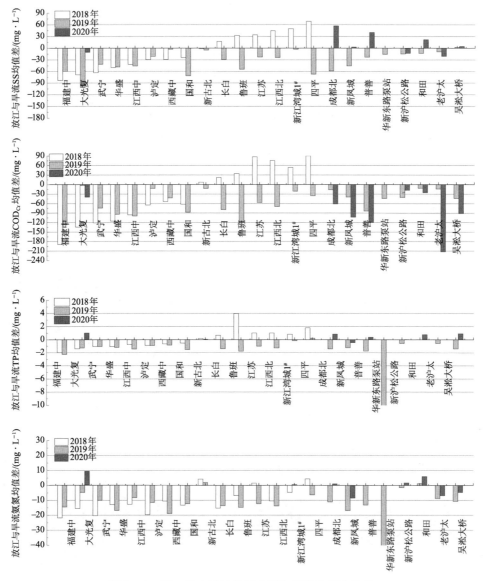

图 3-41　同一排水系统放江水质与旱流水质均值差

近年来分流制泵站雨天放江 COD_{Cr} 浓度有明显降低的趋势,对应放江水体中有机物含量明显降低,说明雨污混接改造措施对分流制泵站放江污染的削减具有较好的效果。加大雨污混接改造的覆盖率和管网的清淤力度,结合海绵城市的建设完善成片,能更进一步降低放江水体中各污染指标的浓度。

合流制雨天对放江水体污染物浓度有一定的稀释作用,但各污染指标的浓度仍较高,说明雨污混接改造措施对合流制泵站放江污染削减的作用有限。因此,对于合流制泵站,应更大程度地提升截流能力和调蓄能力。

3.2.6 不同排水系统水质比较

1. 雨天放江水质比较

选取数据较为完整、分布较为广泛的多个合流制泵站和分流制泵站,对比分析同一泵站 2018—2020 年放江水质均值,分析其差异及原因,如图 3-42、图 3-43 和表 3-22 所示。

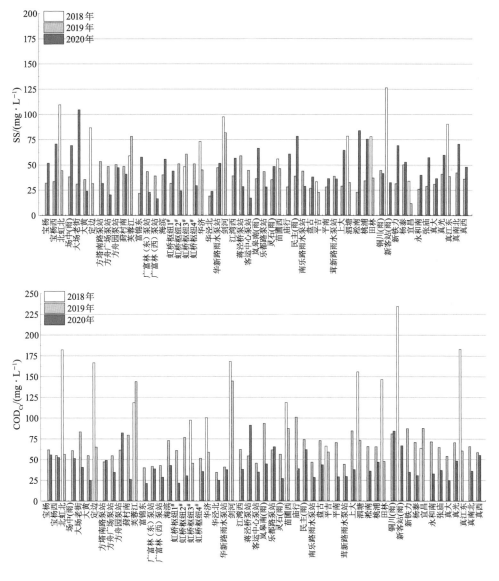

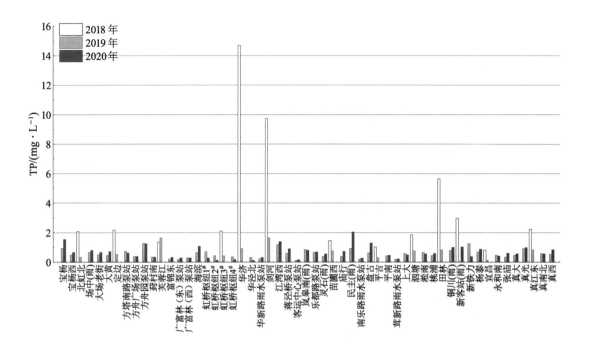

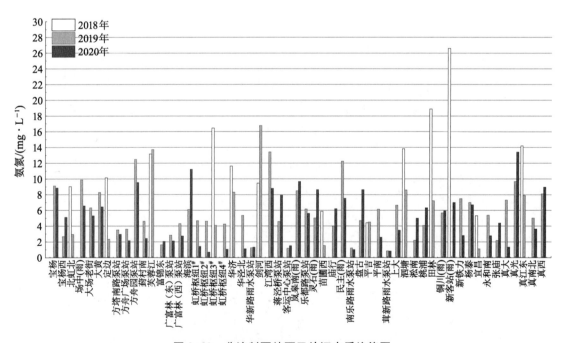

图 3-42　分流制泵站雨天放江水质均值图

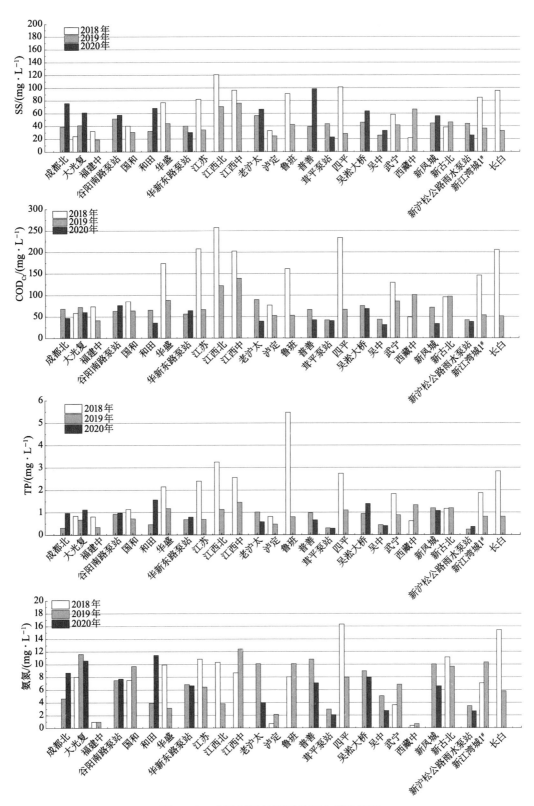

图 3-43　合流制泵站雨天放江水质均值图

表 3-22　分流制泵站与合流制泵站放江水质均值　　　　（单位：mg/L）

水质指标	泵站类型	统计值	2018 年	2019 年	2020 年
SS	分流制	均值范围	33～126	11～82	16～105
		均值	75	39	47
	合流制	均值范围	21～121	19～76	22～98
		均值	66	42	55
TP	分流制	均值范围	0.8～14.6	0.1～1.6	0.1～2.0
		均值	3.7	0.6	0.7
	合流制	均值范围	0.6～5.5	0.2～1.5	0.2～1.6
		均值	2	0.8	0.8
COD_{Cr}	分流制	均值范围	63～235	34～145	21～92
		均值	139	66	42
	合流制	均值范围	48～257	41～139	30～76
		均值	144	71	48
氨氮	分流制	均值范围	4.4～26.6	0.8～16.8	0.6～13.4
		均值	12.2	5.8	5
	合流制	均值范围	0.3～16.3	0.6～12.4	2.0～11.4
		均值	7.9	6.8	6.5

从图 3-42、图 3-43 和表 3-22 可知：

（1）SS、TP、COD_{Cr}、氨氮浓度均值有相似的趋势，均是 2018 年放江污染物浓度均值相对较高，远高于 2019 年和 2020 年，并且三年中放江污染物浓度均高于地表 V 类水水质标准。

（2）从污染浓度指标可推断，分流制泵站放江污染物浓度稍低于合流制泵站或相近。总体来说，放江污染物浓度有逐年降低的趋势。对于 SS 浓度降低幅度，分流制泵站较大，合流制泵站较小，说明源头控制（如雨水口污染拦截、地表径流截渗过滤）和管网养护对分流制泵站作用更大。对于 TP 和 COD_{Cr} 浓度降低幅度，合流制泵站和分流制泵站均较大。对于氨氮浓度降低幅度，分流制泵站较大，合流制泵站较小，说明近几年采取的雨污混接改造和城区混排管理对污染物削减有明显效果。

2. 旱流水质比较

选取数据较为完整、分布较为广泛的多个合流制泵站和分流制泵站，对比分析同一泵站 2018—2020 年旱流水质均值，分析其差异及原因，如图 3-54、图 3-55 和表 3-23 所示。

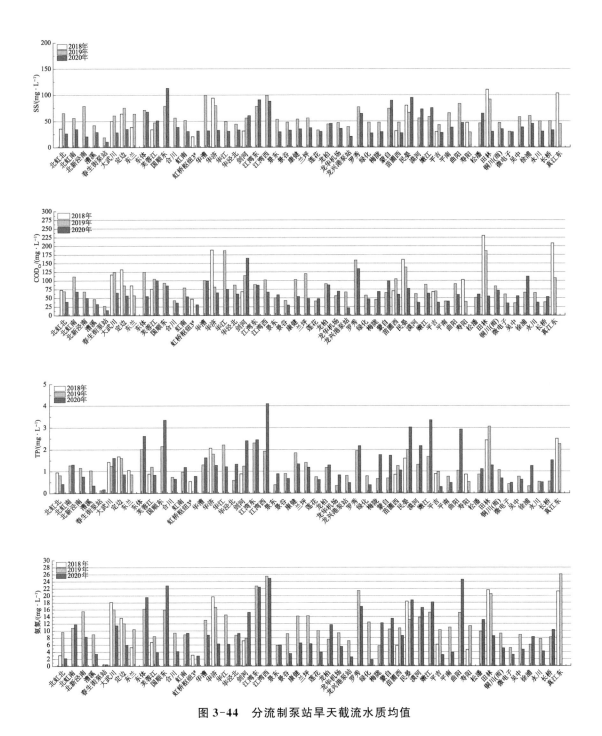

图 3-44　分流制泵站旱天截流水质均值

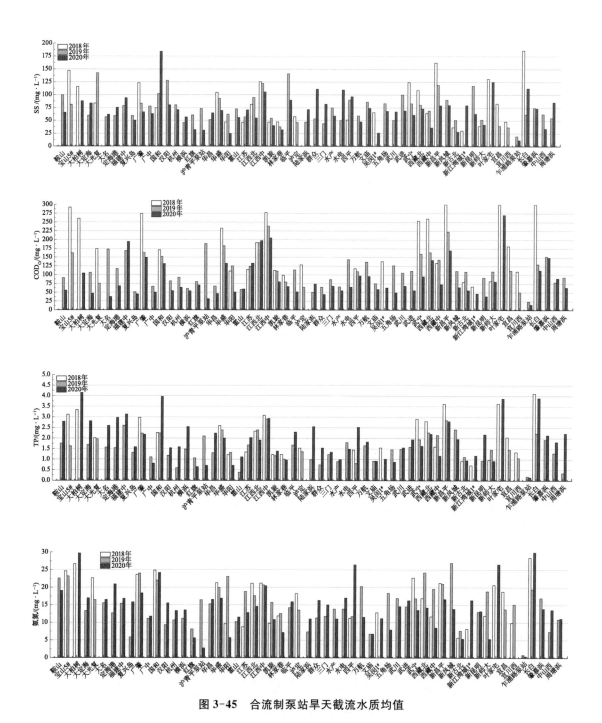

图 3-45　合流制泵站旱天截流水质均值

表 3-23　分流制泵站与合流制泵站旱天截流水质均值　　　　　（单位：mg/L）

水质指标	泵站类型	统计值	2018 年	2019 年	2020 年
SS	分流制	均值范围	20~110	18~100	10~113
		均值	55	57	44
	合流制	均值范围	30~190	19~142	11~184
		均值	86	72	69
TP	分流制	均值范围	0.5~2.5	0.1~3.06	0.1~4.1
		均值	1.33	1.17	1.35
	合流制	均值范围	0.72~4.11	0.19~2.9	0.15~4.15
		均值	2.15	1.52	1.89
COD_{Cr}	分流制	均值范围	47~230	27~187	14~165
		均值	116	82	62
	合流制	均值范围	66~382	24~239	15~270
		均值	187	114	86
氨氮	分流制	均值范围	3~21.6	0.4~26.09	0.5~24.91
		均值	11.1	11.88	9.38
	合流制	均值范围	5.6~28.4	0.8~26.9	0.4~31.6
		均值	16.8	14.7	14.2

由图 3-44、图 3-45 和表 3-23 可知，合流制泵站旱流污染物浓度稍高于分流制泵站旱流污染物浓度，其中 SS 和 COD_{Cr} 浓度差值较大。合流制泵站污染物浓度有较多的高值，接近于生活污水。从水质均值的年度变化趋势分析，无论是合流制还是分流制泵站，旱天的水质均有一定程度的降低，判断主要与近年来泵站运行调度方式的调整有关，合流制泵站加大了截流运行时间，分流制泵站采取了雨污混接改造、加强混排现象管理等措施。同时从整理的数据可以看出，雨污混接情况仍较为严重，需要扩大雨污混接改造的覆盖面，加强对已改造区域反弹的检查、管理和评估。

3. 雨天放江水质与旱流水质对比

对比表 3-22 和表 3-23 可知，合流制泵站旱流污染物浓度高于放江污染物浓度，水质均值范围显示旱流明显高于放江，说明降雨汇流对合流制管网的水体有一定程度的稀释作用。由分流制泵站 2018 年各项污染物浓度可知，雨天放江水质均高于旱流水质，2019 年和 2020 年反之，说明雨污混接改造和加强管网清淤等措施有一定效果，但水质仍较差，雨天放江水质为劣 V 类，旱流水质达到黑臭程度。无论是雨天放江水质还是旱流水质，合流制泵站污染物浓度略高于或接近分流制泵站。

3.2.7　放江水体中各水质污染指标相关性分析

通过研究前期相关数据发现，各水质污染指标在放江过程中有相似的规律，故进行各污染指标相关性的分析,为污染物削减措施提供支撑。

针对 2019—2020 年 590 场降雨放江资料,以多个泵站多次放江水质均值与当天放江水量和降雨量及前期晴天数为基础数据,采用相关系数矩阵开展各指标之间的线性相关关系的分析,计算结果如表 3-24 所示。

表 3-24　相关系数矩阵

	SS	TP	COD$_{Cr}$	氨氮	放江量	降雨量	前期晴天数
SS	1.000	0.334**	0.392**	0.257**	−0.013	−0.049	−0.048
TP	0.334**	1.000	0.341**	0.687**	0.058	0.054	0.040
COD$_{Cr}$	0.392**	0.341**	1.000	0.280**	0.080*	0.028	0.016
氨氮	0.257**	0.687**	0.280**	1.000	0.032	0.048	0.045
放江量	−0.013	0.058	0.080*	0.032	1.000	0.412**	−0.067
降雨量	−0.049	0.054	0.028	0.048	0.412**	1.000	0.029
前期晴天数	−0.048	0.040	0.016	0.045	−0.067	0.029	1.000

相关分析用于研究定量数据之间的关系情况、是否有关系、关系紧密程度情况等。
** 指在置信度(双侧)为 0.01 时,相关性是显著的。
* 指在置信度(双侧)为 0.05 时,相关性是显著的。

通过表 3-24 可以看出,利用相关系数法分析研究 SS、TP、COD$_{Cr}$、氨氮、放江量、降雨量、前期晴天数共 7 项之间的相关关系,使用 Spearman 相关系数表示相关关系的强弱情况。具体分析可知:

(1) SS 与 TP、COD$_{Cr}$ 及氨氮的相关系数分别为 0.334,0.392,0.257,意味着 SS 与 TP、COD$_{Cr}$ 之间有相关性,与 TP 和 COD$_{Cr}$ 的相关性高于氨氮。

(2) TP 与 COD$_{Cr}$、氨氮的相关系数分别为 0.341,0.687,说明 TP 与 COD$_{Cr}$、氨氮有相关性。COD$_{Cr}$ 与氨氮的相关系数为 0.280,说明两者相关性不明显。

(3) 除放江量与降雨量也有一定相关性外,其余水质污染指标与降雨量无明显关系。各指标与前期晴天数无明显相关关系。

综上说明,SS、COD$_{Cr}$、TP 及氨氮等各指标之间有相关关系,SS、COD$_{Cr}$、TP 三者相关关系更显著,这与前面研究结果基本一致,影响泵站放江因素众多,由于污染的多源性、放江时间和放江水质具有一定的随机性,导致某些条件下可能存在相关性,也可能相关性不显著。SS 主要由非溶解性污染物组成,溶解性污染物与 SS 相关性较小。张亚东等研究表明,同一汇水面在不同降雨条件下,污染指标之间的相关性也会有所不同;不同汇水面在同一场降雨过程中的径流污染物的相关性也会有所不同。各污染指标及与降雨量等诸多因素相关性的不确定性说明,在采取源头控制、管网养护等治理措施的基础上,还需采取末端治理措施(如兴建调蓄池、泵站就地处理设施等)以削减污染总量,且在污染指标相关性较弱的情况下,削减措施应具备应对各污染物综合处理的能力。

3.3　城市雨水泵站放江初期效应分析

排水系统的初期效应是指在一场降雨中,初期放江水中携带了此次放江过程所排放的大部分污染负荷。初期效应存在与否,对于泵站出流污染物控制方法的选择、调蓄池布置与规模确定,以及城市面源污染控制措施的建设和投资等都有重要的影响。

国外一些研究证明地表径流存在初期效应。如 Barrett 等和 Buchberger 的研究证实了在大多数暴雨事件中地表径流初期效应的存在。在悉尼 6 个流域的降雨事件调查中,发现总径流量 25% 的初期径流携带了 40%～60% 的 SS、大肠杆菌和 TP。但是,近年来也有一些研究发现,初期效应并不存在绝对的普遍性,特别是对排水系统的末端调蓄池或泵站而言,初期效应并不明显。如法国研究者在对法国 7 个合流制系统 117 个降雨事件的调查结果中并没有发现初期效应。美国学者 Deletic 等在对瑞典 Lund 地区 69 场降雨事件的研究成果中发现,平均占各次降雨事件总径流量 30% 的初期径流量,携带各次降雨总排放固体量的 37%。这些案例均说明初期效应不一定普遍存在或效应不明显。

3.3.1　初期效应评价方法简介

初期效应评价方法在国际上较通用的是 $M(V)$ 曲线法,该方法由 Geiger 在 1987 年提出,采用无因次累积负荷体积分数曲线,即根据 $M(V)$ 曲线来判断初期效应的方法,这种方法在提出后即得到广泛应用。该方法认为,在一场降雨过程中,污染物质量和流量的变化可用两条曲线来描述:流量过程线 $Q(t)$ 和污染物浓度过程线 $C(t)$。对于某个特定的排水区域,这两条曲线是随不同的降雨事件而变化的,影响因素包括降雨过程、前期晴天数、污水管道状况、沉积物数量、排水区内累积污染物以及排水区域和管道系统的特征等。为了能够对不同的降雨事件进行比较研究,对污染物质量和流量进行无量纲化。用累积污染物质量除以总污染物质量的分数值,对应时刻累积排放体积除以总体积的分数值作图,得到无因次累积负荷体积分数曲线。累积质量分数 $M(t)$ 和累积体积分数 $V(t)$ 计算如下。

$$M(t) = \frac{m_t}{M} = \frac{\sum_{i=1}^{J} C_i Q_i \Delta t_i}{\sum_{i=1}^{N} C_i Q_i \Delta t_i} \tag{3-1}$$

式中　$M(t)$——径流污染物累积质量分数;

m_t——径流开始至 t 时某污染物排放量;

M——径流全过程某一污染物总量;

C_i——随径流时间而变化的某污染物浓度;

Q_i——随径流时间而变化的径流流量;

N——样本总数;

J——取值为 $1～N$ 的整数。

$$V(t) = \frac{v_t}{V} = \frac{\sum_{i=1}^{J} Q_i \Delta t_i}{\sum_{i=1}^{N} Q_i \Delta t_i} \tag{3-2}$$

式中 $V(t)$ ——径流污染物累积体积分数；

v_t ——径流开始至 t 时的径流体积；

V ——相应的径流总体积。

不同的研究者提出了定义初期效应存在与否的多个标准,常用的标准包括:

(1) 占总放江过程流量 50% 的初期流量携带的污染负荷占整个放江污染负荷的 50%,即 50/50 标准。

(2) 占总放江过程流量 30% 的初期流量携带的污染负荷占整个放江污染负荷的 80%,即 30/80 标准。

显然标准(2)更为严格一些,通常较多被接受的是判别标准(1)。如图 3-46 所示,若曲线位于角平分线左上部,则认为具有初期效应;若位于角平分线右下部,则不具有初期效应。

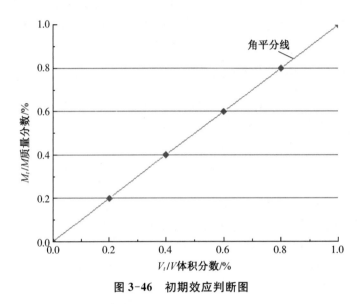

图 3-46 初期效应判断图

在目前的泵站运行工况(高水位运行)下进行泵站放江初期效应分析。

3.3.2 分流制泵站

根据放江过程绘制分流制泵站 $M(V)$ 曲线,如图 3-47 所示。

对以上 8 个分流制泵站多次放江是否存在初期效应进行分析,若采用较严格的 30/80 判别标准,则无一场降雨达到此标准。若采用 50/50 判别标准,则泗塘泵站各降雨场次的 $M(V)$ 曲线均在角平分线附近,无初期效应;苗圃西泵站在 2019 年 8 月 9 日和 8 月 28 日降雨放江各污染物均有明显的初期效应,可以发现这两天放江污染物浓度有较明显的下降趋势;芙蓉江泵站在 2019 年 6 月 20 日和 6 月 30 日降雨放江各污染物有微弱的初期效应,其余降雨场次的 $M(V)$ 曲线均在角平分线附近,初期效应不显著;剑河、真光、真江东、田林泵站各降雨场次的 $M(V)$ 曲线均分布在角平分线附近,无显著的初期效应;康健泵站 SS 和氨氮有微弱的初期效应。

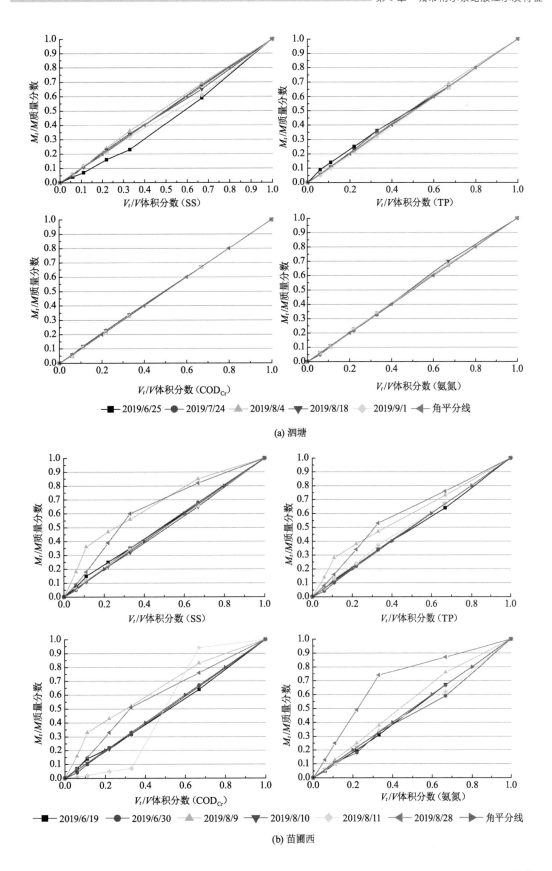

(a) 泗塘

(b) 苗圃西

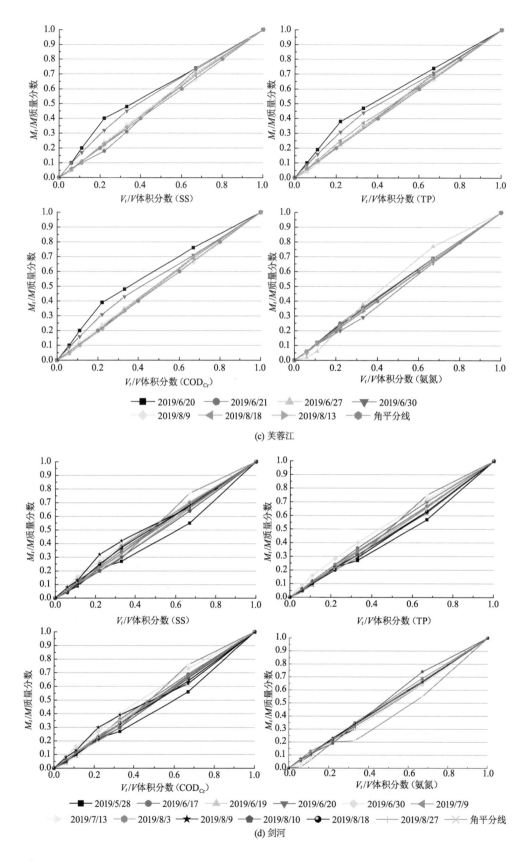

(c) 芙蓉江

(d) 剑河

116

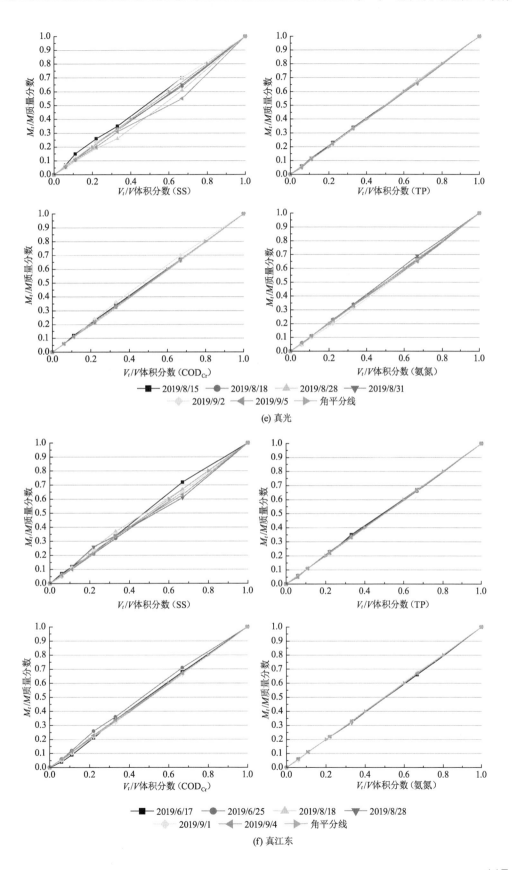

(e) 真光

(f) 真江东

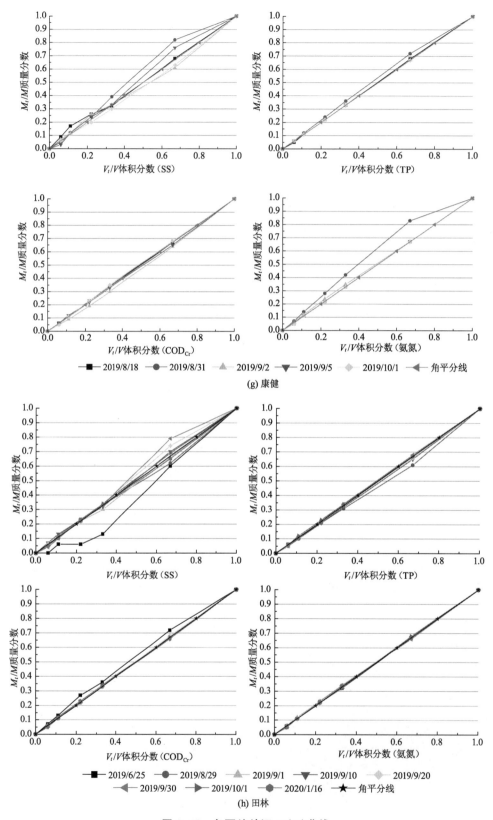

图 3-47 各泵站放江 $M(V)$ 曲线

通过表 3-25 同样可以看出,分流制泵站放江污染物总体上来说无初期效应或有微弱的初期效应(即当放江污染物浓度有较大差异时)。

表 3-25　分流制泵站放江污染物负荷百分比

泵站	体积百分比/%	污染物负荷百分比/%			
		SS	TP	COD$_{Cr}$	SS
泗塘	30	21～33	28～33	29～31	29～31
	50	41～53	48～52	49～51	49～51
苗圃西	30	28～54	30～47	6～50	27～67
	50	48～71	48～65	47～67	46～80
芙蓉江	30	27～46	30～44	30～45	26～34
	50	50～61	50～61	50～62	47～57
剑河	30	27～39	25～32	25～36	20～31
	50	42～55	47～56	41～56	37～54
真光	30	24～33	30～31	28～33	27～31
	50	48～53	48～51	49～53	47～52
真江东	30	28～34	30～31	29～33	29～30
	50	47～57	50～51	49～54	49～51
康健	30	22～35	30～33	27～32	30～37
	50	47～60	50～54	47～52	50～63
田林	30	11～31	28～31	30～34	29～31
	50	36～56	46～51	50～54	49～51

3.3.3　合流制泵站

根据放江过程绘制合流制泵站 $M(V)$ 曲线,如图 3-48 所示。

对以上 8 个合流制泵站多次放江是否存在初期效应进行分析,若采用较严格的 30/80 判别标准,则无一条曲线达到该标准。若采用 50/50 判别标准,则福建中泵站在 2019 年 6 月 20 日和 8 月 28 日的 $M(V)$ 曲线在角平分线以上,有初期效应;肇嘉浜泵站在 2019 年 6 月 30 日的 $M(V)$ 曲线在角平分线以上,有初期效应;其余泵站各降雨场次的 $M(V)$ 曲线均分布在角平分线附近,初期效应不明显。

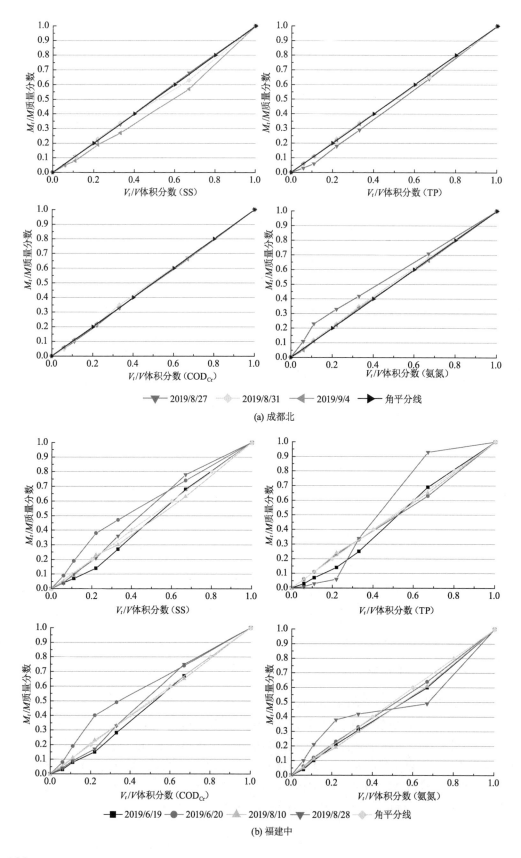

(a) 成都北

(b) 福建中

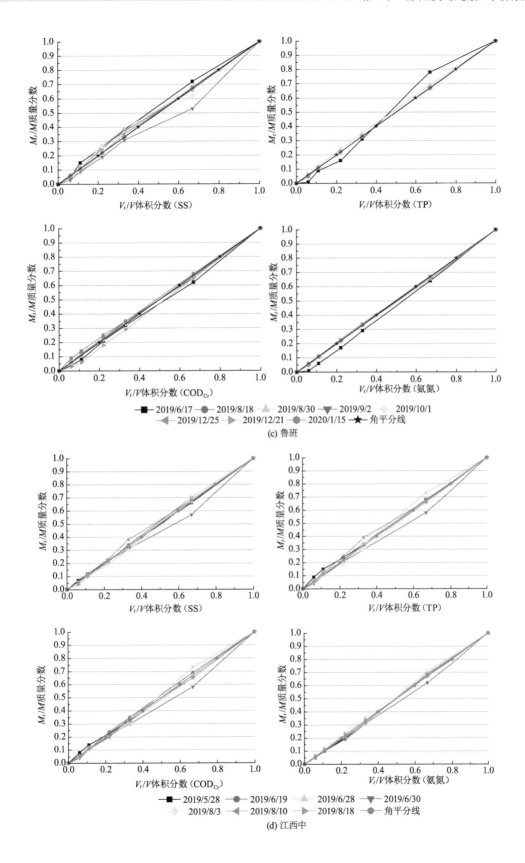

(c) 鲁班

(d) 江西中

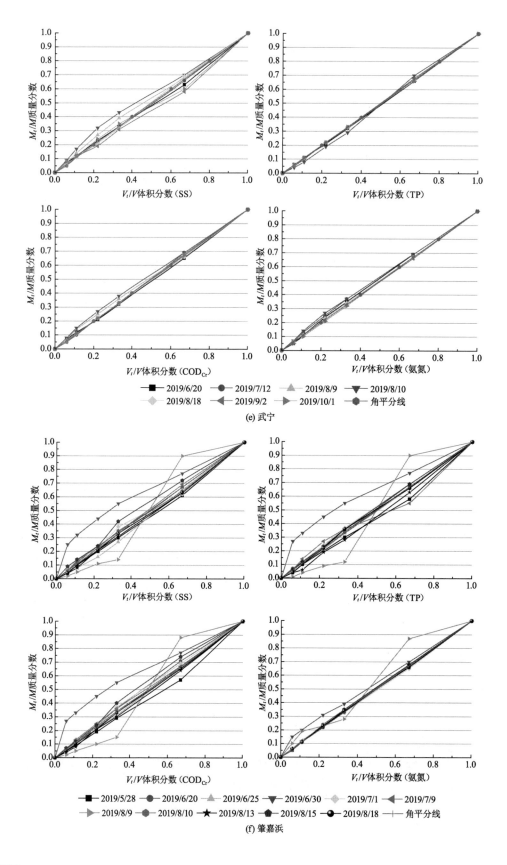

(e) 武宁

(f) 肇嘉浜

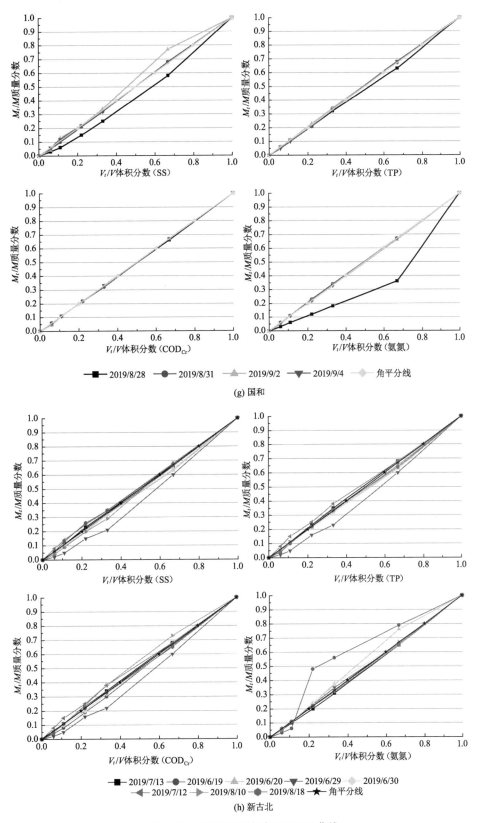

(g) 国和

(h) 新古北

图 3-48　合流制泵站放江 $M(V)$ 曲线

根据表 3-26 统计体积百分比为 30％和 50％时污染物对应的负荷百分比分布范围，从表中可以更容易显示放江事件的初期效应。通过以上统计数据可以看出，各泵站均有降雨场次满足 50/50 判别标准，也就是说合流制系统多具有微弱的初期效应。

表 3-26　合流制泵站放江污染物负荷百分比

泵站	体积百分比/%	污染物负荷百分比/%			
		SS	TP	COD$_{Cr}$	SS
成都北	30	25～31	26～31	29～31	30～39
	50	42～51	46～50	49～51	50～56
福建中	30	24～45	22～30	25～46	27～41
	50	46～60	47～63	47～62	45～50
鲁班	30	27～35	26～32	26～33	25～31
	50	42～55	49～54	47～52	46～51
江西中	30	27～34	27～32	27～32	27～33
	50	44～53	44～54	44～52	46～53
武宁	30	27～40	26～30	29～35	28～34
	50	44～56	49～50	48～53	49～53
肇嘉浜	30	14～52	11～53	14～53	26～37
	50	45～66	44～66	43～66	49～57
国和	30	23～31	29～31	29～30	16～30
	50	41～56	47～51	48～50	26～50
新古北	30	19～33	21～35	20～35	27～54
	50	40～51	41～53	41～55	48—67

综上，根据判别标准（1），上海市中心城区合流制系统具有微弱的初期效应或无初期效应，分流制系统无初期效应或具有非常微弱的初期效应。经分析判断，泵站作为排水系统的末端，在降雨过程中，服务范围内地表径流汇流至泵站存在因距离远近引起的长时间差，导致地表径流在管网输送过程中存在复杂的混流，加上泵站放江水体还受到混接污染来水、管道及泵站集水井沉积物污染及其放江时水流冲刷等多种因素的混合影响，造成初期效应不存在或不明显。这与潭琼等对上海苏州河沿岸 5 个排水区域的研究结果（合流制与分流制排水系统都不存在初期效应）和郭晟对上海市苏州河沿岸成都路合流制排水泵站的研究结果（降雨过程中，地表径流存在明显的初期效应，管网及泵站的初期效应不明显）相一致。认为排水系统末端泵站及调蓄池存在初期效应是将流动的径流过程转化为固定、僵硬的定量模式，在此模式中，初期降雨与后期雨水完全抽象隔离开来，并控制和影响整个面源污染。不论这一观点与流行的偏见是如何地一致，都脱离了显而易见的事实，即地表径流在降雨冲刷的作用下，存在初期效应，而汇流至集中点收集的是随距离和时间间隔影响的径流混合来水。加之管网内存在沉积淤泥污染的影响，汇流至泵站及调

蓄池末端的混合来水成分极为复杂,难以简单地用所谓的初期雨量汇流效应划分放江水体的污染过程。

合流制泵站放江存在微弱的初期效应,经分析判断,放江初期雨水对管道水体的稀释效应不明显,加之旱天截流井内沉积物和水体污染物浓度较高,降雨前期放江水体水质污染指标较高,随着雨量的增加,其对管道水体的稀释作用加大,显现微弱的初期效应。

分流制泵站放江初期效应不明显,经分析判断,主要由于存在混接混排来水,旱天时污水蓄积在管道和泵站集水井内,对分流制泵站影响大于合流制泵站(从大量旱天雨水管满管、雨水井高水位可推断),由于旱天不允许放江,相当于旱天污水在管道内形成蓄留,溢出部分通过连通管进入污水管网,降雨时,受混接混排来水、地表径流污染、管道及集水井长期沉积污染物等影响,雨水对放江水体的稀释作用难以体现,加之受放江时管道水流冲刷随机带动沉积物、管道输送来水污染程度的不稳定,造成实测水质污染指标的波动。

第4章 泵站放江入河污染物削减技术研究

4.1 泵站放江入河污染物削减技术体系设计

4.1.1 泵站放江污染削减难点和痛点

近年来,受全球气候变化及海平面上升的影响,暴雨等极端天气对社会管理、城市运行和人民生产生活造成了较大的安全隐患。同时,城市管网内的混接混排污水、管道沉淤污染、降雨形成的面源污染随排水管道和雨水泵站进入河道,对河湖水环境造成较大影响,部分河道"逢雨易黑、逢雨即黑"。为加快推进城镇雨水排水体系建设,以上海为例,市水务局、市规划和自然资源局联合编制了《上海市城镇雨水排水规划(2020—2035年)》,并于2020年6月17日获得市政府批复同意。

上海市城镇雨水排水总体形成"1+1+6+X绿灰交融,14片蓝色消纳"的规划布局(2.2.2雨水排水规划)。其中与雨水泵站密切相关的"X"分散调蓄在2021年已有实质性推进。《上海市水务局关于下达雨水调蓄设施建设任务的通知》(沪水务〔2021〕533号)向各区下达了"2035规划"、"十四五"规划、2021年及2022—2025年每年新增雨水调蓄设施任务;同时拟将初雨调蓄设施任务纳入"十四五"期间各区河长制年度绩效评价考核体系,拟在现有雨水泵站附近通过增设调蓄池的方式,解决城市内涝和泵站放江污染的问题。

2021年11月25日,上海市水务局对《中心城雨水调蓄池选址专项规划》公示。为落实《关于加强城市内涝治理的实施意见》和《上海市内涝治理实施方案》的要求,规划根据相关规范,按照《上海市城市总体规划(2017—2035)》《上海市城镇雨水排水规划(2020—2035年)》的要求,结合上海市各行政区规划用地布局,对中心城及其周边地区的雨水调蓄池进行选址。规划雨水调蓄池建成后,将进一步提高上海市排水设施服务水平,显著提升初期雨水治理能力。拟规划雨水调蓄池共200座(图4-1),均采用地下或半地下形式,在现状排水泵站周边结合道路广场、绿化、公共服务设施、河道、商务办公等用地设置进行布局。

调蓄池具有调节径流峰值流量、削减径流污染总量等功能。根据相关研究,调蓄池建设对于雨水调蓄和污染物总量削减具有一定的效果。

调节径流峰值流量主要是将雨水径流的高峰流量暂时存蓄在调蓄池中,待地表径流最大流量下降后,再从调蓄池中将雨水慢慢排出,既能规避雨水洪峰,避免冲击河网调蓄

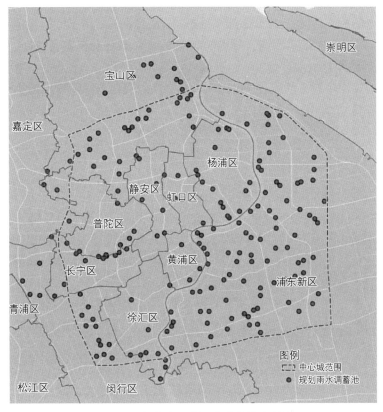

图 4-1　上海市雨水调蓄池总体布局图

能力,调节洪涝水位峰值,削减可能对下游泄流的压力和对河床的冲蚀,并可实现雨水循环利用,还能对排水区域间的排水调度起到积极作用。但基于调蓄雨水的策略不会降低总径流量,只是减少峰值流量,增加低谷流量的历时。

削减径流污染总量主要是将降雨初期地表径流携带的污染水体暂时存蓄在调蓄池中,待降雨及污水管网峰值流量过后,再将存蓄在调蓄池中的初期雨水抽排至污水管网送至污水处理厂错峰处理。通过降低直接进入河道的总径流量来减少水中的污染负荷。

为了控制合流制泵站溢流对河道的影响,牟晋铭通过构建排水系统水力模型,模拟增设调蓄设施对强排系统放江污染的削减效果。根据研究结果,上海某系统按截流标准 5 mm 设置调蓄池,泵站放江溢流次数由 28 次削减为 6 次,放江污染削减率为 41%,全年 COD_{Cr} 削减量为 278.35 t,全年 TN 削减量为 9.33 t,有效削减了泵站放江量,缓解了泵站放江污染。

颜晓斐等对成都路雨水调蓄池环境效应及运行管理的研究结果表明,成都路雨水调蓄池容积仅为 7400 m³,对减少排水系统溢流次数、溢流水量、溢流污染物负荷等仍具有明显作用,年平均削减溢流量 16.9 万 m³,对 COD_{Cr}、SS 和 TP 的削减率分别为 19.50%,19.09% 和 26.43%。

根据上海市城市排水有限公司的实践经验,结合调蓄池实际运行状况相关调研,已建雨水调蓄池虽然发挥了一定的作用,但是在实际运行过程中仍然存在一些问题,极大地影响调蓄池的运行效果。

（1）调蓄池的放空时间受污水处理厂处理能力、管网运行情况、调蓄池设施运行情况等多方面影响，在雨天连续第二场次降雨时很有可能来不及发挥调蓄功能。

2007年成都路调蓄池共运行10次，有效调蓄量为57810 m³，比设计调蓄量（74000 m³）少22%，而泵站放江中有5次未使用调蓄池，有2次调蓄池闲置，其原因为蝶阀关闭不严而造成调蓄池旱流蓄水，突发降雨前来不及放空而无法使用。目前，虽然技术水平、管理要求和能力进一步提升，但仍然不可避免有类似情况发生。

（2）由于上海市中心城区的大多数管网处于高水位运行，调蓄池运行1次的收纳水量有限。

根据上海市城市排水有限公司的试验成果，试验时调蓄池15 min即灌满，设置的水位观测点在15 min内呈现很明显的U形，调蓄池前端管道水位瞬间降低，15 min灌满以后不久就恢复了管内高水位，但距离调蓄池稍微远一点的管道内水位则几乎没有下降，不受影响。试验证明，调蓄池收纳水量只在很小的范围内对管网水位有影响。雨水调蓄池对雨水或者面源污染的调蓄削减作用大打折扣。

结合前面水质分析、现场调研、对上海市泵站调蓄池建设及运行情况的分析，结合上海市雨水泵站的实际情况对上海市泵站放江污染削减难点和痛点总结如下。

1）管道沉积物得不到有效去除，造成长时间放江黑臭

根据相关研究，管网沉积物是导致放江黑臭的主要原因之一，管网沉积物得不到有效去除，导致放江持续携带出管网沉积污染物，源头不截断、管网不清干净，放江难以水清。

随着雨水管道提标改造工作的推进，雨水管道管径增大，增加了管网检测和养护难度。根据实际养护经验，对于直径1500 mm以上的管道，射水疏通效果不佳，绞车疏通难度大，缺乏有效的高水位大管径清淤设备，通常采用潜水作业方式进行人工疏通，疏通效率低、作业条件差；部分排水管道失养或养护不到位，导致管道内沉积物不能得到及时清除，沉积物雨天随雨水进入河道造成水体污染。近年来，上海市加强了排水管道养护管理，排水管道养护管理水平逐年提高。2018年上海市水务局在国家行业技术规程标准基础上，进一步提高养护抽检标准，将管道内积泥深度低于管径20%为合格，提高到低于管径10%为合格。2019年度上海市共抽查排水管道7108条段，其中主管1538条段，合格率93.95%；支管5570条段，合格率86.27%。但是，抽检发现部分管道积泥深度超过管径50%的情况仍存在，非政府机构管理的排水管道和建设工地周边排水管道设施养护合格率和支管合格率不足80%。一旦降雨，管道的中沉积物极易被冲刷混入雨水排入受纳河道，造成污染。

2）由于存在一定的混接情况，导致雨水管网水质非常差

根据本书水质分析章节可知，2014—2020年雨水泵站放江主要以降雨放江为主，SS浓度均值范围为15～158 mg/L，COD$_{Cr}$浓度均值范围为14～126 mg/L，TP浓度均值范围为0.1～8.2 mg/L，氨氮浓度均值范围为0.8～40 mg/L。放江均值：SS=52.98 mg/L，COD$_{Cr}$=49.52 mg/L，TP=1.91 mg/L，氨氮=8.03 mg/L。虽然水质有逐年下降的趋势，但混接污染情况仍然较严重。

课题组在上海市田林泵站附近区域的几次现场试验结果表明：

（1）沿着管网流向，管网内水质浓度总体呈升高趋势，氨氮浓度从管网最前端的小于 2 mg/L，逐步上升至最高约 50 mg/L。

（2）不同间隔时间放江，田林泵站前池的水质浓度差异较大，随着泵站放江间隔时间的延长，泵站前池水体氨氮浓度呈现缓慢的上升趋势并趋于稳定。

（3）雨水泵站前端管网处于高水位运行，污水蓄积量较多，导致雨天放江污染物浓度持续较高。

3）高水位运行及存在混接情况时难以对初雨进行调蓄

根据第 3 章水质分析结论以及现场调研，目前上海市雨水泵站放江几乎不存在初期效应或者只有微弱的初期效应，这主要是由于泵站作为排水系统的末端，在降雨过程中对于服务范围内地表径流汇流至泵站存在因距离远近而引起的长时间差，地表径流在管网输送过程中存在复杂的混流。加之管网处于高水位运行，放江水体还受到混接污水、管道及泵站集水井沉积物污染以及放江时水流冲刷管道和集水井底泥等多种因素的混合影响，导致雨水调蓄池在运行期间收集的并不是完全理论意义上地表冲刷形成的初期雨水，而是各种复杂来源的混合污水。

同时，受城市持续建设的影响，管道漏损严重，雨水、地下水、河水都可能进入污水管网输送至污水处理厂，一方面造成进入污水处理厂的水量大于实际供水量，并且进入污水厂的水质浓度普遍偏低，另一方面造成雨水管网无法彻底实现清水管道。在管网和泵站存在以上现象的情况下，结合当前上海市雨天污水处理厂处理能力不足、进厂污水浓度偏低的现状，如果新增就地处理系统，并将雨水调蓄池作为就地处理的蓄水池，对调蓄池内收集的低浓度污水不间断处理达标后外排，不仅能大大提高调蓄池的利用效率，还能减轻污水处理厂的运行负荷。对于雨水管网存蓄水体而言，每天处理进入调蓄池的一定水量也能降低管网内水位，提高管网调蓄空间，并能同步达到降低管网内水质污染浓度的效果。同时，高频次地使用调蓄池也可减少管道内沉积物总量。

上海市城市排水有限公司在芙蓉江调蓄池开展的模拟试验结果表明，芙蓉江调蓄池旱天试验运行对管道内沉积物和污染物的去除具有良好效果；调蓄池高频次使用对管网沉积物削减具有极大作用，但系统内沉积物仍随时间推进而缓慢累积，需要通过旱天开启调蓄池运行，有效减少放江污染负荷。在目前污水处理厂大多处于高负荷运行的情况下，将调蓄池的水通过就地处理后排放将能有效减轻管网和污水处理厂的压力。

4）目前建成的雨水调蓄池容量较小，调蓄作用有限

截至 2020 年，上海市共建成 13 座调蓄池，其中，合流制 7 座，分流制 6 座，服务总面积为 36.38 km²，调蓄总容量为 11.16 万 m³，规模最大的为梦清园（25 000 m³），规模最小的为新大连（900 m³），13 座调蓄池中有 9 座调蓄容积小于 10 000 m³。将泵站调蓄容量与放江量对比分析发现，一般情况下，调蓄容量相对于单次放江量来说太小，平均不到单次放江量的 15%。以芙蓉江泵站为例，调蓄池容积为 12 500 m³，2019 年可查询到的 25 次放江量，最大的一次达到了 1 150 000 m³，最小的一次也有 15 700 m³，调蓄池容量与单次放江量比值的平均值为 13.0%，25 次总放江量为 685.95 万 m³，调蓄池按照 25 次全部正常蓄满为 32.5 万 m³，为总放江量的 4.7%；以成都北泵站为例，调蓄池容积为 7 400 m³，2019 年

可查询到的 39 次放江量,最大的一次达到了 471 000 m³,最小的一次为 15 300 m³,调蓄池容量与单次放江量比值的平均值为 14.4%,39 次总放江量为 409.7 万 m³,调蓄池按照 39 次全部正常蓄满为 30.3 万 m³,为总放江量的 7.4%。其他泵站也是类似情况,调蓄池容量与单次放江量比值总体偏小,污染物削减量有限。由于占地的影响,规划建设的调蓄池容积相对放江量来说普遍偏小,导致效果不明显。

5) 调蓄池利用率有进一步提升空间

根据已建调蓄池的实际运行模式和运行情况,连续降雨时,调蓄池一般只能用一次,需等截流总管水位降下来才能放空,利用率低,效益不高。由于管网处于高水位运行状态,调蓄池难以收集到地表冲刷形成的初期雨水,更多的是管网存蓄的混合污水。既然收集不到初期雨水,且根据放江水质规律可知,在单场雨持续时间较长时,放江期间水质浓度并无非常明显的差别,分析判断主要与管网底泥和雨污混接、地表径流污染混合的复杂性有关。同时,调蓄池存蓄水体水质污染浓度不高,低于城镇生活污水指标但又高于地表 V 类水指标,输送至污水处理厂处理,无论是从量还是从质方面来说都极大地增加了污水厂处理负担。因此,对于调蓄池通过增设一体化处理微污染的设施,可以提高使用频率,每天持续对管网内的污染物进行削减,待降雨放江时入河污染物浓度和总量将会大幅降低。

6) 现有雨水泵站内的空间有限,造成调蓄池规划建设困难

上海市中心城区的雨水泵站一般距离居民区较近,内部空间狭小,周边一般也难以有较大的可利用空间用于调蓄池建设,导致调蓄池实施困难或者规模偏小。这就需要在现有条件下探索多种处理途径,比如在泵站附近或者河道周边采取一些可行的辅助处理措施,多管齐下,共同削减放江污染物数量和浓度。

因此,需要从源头削减、输送过程管控、末端污染物削减等方面多管齐下,共同削减放江污染。对于雨水调蓄池、放江污染物削减设施的建设及运行仍然需要进一步研究,从规划、投资、运行、效率、环境等多方面综合考虑,多角度、多方面和多方法共同削减放江污染,并加快研究调蓄池与污染就地处理设施一体化建设实施的可行性。

4.1.2 泵站放江污染物削减技术体系

通过调研以及资料分析,引起泵站放江污染的主要原因有地表径流携带污染、管道和泵站集水井沉积污染物、雨污水混接混排等。对于雨水泵站而言,除泵站集水井沉积属于泵站放江水体的内源污染,其余均为外源污染。因此,加强泵站外源污染的治理是保证中心城区雨水泵站放江污染物削减最根本的技术途径,即"污染源头治理是根本、泵站排放口末端治理是辅助,排水系统不应成为污染物的搬运工"。

泵站水环境治理系统包括源头削减、输送过程管控、末端治理+运行调控三大部分。结合《上海市城镇雨水排水规划(2020—2035 年)》及调蓄池建设情况,仍有必要研究泵站放江末端治理技术和管理手段,有效削减泵站放江污染物。根据污染物产汇源分析,主要需针对污染外源、内源和末端分别研究对应的技术和管理路径。调研上海市中心城区泵站实际情况和现有泵站已实施的治理措施,汇总雨水泵站放江污染物末端治理技术和管理措施,见表 4-1。

表 4-1　上海市中心城区雨水泵站放江污染物末端治理技术和管理措施

分类	治理措施
泵站内部	长效管理,清理垃圾、沉积物
	拦截和过滤
	设置截流设施或加大截流倍数
	设置回笼水设施
泵站周边	智能监控
	调蓄设施
	就地污水处理设备
	人工湿地
泵站排放口	生态廊道
	拦截设施

　　基于以上对泵站末端就地处理工艺、设备以及调蓄池应用存在的难点和痛点的分析,结合上海市中心城区雨水泵站放江污染物末端治理措施实际情况,分别从近、远期提出中心城区雨水泵站放江污染物削减技术路径,见图 4-2。

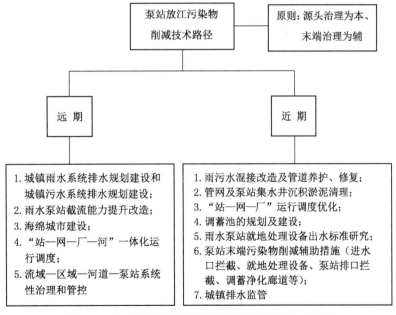

图 4-2　中心城区雨水泵站放江污染物削减技术路径

　　鉴于目前上海市雨水泵站新增调蓄池处于规划设计阶段,污水处理厂处理能力又不足,以及河道水质考核压力的现实情况,除了尽快开展雨污混接改造、管网清淤以及"站—

网—厂"运行调度优化外,在规划建设过渡阶段,宜先实施泵站放江污染物末端治理,以减少泵站放江污染物中 SS、TP、COD$_{Cr}$ 和氨氮为主,改善放江水体感官,最大程度降低泵站放江污染物对受纳河道的影响,同时加快研究雨水泵站就地处理设备出水标准。

结合"调蓄＋就地处理"的理念,建立以"高效澄清系统＋调蓄净化廊道"为主要工艺的雨水泵站排放口附近河道污染物削减技术体系(图 4-3),通过调蓄和末端治理削减污染物的入河量,尽最大可能处理旱天管网内污水和雨天放江水体。

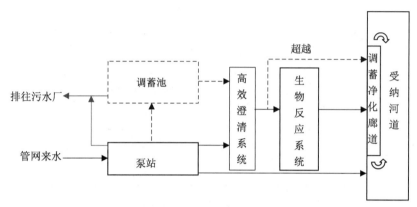

图 4-3 雨水泵站排放口附近河道污染物削减技术体系

1) 系统功能

(1) 雨天削减放江总量,降低放江浓度。雨天抽取泵站前池或调蓄池来水,通过高效澄清系统(或＋生物反应系统)和调蓄净化廊道降低 SS、TP、COD$_{Cr}$ 和氨氮等浓度之后外排,延后放江开泵时间和缩短开泵放江总时长,从放江总量上削减污染物,同时泵站前池或调蓄池内的水体经过处理后再排河可降低入河污染物的浓度。

(2) 旱天对泵站前池或调蓄池内存蓄水处理后再排放,减少管网存蓄水量、降低水体污染物浓度。通过每天一定量(如 10 000 m³/d)的处理,降低管网运行水位,同步降低管网内水体因长期蓄积导致的污染物浓度上升的污染负荷,达到放江时降低污染物浓度的目的。

(3) 不需要处理泵站前池或管网内存蓄水体时,净化廊道可以作为旁路处理设施循环处理河水,提高河道水质。

2) 系统特点

(1) 可削减 SS、TP、COD$_{Cr}$ 和氨氮等污染物的浓度,大幅提升出水透明度,减少排入受纳河道的污染负荷。

(2) 根据泵站用地及周边环境具体情况,可充分利用现有场地布置就地处理设备,设备可以采取拼装组合的方式或根据现有场地空间情况量身定制。

(3) 调蓄净化廊道布置在泵站排放口外侧一定范围内,具备调蓄和净化水体的功能,其与陆域布置调蓄池的区别是不占用陆域空间。

(4) 调蓄净化廊道结合景观设计,在满足调蓄和净化基本功能的基础上,还能兼具景观绿化功能。

（5）可灵活调整廊道结构及调蓄规模，满足系统出水达到不同的水质排放标准的要求。

高效澄清系统是放置于泵站或排放口附近的就地处理设施和工艺设备，适用于各类雨水泵站，既可持续净化泵站集水井旱天存蓄的污染物，减少泵站集水井中颗粒污染物蓄积量，又可以处理降雨汇流携带的污染物，还可应用于河道水质的循环净化处理。该系统能够在泵站放江前，快速净化泵站前池污染物，迅速降低颗粒态、悬浮态污染物含量，提高水体透明度，改善放江水体感官。该系统包括高效混凝沉淀、高效气浮等工艺设备，对 SS、COD$_{Cr}$、TP 等颗粒污染物有较高的去除效率，但对于氨氮等溶解性污染物去除效果一般。

生物反应系统是如曝气生物滤池（BAF）、移动床生物膜反应器（MBBR）等以填料为载体，高效去除氨氮、有机物等污染物的工艺设备。目前已有成功应用案例的 MBBR 工艺能够连续运行，不发生堵塞，无需反冲洗，水头损失较小，并且具有较大的比表面积。载体在反应器中随水流自由移动，为微生物的生长提供了良好场所，具有较好的去除氨氮的能力。生物反应系统需要一定的水力停留时间，设备所需占地大，需要根据项目可用占地情况和处理规模选择使用。

调蓄净化廊道是布设于雨水泵站排放口外侧受纳河道岸边，围绕泵站排放口而构建的具有调蓄和净化功能的设施。廊道对泵站旱天及雨天放江污染物均可进行截留、调蓄、净化，能有效降低泵站放江对受纳水体的影响。泵站放江污染物中颗粒物质在净化廊道中沉淀及过滤，利用廊道内布置在过滤区、净化区中的高效曝气设施、水生植物及微生物，对颗粒态污染物进行截留，对溶解性污染物进行生物降解，实现深度净化。

调蓄净化廊道蓄水规模依据就地处理设备处理能力以及出水水质要求确定，宽度一般不超过 5 m 或者征询河道管理部门意见确定，长度根据需处理的放江量以及排水污染物浓度等因素确定；布设形式根据受纳河道情况灵活布设；运行成本较低。

高效澄清系统对氨氮处理效果不佳，但通过组合生化处理系统或排放口外侧调蓄净化廊道对旱天排放水体处理后，其水质可达到《城镇污水处理厂污染物排放标准》（GB 18918—2002）一级 A 标准，甚至基本达到《地表水环境质量标准》（GB 3838—2002）的 V 类水标准。这类组合工艺具有处理能力强、颗粒污染物去除效率高、出水透明度好、抗冲击负荷能力强等优点。

为了削减泵站放江污染物，降低主要污染指标，除了采用高效澄清系统快速去除感官黑色和 SS、TP 等之外，还必须增加可有效降解去除氨氮类污染物的设备，比如 MBBR、BAF、生态净化廊道等处理工艺。

因此，由高效澄清系统＋调蓄净化廊道集成的雨水泵站排放口附近河道污染物削减技术体系（图 4-4），不仅可有效去除泵站集水井中的存量污染物，还可对溢流污染物进行快速净化，降低泵站放江对受纳水体水质的影响，实现在末端削减泵站放江或溢流污染物的目标。

（a）高效澄清系统

（b）调蓄净化廊道

图 4-4　高效澄清系统及调蓄净化廊道

4.2　泵站放江入河污染物削减小试研究

4.2.1　磁混凝工艺小试研究

1. 小试研究内容

取雨水泵站前池水为研究对象，开展小试研究，分析磁混凝工艺对泵站污染物的去除效率，主要试验工作内容包括：确定 PAC（聚合氯化铁）的剂量，确定 PAM（阴离子聚丙烯酰胺）的投加时间及剂量，确定磁粉（$Fe_3O_4 > 98\%$，800 目）的投加时间及剂量。

1）确定 PAC 的剂量

PAC 的投加剂量是反映絮凝剂性能的重要指标，是絮凝过程中重点控制参数。絮凝剂 PAC 投加量过低不利于水质的净化，投加量过高则会使胶体再稳，水质依然变差。在确定了搅拌强度、搅拌时间、沉淀时间的条件下，试验不同 PAC 投加量对 TP、COD_{Cr} 的去除效果。

2）确定 PAM 的投加时间及剂量

PAM 可以发挥聚合物高分子长链结构的优势，通过吸附架桥联结作用，使混凝反应产生的细小絮体微粒更易粘靠在稳定高分子上，聚合成结构密实、扩展范围大的絮体，从而加快水体中絮体的沉降速度，改善沉降效果，提高出水的清澈度。因此，对于本试验而言，PAM 的投加是有必要的，而投加 PAM 的主要作用并不是提高出水水质，而是改善絮体的沉降性和聚合性，缩短絮凝时间。PAM 合理的投加时间及最优投放剂量通过室内试验判断。

3）确定磁粉的投加时间及剂量

磁粉的投加使得絮凝过程中固液分离效果进一步提升，在该条件下絮体体积也有所减小，更加密实，沉降时间进一步缩短，起到快速沉降、节省药剂的效果。磁粉合理的投加时间及最优投放剂量通过室内试验确定。

絮凝效果提升的主要原因：

① 磁粉与 PAC 相互作用组合成复合絮体协同发挥各自优势，以磁粉为核心的絮体既能发挥絮凝作用脱稳颗粒，又能利用磁聚力密实絮体结构；

② 磁粉的投加间接提高了液相中的颗粒浓度，在各种水力搅拌条件下提升了微粒间的碰撞概率；

③ 磁种的吸附亲和性能有效作用于液相中各种微粒，提高了体系的磁化率。

2. 小试设计

试验在六联搅拌机（图 4-5）上开展，搅拌均在 1 L 的烧杯内进行。参考以往经验，试验采取 300 r/min 快搅 2 min、60 r/mim 慢搅 10 min、沉淀 15 min 的水力搅拌条件，PAM 在快搅结束后加入。

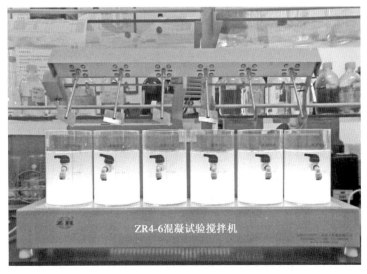

图 4-5　磁混凝工艺试验开展

TP 采用过硫酸钾氧化-钼锑抗分光光度法测定,COD$_{Cr}$ 采用快速密闭催化消解法测定。

3. 小试结果分析

1) PAC 投加量的确定

小试分取 8 份 1 000 mL 的泵站前池积蓄水,试验原水水质:COD$_{Cr}$ 浓度为 120 mg/L,TP 浓度为 2.51 mg/L。常温下分别按 25,50,75,100,125,150,175,200 mg/L 的量投加絮凝剂 PAC 进行絮凝试验。从烧杯上清液中抽取水样,测定 COD$_{Cr}$ 和 TP 浓度,并计算去除率。

从图 4-6 可知,COD$_{Cr}$ 的处理效果随 PAC 投加量的增加呈现先增后减趋势,当 PAC 投加量为 100 mg/L 时,出水 COD$_{Cr}$ 浓度最低为 37.2 mg/L 左右,去除率达到最高,为 69% 左右。由絮凝机理可知,在絮凝过程中,通过电中和、吸附架桥、网捕卷扫等作用,PAC 与污染物微粒聚集在一起。当絮凝剂投加量不足时,胶体表面形成不了充分的链状高分子结构,无法聚集周围带电荷微粒,水中胶体不能发生脱稳沉降,无法产生良好的絮凝效果。但若药剂量投加过量,胶粒周围电荷过剩,反而会出现脱稳情况,絮凝效果变差,使 COD$_{Cr}$ 去除率下降。

从图 4-7 可知,TP 的处理效果随着 PAC 的投加而逐步变好,在 PAC 投加量为 75 mg/L 时,浓度曲线出现明显拐点。在 PAC 初期投加阶段,铝盐和水中的磷反应生成了非溶解性沉淀,浓度曲线呈现明显下降趋势;而随着投量的再次增加,PAC 用量相比于其对 TP 的去除能力显著过剩,浓度曲线下降趋势开始减缓,达到稳定阶段,在投加量为 150 mg/L 时,出水 TP 浓度为 0.05 mg/L,去除率为 98%。因此,确定 PAC 投加量为 150 mg/L。

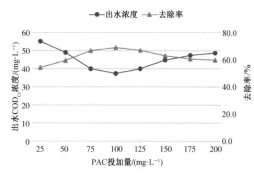

图 4-6 COD$_{Cr}$ 浓度及去除率随 PAC 投加量的变化

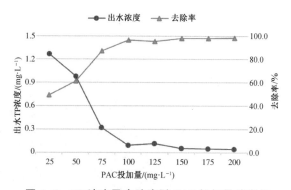

图 4-7 TP 浓度及去除率随 PAC 投加量的变化

2) PAM 投加量的确定

试验用水水质:COD$_{Cr}$ 浓度为 151.8 mg/L,TP 浓度为 5.04 mg/L。PAC 的投加量为 150 mg/L,PAM 的投加量分别设定为 1,2,3,4,5,6,7,8 mg/L,药剂投放次序拟定为先投入 PAC,后投入 PAM(在快速搅拌阶段末期投入)。从烧杯中层取水样测定 COD$_{Cr}$ 和 TP 浓度,并计算其去除率,结果如图 4-8 和图 4-9 所示。

试验结果表明,由于原水水质相较于 PAC 投加量试验有所变化,因此,各指标出水浓度均有所升高。在 PAM 投加最初阶段,COD$_{Cr}$ 去除率稍有提升,投加量大于 2 mg/L 后,去除率趋于平稳。由于原水中 TP 基准浓度高,致使出水浓度在直观上呈现出波动趋势,实际

TP 去除率基本保持在 90% 左右的稳定水平。因此,确定最佳 PAM 投加量为 2 mg/L。

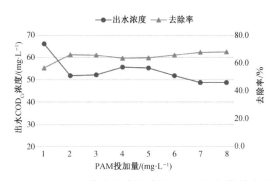 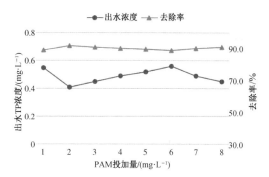

图 4-8　COD_Cr 浓度及去除率随 PAM 投加量的变化　图 4-9　TP 浓度及去除率随 PAM 投加量的变化

3) 各药剂投加顺序的确定

投加顺序对絮凝沉淀过程中各种药剂参与及发挥作用程度、絮体形态及絮凝效果等均有不同程度影响,因此,有必要开展药剂最佳投放顺序的试验。

试验采用泵站前池积蓄水,原水水质:COD_{Cr} 浓度为 148.5 mg/L,TP 浓度为 4.89 mg/L,SS 浓度为 138 mg/L。PAC、PAM 及磁粉投加量分别为 150,2,150 mg/L。经查阅相关文献可知,PAM 的高分子长链在长时间、剧烈的扰动下会发生断裂,应在快速搅拌末期投加。其他药剂投加顺序如下:

(1) 在无搅拌情况下,最先投放 PAC,然后投加磁粉,进行快速搅拌。

(2) 在无搅拌情况下,最先投放磁粉,然后投加 PAC,进行快速搅拌。

(3) 在快速搅拌条件下,最先投放 PAC,然后投加磁粉。

(4) 在快速搅拌条件下,最先投放磁粉,然后投加 PAC。

通过观察试验过程发现,首先投加磁粉,絮凝体粗大,磁粉参与絮凝程度高,而在快速搅拌条件下投加,可使磁粉及 PAC 分布得更加均匀。同时根据试验检测结果(图 4-10),第 4 种投加方式对各指标去除效果相对较好。

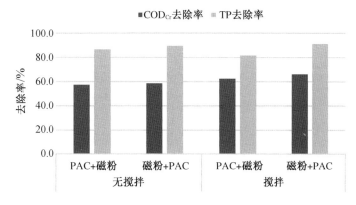

图 4-10　不同投加顺序对 COD_{Cr}、TP 去除率的影响

磁粉为密度较大且细小的固体颗粒,若向烧杯中先投加磁粉,则磁粉首先利用本身较大的比表面积及磁吸附性能,吸附细小悬浮颗粒物使其发生聚集,并作为核心使聚集体具

137

有磁性,通过搅拌桨的快速搅拌,在水流的扰动下,悬浮于水中的胶体碰撞概率增大,进而联合 PAC 及 PAM 发挥絮凝及助凝作用,增大了絮体的形成概率,生成粗大且密实的以磁粉为核心的絮团,从而加速沉降。此外,在总时间一定的条件下,在快速搅拌条件下投加药剂,可使搅拌更加充分,药剂分布更加均匀。若 PAC 及 PAM 先于磁粉投放,根据传统的絮凝理论,PAC 较先发挥其电中和作用,紧接着 PAM 发挥其架桥作用,絮体结构核心已基本形成,此时投加磁粉颗粒很难使既成的絮体结构发生重组,磁粉颗粒无法发挥其本身特有的性能,极大地降低了其辅助凝聚性能。因此,在快速搅拌条件下,最佳的投加顺序为:磁粉→PAC→PAM(快速搅拌末期)。

4) 磁粉投加量的确定

试验采用雨水泵站前池积蓄水,用水水质:COD_{Cr} 浓度为 134.0 mg/L,TP 浓度为 4.67 mg/L,SS 浓度为 152 mg/L。PAC 的投加量为 150 mg/L,PAM 的投加量为 2 mg/L,磁粉投加量分别为 20,50,80,110,140,170,200,230,260 mg/L。药剂投加顺序为:磁粉→PAC→PAM。从烧杯中取水样测定 COD_{Cr}、TP 浓度及去除率,如图 4-11 和图 4-12 所示。根据试验结果,絮凝效果最佳时的磁粉投加量为 200 mg/L。

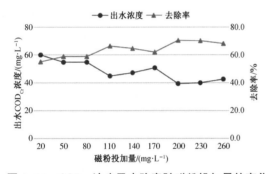

图 4-11 COD_{Cr} 浓度及去除率随磁粉投加量的变化

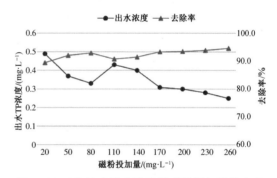

图 4-12 TP 浓度及去除率随磁粉投加量的变化

4.2.2 精密过滤小试研究

1. 精密过滤技术介绍

精密过滤技术多用于化工生产、医学等领域,近几年,随着污水排放指标愈发严格,精密过滤技术也开始用于污水深度处理。文献表明,过滤分为粗级过滤(过滤精度＞100 μm)、亚精密过滤(过滤精度＝10～100 μm)、精密过滤(过滤精度＝1～10 μm)和超精密过滤(过滤精度＝0.1～1.0 μm)。目前常用于污水处理厂深度处理、提标改造及河湖蓝藻过滤的孔径为 30 μm,常用材质为 316 L 不锈钢楔形滤网。

过滤时,进水中的污染物随着水流通过筛网时被拦截在筛网的表面,随着过滤的进行,筛网两侧的压差逐渐加大,当达到某一定值时,若继续进行过滤,则污染物将会在压力的作用下透过筛网,使出水水质变差,因此需要及时对滤网进行反冲洗,清洗干净后,再进入下一个过滤过程。筛网过滤器具有制造简单、价格便宜、占地面积少、运行费用低等优点,但是筛网同时存在着比表面积小、污染物去除效率低、单位含污量低、反冲洗不易清洗干净等缺点。

2. 筛网规格

筛网是具有过滤作用的工业织物,通常采用尼龙丝或者金属丝编织而成。筛网的网孔专业上习惯称之为"目"。筛网的规格有的用单位长度所含的网孔数来表示,也有的用网孔的宽度来表示。每个国家对于筛网规格的规定不同,中国的标准是以每厘米筛网含有的网孔个数作为筛网的目数,此时"孔"是面积的概念。而英国标准则规定,一英寸长度范围内,筛网含有多少网孔就表示多少目,此时"孔"是长度的概念。

通常将网孔尺寸的大小看作是筛网的大小,采用筛网进行物料筛选时,所用筛网的目数越大,就表示所筛选物料的粒度越细;反之,目数越小,则所筛选物料的粒度就越粗。在国内,目数是指物料粒度的粗细程度,采用目数表示筛网孔径的大小,同时也表示粒度的粗细程度,筛网的目数与粒径的对应关系见表 4-2。

表 4-2　筛网的目数与粒径的对应关系

目数	粒径/μm	目数	粒径/μm	目数	粒径/μm	目数	粒径/μm
2.5	7 925	14	1 165	80	198	270	53
3	5 880	16	991	100	165	325	47
4	4 599	20	833	110	150	425	33
5	3 962	24	701	120	120	500	25
6	3 327	27	589	150	106	625	20
7	2 794	32	495	170	90	800	15
8	2 362	35	417	180	83	1 250	10
9	1 981	40	350	200	74	2 500	5
10	1 651	60	245	230	62	3 250	2
12	1 397	65	220	250	61	12 500	1

3. 筛网过滤净化效果

通过查阅文献可知,目前尚无针对城市雨水泵站放江中精密过滤器应用的相关研究,因此,本试验选取 3 种不同规格的滤网,分别为 140 目(孔径为 105 μm)、360 目(孔径为 40 μm)和 500 目(孔径为 25 μm)。

使用上海市嘉定区曹丰泵站前池水,通过布水装置以一定的滤速通过 3 种规格的筛网,记录滤速及过滤前后 SS 浓度的变化(表 4-3)。

表 4-3　不同孔径滤网对 SS 的去除效果

项目	140 目	360 目	500 目
进水 SS 浓度/(mg·L^{-1})	61	60	57
出水 SS 浓度/(mg·L^{-1})	47	15	12
去除率/%	23.0	73.3	78.9

由表 4-3 可知,随着滤网孔径的减小,出水 SS 浓度逐渐降低。140 目滤网对 SS 的去除效果不佳,去除率仅为 23.0%;360 目滤网对 SS 去除率可提高到 73.3%,出水 SS 浓度

为 15 mg/L；当出水经 500 目滤网过滤后，出水 SS 浓度为 12 mg/L，去除率达到 78.9%。

精密过滤处理系统出水效果除与滤网孔径有关外，在试验过程中发现过网流速对其处理效果也有一定影响。试验中通过小型可调速潜水泵对出水流速进行调节，设定滤网直径为 5 cm，选择过网流速分别为 1.25，2.48 和 5.31 cm/s，相应的 SS 浓度如表 4-4 所示。

表 4-4　不同过网流速下 SS 去除效果

流速 /(cm·s⁻¹)	进水 SS 浓度 /(mg·L⁻¹)	140 目出水 SS 浓度 /(mg·L⁻¹)	360 目出水 SS 浓度 /(mg·L⁻¹)	500 目出水 SS 浓度 /(mg·L⁻¹)
1.25	68	39	12	7
2.48	65	42	18	13
5.31	64	48	29	18

从试验过程中发现，不论滤网孔径大小，出水 SS 浓度都随着进水流速的加快而增加。当流速在 1.25 cm/s 以下时，流速对滤网过滤性能影响不大，但当流速升至 2.48 cm/s 时，出水 SS 浓度开始快速升高。随着精密过滤的过网流速加快，水流对滤网单位面积的冲击力增大，同时悬浮物质在硬质滤网的反作用力下受到严重切割挤压，粒径变小，使得部分微粒径颗粒冲过滤网，导致出水 SS 浓度升高。因此，在使用精密过滤时，要注意控制过滤流速。

从长期运行过程中发现，精密过滤滤网经过长时间运行会出现堵塞现象。为研究滤网堵塞过程，进行堵塞试验研究。试验测定了不同孔径滤网过筛流量和运行时间之间的关系。为保证试验的平行性，试验进水中 SS 浓度保持恒定，约为 90 mg/L，为保证进水 SS 稳定，进水池一直处于搅拌过程中，过水滤网直径为 10 cm，过网流速为 1.27 cm/s，折合流量为 0.36 L/min，向滤网持续进水。

如图 4-13 所示，前 20 min 内，三种滤网过筛流量基本一致，为 0.36 L/min，此阶段滤网基本没有出现堵塞现象。从第 20 min 到第 30 min，500 目滤网系统过筛流量逐渐由 0.36 L/min 减缓至 0.24 L/min，显示滤网开始出现堵塞现象，并且堵塞情况逐渐加剧，到第 40 min 时，出水水量基本停滞，意味着滤网已完全堵塞。360 目滤网系统堵塞速度较 500 目缓慢，前 40 min 过筛流量和进水流量基本一致，无堵塞现象，从第 40 min 开始，过

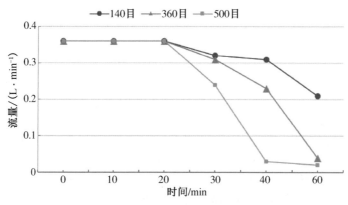

图 4-13　不同目数滤网过筛流量随时间的变化

筛流量开始降低至 0.23 L/min,到第 60 min,滤网基本完全堵塞。140 目滤网系统的堵塞过程最为缓慢,运行到 60 min 开始,过筛流量开始变小,到第 120 min 的时候还未完全堵塞。

由水流过筛试验结果可知,为保证水流能持续正常流出,需设置反冲洗辅助装置,采取反冲洗措施等,防止滤网堵塞。

4.2.3　泵站放江生态廊道小试研究

通过构建物理廊道模型,模拟"微曝气系统＋生物接触氧化＋生态围隔"工艺,研究不同参数条件下(水力负荷、填料等)生态净化廊道模型对泵站污染物的去除效果,为生态廊道示范工程及其推广提供设计依据。

1. 廊道模型设计

廊道工艺流程如图 4-14 所示,泵站集水池的污水通过水泵抽入集水槽,然后分别流入两侧的渠道型廊道,通过廊道中填料的过滤、吸附、生物降解等处理之后经过溢流堰溢流排放。生态廊道模型的长、宽、高分别为 10 m,0.5 m,0.20 m,两侧廊道尺寸相同,放置的过滤填料不同。过滤填料放置于框内,配置 HAP-120 大气量静音强力增氧泵 2 套,并配置止流阀、气体流量计等,曝气机最大曝气量为 13.50 m³/h,通过曝气头为廊道内均匀增氧。廊道模型放置于泵站集水井边,可实时抽取集水井上清液至模型集水槽中。通过集水槽中的阀门可以改变廊道的进水量,调整水力停留时间(图 4-15、图 4-16)。

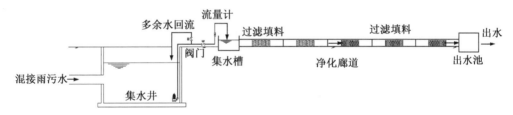

图 4-14　廊道工艺流程

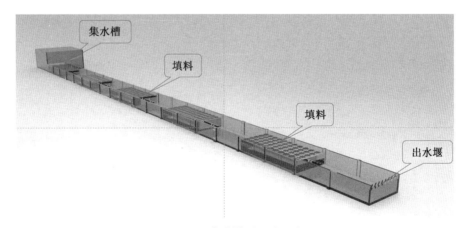

图 4-15　廊道模型三维示意图

图 4-16　廊道试验照片

2. 廊道试验研究

1）填料选择

填料类型、水力停留时间是影响廊道处理效率的重要因素。填料是生物接触氧化工艺的核心部分，填料的选择对工艺运行至关重要，而且直接影响生物处理效果、充氧利用率、使用寿命、基建投资和运行费用。本试验分别在两条廊道中布设生物绳填料和弹性立体填料（图 4-17），填料填充率为 50%。生物绳填料直径为 5 cm，比表面积为 1.6 m^2/m，空隙率为 99%；弹性立体填料纤维丝长为 10 cm，每片填料盘填料丝数目为 220 根，填料丝粗 0.35 mm，比表面积为 200～300 m^2/m^3，空隙率为 98%，立体填料由中心绳串起，填料之间间隔 2 cm。通过改变进水水量来观测填料在不同停留时间下对污染物的去除效率。

(a) 生物绳填料　　　　　　　　　　　　　　(b) 弹性立体填料

图 4-17　试验所用填料

2）试验方法

本试验采用连续动态试验方法,首先进行挂膜启动,待填料挂膜成熟、运行稳定后,进入主体试验阶段。试验过程中曝气时间为水力停留时间的一半,保证廊道内水体处于好氧状态。设置水力停留时间梯度为 0.25,1,6,12 h。试验正常运行过程中,对廊道进出水 SS、TP、COD_{Cr}、氨氮进行持续监测,测定净化廊道模型对污染物的去除效率。进水期间主要水质指标 SS、TP、COD_{Cr}、氨氮的平均浓度分别为 80,2,180,21 mg/L。SS 采用滤膜称重法测定,TP 采用过硫酸氢钾氧化法测定,COD_{Cr} 采用重铬酸钾标准法测定,氨氮采用纳氏试剂法测定。

3）试验结果

（1）挂膜期间填料变化

试验于 2019 年 6 月开始挂膜,挂膜所用的接种污泥取自某污水处理厂的活性污泥,经沉淀静置后去掉上清液加入反应器,注入集水井污水,进行污泥的连续培养、驯化。廊道模型中的溶解氧保持在 4.0～6.0 mg/L。挂膜方式为：将一定量的接种污泥倒入廊道模型,然后将集水井中的污水少量连续地加入廊道模型中,同时进行少量曝气,再经过 6 d 的培养、驯化可观察到填料上的生物膜颜色由最初的淡黄色渐渐转变成黄褐色,15 d 后观察到填料生物膜结构致密,COD_{Cr} 去除率保持恒定,判定填料挂膜成功,开始连续、稳定进水。

（2）不同停留时间下生物绳填料污染物的去除率

如图 4-18 所示,在实际运行阶段,生物绳填料对 SS、TP、COD_{Cr}、氨氮的去除率均随停留时间的增加而增大,停留时间为 0.25 h（15 min）时,廊道对氨氮的去除率较低,仅为 5%,对其余污染物的去除率均在 25% 左右。随着停留时间的增加,廊道对 SS、TP、COD_{Cr} 的去除率提高较快,12 h 时分别提高到 81%,65%,70%,但氨氮去除率提高稍慢,12 h 时去除率提高到 40%。

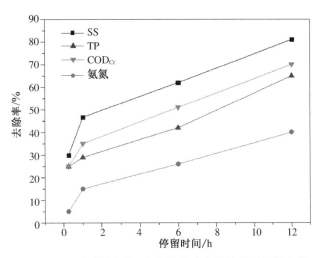

图 4-18　生物绳填料对污染物的去除率随停留时间的变化

（3）不同停留时间下弹性立体填料污染物的去除率

如图 4-19 所示,在实际运行阶段,弹性立体填料对 SS、TP、COD_{Cr}、氨氮的去除率与生物绳填料变化规律类似,均随停留时间的增加而提高,但整体去除率略低于生物绳填料。停留时间为 0.25 h(15 min)时,廊道对氨氮的去除率较低,仅为 3%,对其余污染物的去除率均在 20%左右。随着停留时间的增加,廊道对 SS、TP、COD_{Cr} 的去除效率提高较快,12 h 时可分别提高到 73%,45%,62%,但氨氮的去除率提高较慢,12 h 时去除率仅提高到 36%。

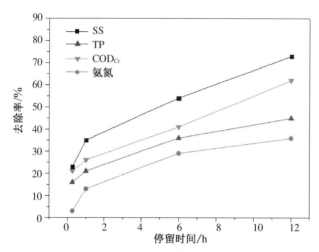

图 4-19　弹性立体填料对污染物的去除率随停留时间的变化

4.3　泵站放江污染调蓄净化技术研究

根据第 4.1.1 节对泵站调蓄池建设和运行的分析,目前的调蓄池建设和运行仍然存在较多难点和痛点问题。调蓄量、调蓄利用率、调蓄运行模式等对泵站污染物削减的效果存在着较大影响,为此在上海中心城区雨水泵站普遍可利用空间有限,又迫切需要解决水安全与水环境两水平衡的情况下,拟设计一种针对泵站排放口的调蓄净化廊道,兼顾调蓄和净化处理双重功效,探讨其对泵站放江污染物削减的效果和新模式的可行性。

当前对泵站放江末端采用的快速净化技术,如高效混凝沉淀、气浮等,一般采用化学方法实现对颗粒污染物和 TP 的高效去除,但此类技术对氨氮等溶解性污染物去除率较低,因此需结合其他技术,实现大幅度降低放江污染物中氨氮含量的目标。本节提出在泵站放江受纳河道中,围绕泵站排放口构建调蓄净化廊道设施,利用曝气、微生物及填料的综合作用来实现氨氮的削减,通过与混凝沉淀或气浮设备的结合,实现污染物的多指标、多维度的去除。

为此拟构建调蓄净化反应器中试模型,通过中试研究不同填料类型、水力停留时间、不同进水类型条件下,调蓄净化反应器对 SS、TP、COD_{Cr}、氨氮的去除以及对溶解氧的提升效果,获得适合雨水泵站放江的调蓄净化廊道设计参数。

4.3.1　调蓄净化反应器设计

1. 反应器装置设计

调蓄净化反应器由池体、填料、支架、布气系统、进出水装置及管道附件等部分组成。

本节所用调蓄净化反应器构造如图 4-20 所示,现场照片如图 4-21 所示。调蓄净化反应器池体由 10 mm PP 板组成,池体长 1.5 m,宽 0.5 m,高 1 m,反应器有效容积为 0.7 m³。生物绳填料绑扎在由不锈钢制作的填料框上,悬浮球形填料安装在填料框中。

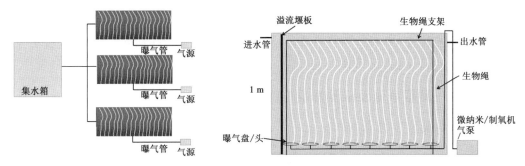

图 4-20　调蓄净化反应器设计平面及断面图

图 4-21　调蓄净化反应器现场照片

试验用水有两种类型,第一种是直接采用曹丰泵站前池水,第二种是曹丰泵站前池水经由高效组合澄清系统处理后的尾水。进水由潜水泵抽至反应器前端配水池,再通过配水管自流至反应器,通过配水管上的阀门控制进水流量。

2. 填料的选取和设计

本试验初步选取生物绳填料和悬浮球形填料,两种不同填料的物理性能如表 4-5 所示。

表 4-5　填料的物理性能

填料名称	比表面积/(m² · m⁻³)	孔隙率/%	成品重量/(kg · m⁻³)	使用年限/年
生物绳填料	5 600~6 500	>99	28	5
悬浮球形填料	1 500~2 000	>84	145	5

生物绳填料是新一代环保型生物活性填料,由特殊材料和工艺采用世界领先水平的设备织造而成,亲水、亲油、对气泡有很好的切割作用,有储氧功能,吸附能力强,同时由于受水流和气流的冲击,填料上的生物膜不断更新,生物活性高,传质效率高,可模拟天然水草形态,不易纳藏污泥,充氧时管状直径具有可变性、无堵塞等优点,并且使用寿命长,因此,生物绳填料相比其他填料能够提高净水效能 70%~80%。本试验所用生物绳填料直径为 5 cm,长度为 0.7 m,绑扎间距为 10 cm。

悬浮球形填料的开发是针对生物绳填料需要固定支架和空间分布受限的不足,由生物流化床工艺衍生而来的一种产品。这种填料密度接近于水,无需固定支架,在池中可随曝气搅拌悬浮于水中并全池均匀流化,能耗较低,是一种发展前景非常好的填料。

悬浮球形填料由网格球形壳体和内置载体两部分组成。壳体由高分子聚合物注塑而成,球面呈网格状,内置载体材料为聚乙烯扁丝,聚乙烯扁丝以聚乙烯为原料拉成薄扁丝后呈刨花状成团填入壳体。网格孔大小适中,既有一定的机械强度,又不致被脱落生物膜堵塞。本试验所用悬浮球形填料直径为 8 cm,将悬浮球形填料直接放置于填料框中。

4.3.2 调蓄净化反应器净化效果研究内容

1. 调蓄净化反应器启动

将泵站前池水泵抽入反应器,闷曝(即只曝气而不进废水)2 d,然后开始时以小流量加入泵站前池水,3 d 后加大至设计流量 0.14 m^3/h。通过测定 TP、COD_{Cr}、氨氮的去除率及分析生物膜生物相的镜检结果判定挂膜成功与否。

2. 不同水力停留时间对调蓄净化反应器处理效率的影响

挂膜成功后,在不改变曝气方式的条件下,继续进水。设计水力停留时间分别为 0.5,1.5,5 h。将每次水力停留时间作为一个运行工况,若各指标去除率连续稳定 7 d,则视为该工况完成,继续下一个工况,直至三个工况都运行完成。通过测定溶解氧、SS、TP、COD_{Cr}、氨氮浓度在进出水中的变化,确定不同水力停留时间下反应器对污染物的去除效率。

3. 不同填料对调蓄净化反应器处理效率的影响

利用气泵作为供气气源,对比反应器填料分别为生物绳填料和悬浮球形填料条件下,通过测定溶解氧、SS、TP、COD_{Cr}、氨氮浓度在进出水中的变化,分析不同填料的处理效率。

4. 不同进水对调蓄净化反应器处理效率的影响

试验在最佳水力停留时间条件下,利用气泵作为供气气源,填料为生物绳,调蓄净化反应器进水分别为泵站前池水及高效组合澄清系统尾水,测定 SS、TP、COD_{Cr}、氨氮的去除效果,模拟分析不同进水水质状况下调蓄净化反应器的处理效率。

4.3.3 调蓄净化反应器净化效果试验结果

1. 挂膜试验

在调蓄净化反应器开始正常运转前,必须使填料表面培养生长出足够的生物膜,这个过程称之为挂膜。挂膜方法主要有人工挂膜法和动态培养自然挂膜法。人工挂膜法需引进菌种,并向水中投加促进微生物生长的营养物质,依靠人工培养,使微生物富集生长在填料上形成生物膜。动态培养自然挂膜法无需引进菌种,不用添加促进微生物生长的营养物质,只需要装置在适当的条件下通水运行,水中的微生物就能在填料表面富集生长并形成生物膜。因为泵站前池水中含有许多生物生长所必需的营养元素,所以天然菌种能够很好地适应与生长,进而具有净化效果。因此,本中试装置生化段的启动采用连续进水动态培养自然挂膜法。

挂膜试验期间装置连续运转,反应器进水为泵站前池水。反应器进水流量为0.14 m^3/h,停留时间为 5 h。试验期间,反应器溶解氧含量为 4~6 mg/L,能够满足好氧生物对溶解氧的需求。挂膜试验时间为 18 d,通过测定进出水中 COD_{Cr} 浓度,判断挂膜试验成功与否,结果如图 4-22 所示。

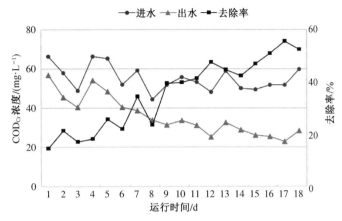

图 4-22 挂膜试验期间 COD_{Cr} 浓度及去除率随运行时间的变化

从图 4-22 可知,进水 COD_{Cr} 浓度在 44.2~66.8 mg/L 之间变化,启动前阶段 COD_{Cr} 去除率处于上升阶段,其出水 COD_{Cr} 浓度在 23.0~56.8 mg/L 之间变化,后阶段出水 COD_{Cr} 浓度在 23.0~33.9 mg/L 之间变化,COD_{Cr} 去除率较稳定,基本保持在 50% 左右,预示着调蓄净化反应器运行趋于稳定。

经过 10 d 左右运行后,可以明显观察到生物接触池内填料表面及反应器内壁附着了一层浅褐色的生物膜,取填料上的生物膜进行镜检,将少量生物膜置于光电显微镜下观察,可以观察到草履虫、钟虫、累枝虫等原生动物,微生物个数较多且活性很高,说明生物膜已经比较成熟,为 COD_{Cr} 去除率的稳定表现提供了微观证明,这些都标志着挂膜的成功。

2. 调蓄净化反应器对泵站前池水的净化效果

水力停留时间分别为 0.5,1.5,5 h 时,测定 SS、TP、COD_{Cr}、氨氮、溶解氧进出水浓度变化。其中,s0.5,s1.5,s5 为生物绳填料在水力停留时间为 0.5,1.5,5 h 时的进出水水质指标,q0.5,q1.5,q5 为悬浮球形填料在水力停留时间为 0.5,1.5,5 h 时的进出水水质指标。试验结果如图 4-23 所示。

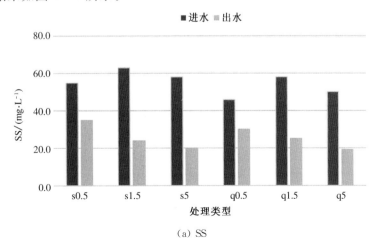

(a) SS

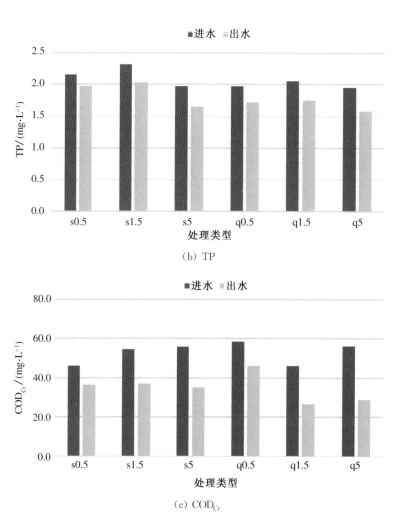

（b）TP

（c）COD$_{Cr}$

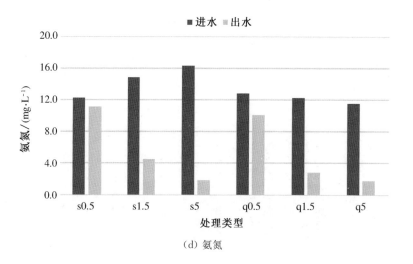

（d）氨氮

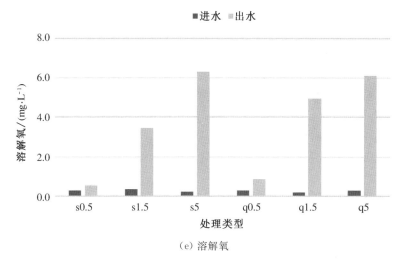

（e）溶解氧

图 4-23　调蓄净化反应器对泵站前池水中 SS、TP、COD$_{Cr}$、氨氮的去除效果及对溶解氧的提升作用

当进水为泵站前池水时，从去除效果看，反应器对氨氮去除效果较好，当停留时间为 1.5 h 时，生物绳填料及悬浮球形填料对氨氮的去除率均可达到 80%；反应器对溶解氧提升效果较好，当停留时间为 1.5 h 时，生物绳填料及悬浮填料反应器均可将所处理水样从厌氧状态提升至好氧状况；反应器对 COD$_{Cr}$ 去除率不高，去除率在 21.3%～48.6% 之间变化，分析原因可能与进水水质状况有关，相对于污水厂进水水质，泵站前池水中 COD$_{Cr}$ 浓度较低，不利于生化反应的进行；反应器在长停留时间条件下对 SS 处理效果较好，当停留时间为 0.5 h 时，两种类型的填料对 SS 去除率仅为 30% 左右，而当停留时间进一步增加时，去除率可提升至 60% 左右，但后续出水 SS 浓度基本维持在 20 mg/L 左右，难以进一步提升，分析原因主要是由于进水 SS 浓度较低，受填料中污泥脱落的影响，SS 出水浓度难以进一步提升；反应器对 TP 处理效果不佳，经过处理器净化后，去除率不到 20%。

两种填料对污染物去除效果差异不大，生物绳填料总体效果略好。从停留时间看，当水力停留时间为 0.5 h 时，反应器对 SS、TP、COD$_{Cr}$、氨氮去除作用较差，TP、氨氮去除率不到 20%，COD$_{Cr}$ 去除率约为 20%，对溶解氧提升作用有限，出水溶解氧浓度仍然低于 2 mg/L；当水力停留时间为 1.5 h 时，反应器对 SS、氨氮去除效果较好，氨氮去除率达到 60%，对溶解氧提升作用明显，出水溶解氧浓度高于 2 mg/L，但 TP 去除率不到 20%，COD$_{Cr}$ 去除率约为 30%；当水力停留时间为 5 h 时，反应器对 SS、氨氮去除效果有一定提升，而对 TP 去除效果无明显变化，对 COD$_{Cr}$ 去除效果提升较小。

3. 调蓄净化反应器对高效组合澄清系统出水净化效果

水力停留时间设定间隔和测定水质指标同上，试验结果如图 4-24 所示。

当进水为高效组合澄清系统处理尾水时，从去除效果看，总的去除效果比进水为泵站前池水时略差。反应器对氨氮的去除效果较好，当停留时间为 1.5 h 时，生物绳填料及悬浮球形填料对氨氮的去除率均可达到 60% 以上；反应器对溶解氧的提升效果较好，当停留时间为 0.5 h 时，生物绳填料及悬浮球形填料反应器均可将所处理水样从厌氧状态提升至好氧状态；反应器对 COD$_{Cr}$ 去除率不高，分析认为可能是高效组合澄清系统对 COD$_{Cr}$ 有一定去除作用，导致反应器进水中 COD$_{Cr}$ 浓度偏低，不利于生化反应的进行；反应器对

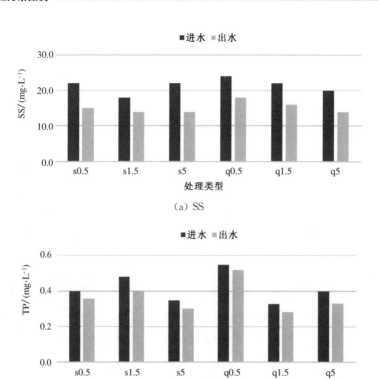

（a）SS

（b）TP

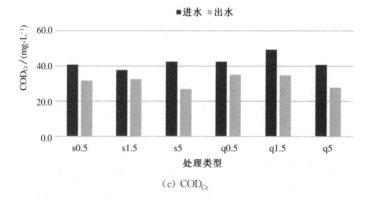

（c）COD$_{Cr}$

（d）氨氮

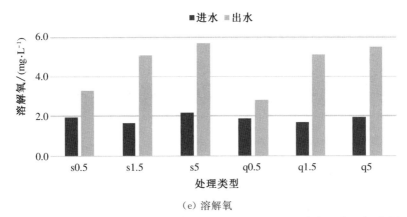

(e) 溶解氧

图 4-24　调蓄净化反应器对高效组合澄清系统出水 SS、TP、COD_{Cr}、氨氮的去除效果及对溶解氧的提升作用

SS 的去除效果不好,去除率不到 30%,主要原因是经过高效组合澄清系统处理之后出水 SS 浓度已经很低,难以进一步去除;反应器对 TP 处理效果不佳,经过处理器净化后,出水 TP 浓度并无明显降低趋势。

从停留时间看,当水力停留时间为 0.5 h 时,反应器对 SS、TP、COD_{Cr}、氨氮的去除作用较小;当水力停留时间为 1.5 h 时,反应器对 COD_{Cr}、氨氮去除有一定效果;当水力停留时间为 5 h 时,反应器对 COD_{Cr}、氨氮去除效果有一定提升,而对 TP 去除效果无明显提升。

通过试验模拟在泵站排放受纳河道中,围绕泵站排放口建设调蓄净化设施,通过开展试验,构建的调蓄净化反应器利用曝气、微生物及填料的多重作用来实现对多种污染物的去除。试验结果表明:

(1) 对泵站前池水进行处理时,两种填料对污染物的去除效果差异不大,生物绳填料比悬浮球形填料总体效果略好。当水力停留时间为 1.5 h 时,反应器对 SS、氨氮去除效果较好,氨氮去除率达到 60%,对溶解氧提升作用明显,出水溶解氧浓度高于 2 mg/L,TP 去除率不到 20%,COD_{Cr} 去除率约为 30%;当水力停留时间为 5 h 时,去除效果无明显变化。

(2) 对高效组合澄清系统处理尾水进行处理时,两种填料对污染物的去除效果差异不大,总的去除效果比进水为泵站前池水时略差。反应器对氨氮的去除效果较好,当水力停留时间为 1.5 h 时,生物绳填料及悬浮球形填料对氨氮的去除率均可达到 60% 以上;反应器对 SS、COD_{Cr}、TP 去除率均不高,略低于进水为泵站前池水时的去除率。

第5章 泵站排放口附近河道污染削减示范项目

5.1 康健泵站放江污染削减示范项目

5.1.1 示范项目概况

1. 康健泵站基本情况

如图 5-1 所示,康健泵站位于上海市中心城区徐汇区,集水区域东起沪闵路,西至虹梅路,南起沪闵路,北至漕河泾港,总面积约 3.7 km^2。泵站出水穿过桂林路下埋设的箱涵后,排水进入东上澳塘,受区域雨污混接混排的影响,康健泵站的放江对东上澳塘及周边河道水质造成较大影响(图 5-2)。

图 5-1 康健泵站地理位置图

康健泵站建于 1991 年,位于桂林路 80 号,属于康健排水系统,该系统为分流制,系统设计暴雨重现期为 1 年,径流系数 $\Psi = 0.6$。康健泵站共 3 根进水管,西为 $\phi 2\,600 \text{ mm}$,东为 $\phi 1\,800 \text{ mm}$,集水池底标高 -2.0 m,泵站出水由西向东排入东上澳塘,底标高

图 5-2　康健泵站服务范围示意图

1.0 m。站内安装 ZLB2.4-4 轴流泵 6 台,装机总功率为 1 620 kW。防汛排水能力为 18.6 m³/s,旱天截污能力为 0.5 m³/s。康健泵站基本信息如表 5-1、表 5-2 所示。

表 5-1　康健泵站基本信息表

泵站名称	康健		占地面积	3 077.0 m²
泵站类型	有截流设施的雨水泵站		截流方式	泵后截流
所属单位	市南防汛分公司		管辖班组	徐汇三组
地址	桂林路 50 号			
房屋面积	401.82 m²		绿化面积	678.5 m²
所属排水系统	康健排水系统		汇水面积	3.7 km²
排水片区	康乐小区、桂林东西街		系统干线	龙华厂
服务范围	东:沪闵路、冠生园路,南:沪闵路(锦江乐园),西:虹梅路,北:漕宝路、蒲汇塘			
建设单位	—	设计单位	市政西南设计院	施工单位	上海市政二公司
首次启用年代	1991 年	截流倍数		相邻泵站	—
泵站总流量	19.1 m³/s	设计截污输送能力	0.5 m³/s	防汛能力	18.6 m³/s
泵站上游	—	泵站下游	—	排放口河道	上澳塘
备注说明	1991 年接管			

（续表）

闸门设备					
名称	类型	闸门型号	规格/mm	生产厂家	备注
1# 进水闸门	闸门	SSFZ	2 400×2 400	江苏天雨	
2# 出水闸门	闸门	SSFZ	2 400×2 400	江苏天雨	
3# 出水闸门	闸门	SSFZ	1 800	江苏天雨	
4# 回笼水闸门	闸门	SSYZ	1 800	江苏天雨	
5# 出水闸门	闸门	SYZ	600	江苏天雨	
构筑物信息					
进水管底标高	−2 m		出水管底标高	0.10 m	泵站内地坪标高	5.00 m
进水管口径	6 000 mm×2 600 mm~ 13 600 mm×2 600 mm		出水管口径	5 400 mm× 2 300 mm	进水格栅井 平台标高	2.2 m
出水高位（压力） 井平台标高	5.00 m		泵房底标高	−2.25 m	技术水位	−1.49 m

表5-2 泵站设计运行水位表

位置	格栅平台 标高	开泵水位		停泵水位	
		降雨	旱流/截流	降雨	旱流/截流
标高/m	2.20	3.20	3.20/3.00	−0.70	1.00/0.60

2001年康健泵站被列为龙华港综合整治及分流制地区排水系统的雨污混接改造项目之一，由上海水环境建设有限公司实施截污配套改造，接通了龙华污水处理厂的管道，暂时解决了部分区域汇集至泵站的混接污水的出路。系统内的旱流污水白天基本达到截污要求。新安装的2台污水泵型号为300QW900-8-30，总的截污能力为0.5 m³/s，截污泵站配套有格栅除污机。由于区域混接混排来水量较大，改造新增截污设施的能力无法完全满足旱天污水的截流需求，降雨期间泵站放江对东上澳塘及相邻河道的水环境造成极大的影响。为此，作为示范项目，拟新增一套一体化处理设施，采用高效组合澄清系统，对泵站混接污水和集水井蓄存污染物进行就地处理（图5-3、图5-4）。

为研究高效组合澄清系统对泵站放江污染物的削减效果，在康健泵站管理范围内开展高效组合澄清系统示范工程。通过对泵站集水井蓄存的污染物和进入泵站的混接污水开展净化处理试验，验证该设备系统对泵站污染物的去除效果，研究其用于泵站污染物削减的可行性。

2. 康健泵站截流污水量及放江水量

1）截流污水量

康健泵站于2001年实施了截污改造配套项目，每天将混接进入泵站一定量的污水截流排入市政污水管网，最终纳入龙华污水处理厂。

根据泵站每月的运行记录统计表，计算得出2014年8月—2016年7月的日均截污排放量为9 263 m³，其中2016年截污量有变大的趋势，具体数据见表5-3。

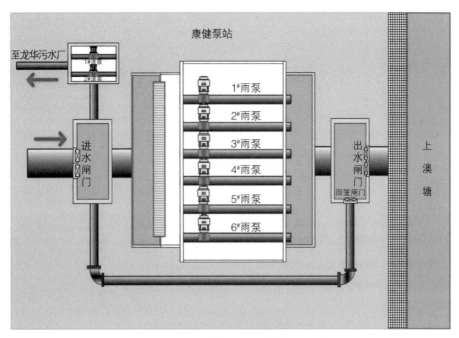

图 5-3　康健泵站工艺模拟图

图 5-4　康健泵站集水井及出水口现场照片

表 5-3　康健泵站截污量统计表

序号	时间	1#泵		2#泵		总输水量 /(m³·月⁻¹)	总输水量 /(m³·d⁻¹)
		运行时间/h	输水量/m³	运行时间/h	输水量/m³		
1	2014 年 8 月	137:00:00	123 300	108:00:00	97 200	220 500	7 350
2	2014 年 9 月	125:30:00	112 950	126:00:00	113 400	226 350	7 545
3	2014 年 10 月	126:00:00	113 400	135:00:00	121 500	234 900	7 830
4	2014 年 11 月	126:00:00	113 400	135:00:00	121 500	234 900	7 830
5	2014 年 12 月	135:00:00	121 500	126:00:00	113 400	234 900	7 830
6	2015 年 1 月	144:00:00	129 600	135:00:00	121 500	251 100	8 370
7	2015 年 2 月	135:00:00	121 500	135:00:00	121 500	243 000	8 100
8	2015 年 3 月	118:55:00	107 010	118:00:00	106 200	213 210	7 107
9	2015 年 4 月	130:00:00	117 000	118:10:00	106 380	223 380	7 446
10	2015 年 5 月	87:00:00	78 300	99:00:00	89 100	167 400	5 580
11	2015 年 6 月	45:00:00	40 500	45:00:00	40 500	81 000	2 700
12	2015 年 7 月	90:00:00	81 000	110:15:00	99 225	180 225	6 007.5
13	2015 年 8 月	127:35:00	114 840	126:00:00	113 400	228 240	7 608
14	2015 年 9 月	108:00:00	97 200	137:00:00	123 300	220 500	7 350
15	2015 年 10 月	126:00:00	113 400	125:45:00	113 220	226 620	7 554
16	2015 年 11 月	147:00:00	132 300	109:00:00	98 100	230 400	7 680
17	2015 年 12 月	173:25:00	156 060	158:30:00	142 650	298 710	9 957
18	2016 年 1 月	384:00:00	345 600	360:00:00	324 000	669 600	22 320
19	2016 年 2 月	384:00:00	345 600	360:00:00	324 000	669 600	22 320
20	2016 年 3 月	211:45:00	190 620	446:30:00	401 850	592 470	19 749
21	2016 年 4 月	48:00:00	43 200	202:00:00	181 800	225 000	7 500
22	2016 年 5 月	81:00:00	72 900	81:00:00	72 900	145 800	4 860
23	2016 年 6 月	126:00:00	113 400	118:15:00	106 425	219 825	7 327.5
24	2016 年 7 月	132:15:00	119 025	347:20:00	312 597	431 622	14 387.4
平均			129 317		148 569	277 886	9 263

2）泵站放江水量

旱天泵站放江的类型主要包括试车放江、雨前预抽空放江、检修放江和施工配合放江。康健泵站有回笼水措施，不存在试车放江。同时检修放江污染相对较少，主要放江类型为预抽空放江。

根据泵站每月的运行记录统计表，计算得出 2015 年 8 月—2016 年 7 月的总放江量为 7 171 974 m³，并且主要集中在汛期，具体数据见表 5-4。

表 5-4　康健泵站放江雨污水量统计表

序号	时间	1#泵 运行时间/h	1#泵 输水量/m³	2#泵 运行时间/h	2#泵 输水量/m³	3#泵 运行时间/h	3#泵 输水量/m³	4#泵 运行时间/h	4#泵 输水量/m³	5#泵 运行时间/h	5#泵 输水量/m³	6#泵 运行时间/h	6#泵 输水量/m³	总输水量/m³
1	2015 年 8 月	13	145 080	7.1	79 236	6.9	77 004	11.6	129 456	11.33	126 442.8	4.7	52 452	609 670.8
2	2015 年 9 月	28.33	316 162.8	22.4	249 984	19.8	220 968	19.25	214 830	25.7	286 812	18.25	203 670	1 492 426.8
3	2015 年 10 月	16.1	179 676	7.9	88 164	17.33	193 402.8	7.6	84 816	8.7	97 092	8.4	93 744	736 894.8
4	2015 年 11 月	9.6	107 136	6.1	68 076	5.8	64 728	6.9	77 004	5.33	59 482.8	8.1	90 396	466 822.8
5	2015 年 12 月	4.25	47 430	4	44 640	5.7	63 612	4.4	49 104	5.7	63 612	4.7	52 452	320 850
6	2016 年 1 月	0.33	3 682.8	0.33	3 682.8	0.33	3 682.8	0.33	3 682.8	0.33	3 682.8	0.33	3 682.8	22 096.8
7	2016 年 2 月	0.33	3 682.8	0.33	3 682.8	0.33	3 682.8	0.33	3 682.8	0.33	3 682.8	0.33	3 682.8	22 096.8
8	2016 年 3 月	2.15	23 994	2.33	26 002.8	1.5	16 740	1.7	18 972	0.7	7 812	0.25	2 790	96 310.8
9	2016 年 4 月	4.33	48 322.8	7.6	84 816	5.8	64 728	3.8	42 408	5.8	64 728	3.1	34 596	339 598.8
10	2016 年 5 月	5.15	57 474	5.4	60 264	4.33	48 322.8	5.33	59 482.8	6.1	68 076	3.4	37 944	331 563.6
11	2016 年 6 月	32.45	362 142	25.5	284 580	20.5	228 780	29.2	325 872	22.9	255 564	22.7	253 332	1 710 270
12	2016 年 7 月	15.9	177 444	14.9	166 284	16.7	186 372	16.1	179 676	18.4	205 344	9.7	108 252	1 023 372
平均		11.0	122 685.6	8.7	96 617.7	8.8	97 668.6	8.9	99 082.2	9.3	103 527.6	7.0	78 082.8	597 664.5
合计			1 472 227.2		1 159 412		1 172 023		1 188 986		1 242 331.2		936 993.6	7 171 974

3）汇流雨水量

2015年8月至2016年7月,康健泵站服务范围内年降雨量为1 409.6 mm,泵站汇流面积为3.7 km²,径流系数按0.8计,则康健泵站年汇流雨水量为417.2万 m³,具体数据见表5-5。

表5-5 康健泵站地区汇流雨水量

降雨时间	月降雨量/mm	降雨时间	月降雨量/mm
2015年8月	66	2016年2月	29.1
2015年9月	206	2016年3月	59.9
2015年10月	122.2	2016年4月	119.9
2015年11月	121.2	2016年5月	111
2015年12月	85.4	2016年6月	274.8
2016年1月	30.3	2016年7月	183.8
总计			1 409.6

3. 康健泵站放江污染物特征

2017年9月25日至9月26日前后,上海市降雨量较大,康健泵站在9月25日及26日均发生了长时间的泵站放江现象。分别在泵站放江开始的0,20,40,60,120,180,240 min在泵站集水井采样,检测SS、TP、COD_{Cr}及氨氮的浓度,如图5-5和图5-6所示。经测定,COD_{Cr}浓度范围为50~220 mg/L,SS浓度范围为20~120 mg/L,氨氮浓度范围为2~50 mg/L,TP浓度范围为1~3 mg/L,明显高于地表Ⅴ类水标准。相关分析表明,SS、TP及COD_{Cr}具有显著相关性,氨氮与其余水质指标没有相关性,COD_{Cr}及TP主要以颗粒态存在。

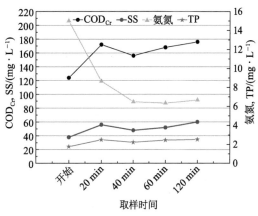

图5-5 康健泵站放江污染物特征随放江
时间的变化(2017年9月25日)

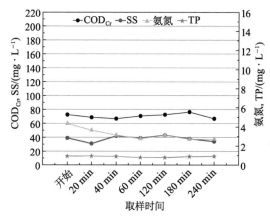

图5-6 康健泵站放江污染物随放江
时间的变化(2017年9月26日)

2017年9月25日,康健泵站放江持续了120 min,COD_{Cr}浓度范围为120~180 mg/L,SS浓度范围为40~60 mg/L,氨氮浓度范围为7~15 mg/L,TP浓度范围为1.5~2 mg/L,放江水质指标远劣于地表水Ⅴ类水标准。SS、TP、COD_{Cr}含量随放江增加而增加,氨氮含量随放江时间增加而下降。在 9 月 25 日前连续几天均有强降雨,但 9 月 25 日的污染物浓度仍较高,分析判断区域混接污水和管道淤积情况严重,放江过程中持续有颗粒污染物通过泵站集水井向河道输送。2017 年 9 月 26 日放江持续了 240 min,氨氮含量随放江时间增加而下降,SS、TP、COD$_{Cr}$ 含量随放江时间基本保持稳定,略有下降趋势。COD$_{Cr}$ 浓度范围为 60～70 mg/L,SS 浓度范围为 30～40 mg/L,氨氮浓度范围为 2～4 mg/L,TP 浓度为 1 mg/L 左右。在放江持续 4 h 后,放江水质仍劣于地表水 V 类水标准。但 9 月 26 日的污染物浓度低于 9 月 25 日,说明沿连续降雨放江时程,污染物浓度有降低的趋势。

5.1.2　高效组合澄清示范项目设计和建设

根据康健泵站放江雨污混接水量、截流污水量以及汇流雨水量的理论计算数据,得出水量平衡,见图 5-7。

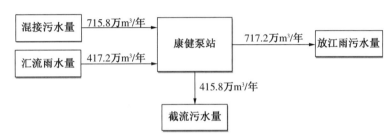

图 5-7　康健泵站水量平衡图

根据上述水量平衡,康健泵站混接污水量为 715.8 万 m³/年,即平均每天为 715.8÷365(d)=1.96 万 m³/d。

目前泵站需要处理的污水量为雨天预抽空污水量＝混接污水量－截流污水量＝715.8－415.8=300 万 m³/年,即平均每天为 0.82 万 m³/d。

康健地区的服务面积为 3.7 km²,徐汇区人口密度为 1.98 万人/km²,康健泵站总服务人口为 7.326 万人,人均排水量按 210 L/d 计,则该地区污水总排放量为 1.54 万 m³/d。混接污水量按照该地区实际产生污水量的 30% 计,则混接污水量为 0.462 万 m³/d,该值远小于水量平衡计算的混接污水量 1.96 万 m³/d。

同时,对泵站放江的运行曲线(图 5-8、图 5-9)进行分析,如表 5-6 所示。

表 5-6　康健泵站运行情况

序号	阶段	泵站液位变化	平均放江量(蓄积量)	所用时间
1	放江过程	3.2～－0.7 m	48 406.8 m³	
2	放江结束后	－0.7～3.2 m		11～13 h

注:表中泵站液位高程为上海吴淞零点。

放江结束后,泵站内的水位在 11～13 h 内就上升至 3.2 m,分析出现上述情况的主要原因如下:

(1) 泵站服务区域内的地下管网年代久远,相关管道经过多年的改造和建设,存在相

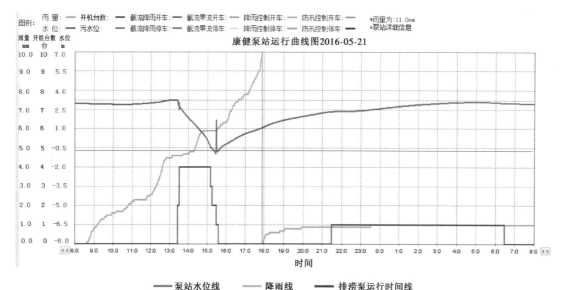

图 5-8　康健泵站运行曲线图(2016 年 5 月 21 日)

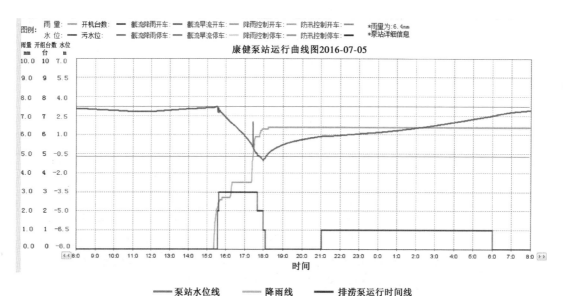

图 5-9　康健泵站运行曲线图(2016 年 7 月 5 日)

互连通的情况,造成泵站实际服务面积远大于设计服务范围。

(2)泵站服务范围内的管网由于服役时间长,管网存在较大程度的破损,造成地下水渗入管网的现象。

(3)可能存在管道与河道连通形成水力联系或者河水经地下水渗入管网的现象。

综上所述,由于泵站蓄积的水量受多方面因素影响,计算水量偏差较大,且泵站内部空间狭小,不满足大型污水处理设备建设用地要求。因此,设计处理水量暂按混接污水量的30%设计,即设计高效组合澄清系统污水处理量按照 0.5 万 m³/d(>0.462 万 m³/d)设计。

高效组合澄清系统布置综合考虑了康健泵站放江水量大、泵站管理范围内可用占地小、周边环境主要分布为居民区等特点,因此,工艺选择主要需遵循以下原则:①处理设备须具有处理量大、占地小的特点;②日常运行不会造成过大噪声、臭味等环境二次污染;③需采用自动化程度高和管理简便的水处理设备,降低系统的操作强度及运维成本;④泵站底泥应尽量避免进入河道;⑤采用简便的施工工艺,减少对泵站运行的影响;⑥处理设备的设置不能影响泵站在汛期的正常排涝功能。

根据康健泵站空间特点,原设计的 5 000 m³/d 一体化高效组合澄清系统(图 5-10)由于设备总长度超过 12 m,现有场地内空间无法满足长度要求,造成设备整体无法进场且场内无场地可放下。在不影响处理设备功能的前提下,将高效组合澄清系统拆分为两个区域布设,分别为絮凝沉淀分离区和污泥脱水区,采取分体式布置,满足泵站现状可用地的要求。

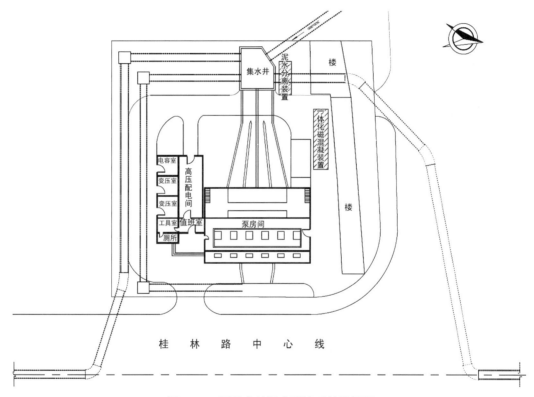

图 5-10　泵站高效组合澄清系统平面图

絮凝沉淀分离区包含混凝剂及絮凝剂加药系统、反应池、搅拌机、澄清池、污泥池、磁分离机,污泥脱水区包含污泥输送系统及叠螺脱水机。两个区域均采用集装箱一体化外形,絮凝沉淀分离区尺寸为 9 m×3 m×3 m,污泥脱水区尺寸为 6 m×3 m×3 m。

将泵站集水井存蓄污水提升输送进入絮凝沉淀分离区,通过在混凝系统内投加磁种和混凝剂(PAC 和 PAM),使悬浮物在较短时间内(约 4.5 min)形成以磁种为载体的“微絮团”。混凝系统出水进入磁分离机将微絮团吸附打捞,进行固液分离净化。

磁分离机吸附打捞出来的磁性污泥进入系统内的磁分离磁鼓机,通过磁鼓机的高速分散装置进行磁种与污泥分离,分离出的磁种投加至混凝系统前段再循环使用,非磁性污泥就近排入污泥池,经污泥泵送入叠螺脱水机进行脱水处理,干泥输送至污泥箱集中,待运泥车外运处置。

高效组合澄清示范项目建设过程如图 5-11—图 5-14 所示。

图 5-11　絮凝沉淀分离区设备安装过程

图 5-12　污泥脱水区设备安装过程

图 5-13　高效组合澄清系统整体照片

图 5-14　高效组合澄清系统进出水对比

5.1.3　高效组合澄清示范项目运行评价分析

1. 高效组合澄清示范项目运行效果分析

自 2017 年 11 月 18 日至 12 月 20 日,利用高效组合澄清系统对康健泵站集水井存蓄污水进行净化,每 5 天一次对高效组合澄清系统进出水进行采集,监测进出水中 SS、TP、COD_{Cr}、氨氮浓度,测定设备对污染物的去除率。

结果显示,泵站集水井污水 SS 浓度在 38~70 mg/L,TP 浓度在 0.98~1.46 mg/L,COD_{Cr} 浓度在 50~80 mg/L,氨氮浓度在 12.6~15.8 mg/L。处理前,水质指标与康健泵站放江污染物浓度相近,可作为处理设备对泵站放江污染物削减效率的参考基础值。

处理后,出水水质变化范围较小,SS 浓度在 7~12 mg/L,TP 浓度在 0.23~0.4 mg/L,COD_{Cr} 浓度在 20~34 mg/L,氨氮浓度在 12.6~15.8 mg/L。其中,出水 TP 及 COD_{Cr} 均优于地表水 V 类水标准,出水氨氮与进水差别不大,仍劣于地表水 V 类水标准,见图 5-14。

分析图 5-15 中各检测指标的结果,该处理设备对 SS、TP、COD_{Cr} 均表现出较高的处理效率,COD_{Cr} 去除率约为 55%,TP 去除率约为 75%,SS 去除率最高,变化范围在 80.8%~84.3% 之间,但设备对氨氮的去除率一般,在 8.3%~11.1% 之间,若要提高氨氮的去除率,需要配合其他措施来进一步削减出水中的氨氮。另外,处理前后进出水水色对比明显，进水呈非常浑浊的黑臭状，而出水观感为无色透明。根据数据分析和色感观察结果，高效组合澄清系统达到了预期结果，对泵站污水具有较好的净化效果。

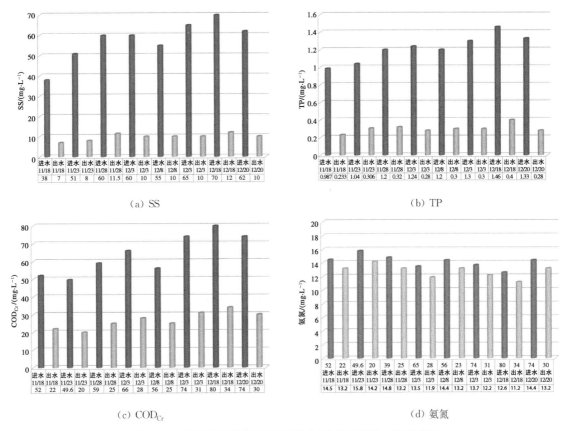

図 5-15　高效组合澄清系统进出水 SS、TP、COD_Cr、氨氮浓度

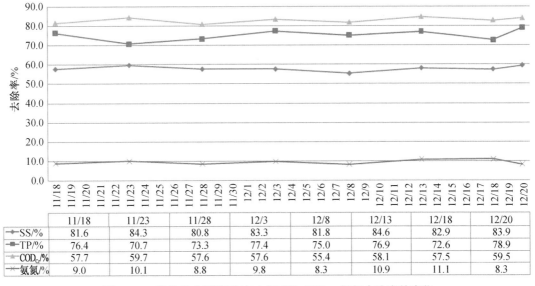

図 5-16　高效组合澄清系统对 SS、TP、COD_Cr、氨氮去除率的变化

现场试验运行发现,高效组合澄清系统从投入运行至稳定出水,所需时间为 15～30 min,可快速稳定出水。系统对水质变化有很好的适应能力,当泵站进水浓度变化较大、放江前后水质变化较大时,出水仍然可以保持较高的透明度和污染去除率,说明该系统抗冲击负荷能力强。

2. 高效组合澄清示范项目运行效能评价

由于在磁絮凝阶段的处理过程中投加了一定量的 Fe_3O_4 作为磁种,因此需要考虑磁粉在系统内的迁移以及对系统的处理效果可能造成的影响。此外,研究分析污泥性质和产泥规律,能够为污泥的有效处理处置提供依据,同时从环境二次污染程度的角度,对高效澄清系统在泵站雨污混接水处理中的可行性进行了分析。

对处理工艺效能的分析包括技术性和经济性两方面,在前面的研究中已经证明了该系统的技术可行性和可靠性,还需对该系统的经济性做进一步分析。研究内容主要包括设备的产泥规律、污泥性质和高效组合澄清系统的工程经济评价。

3. 高效组合澄清示范项目运行产泥规律

污水处理中,将物理(如混凝反应)和化学(如中和反应)过程所产生的污泥,都称为化学污泥。磁絮凝分离的机理是通过加药混凝的作用,保证处理系统对 TP 的去除。这一过程投加的药剂主要是混凝剂(PAC)和助凝剂(PAM),磷的去除主要是 Al^{3+}、Fe^{3+} 与水中的磷酸盐发生反应。在运行期间,磁性污泥按照比例循环利用,平均循环次数为 3 次,每天处理进水过程中,磁种的平均用量为 3.5 kg/d。在运行周期内,叠螺脱水机刚开始运行时,污泥含水率相对较高,待稳定后,污泥含水量稳定降低,干燥度较好,污泥实际含水率情况根据监测确定。系统满负荷运行时,每天污泥产量在 1 t 左右。设备运行初期(1～2 h 内),进水呈黑臭状态,污泥产量偏多,后续时段污泥产量逐步减少。污泥的含水率为95.5%～97.5%,这是由于磁性污泥的循环利用,导致系统污泥的含水率波动相对较大。

污泥是一种极其复杂的非均质体,它的组成包括无机颗粒、胶体、有机物质残片、细菌菌体等,其元素比例在一定程度上影响了污泥的理化性质及其活性。因此,污泥元素含量分析对最终处置方式的选择有着十分重要的指导作用。

采用全自动元素分析仪对系统所产污泥中的五种主要元素作了分析。为了保证污泥样品中的挥发性成分尽可能不损失,采用自然风干的方式进行样品干燥。试验过程中,取10 g 左右污泥,倒入蒸发皿中,自然风干至恒重。将干燥的样品在研钵中研磨成粉末状,过 200 目筛子,将获得的样品放置在密封袋中并做好标记,置于阴凉处保存备用。元素分析采用 Vario EL 型(德国 Elementar 公司制造)元素分析仪。

分析结果显示,污泥中有机质所占的比例约为 70%。根据污泥中各种元素的质量分数,可以计算出每 100 g 干燥剩余污泥中 C、H、O、N、S 等元素的物质的量。其中,含 H 元素物质的量最高,含 C 元素物质的量相对低一些。C、H 元素与污泥的活性直接相关,并且间接反映了污泥的热值。一般来说,C、H 元素含量较低,污泥的活性也较低。同时,在燃烧的过程中,C 和 H 提供大部分的燃烧热量,故这两者的含量直接影响污泥的燃烧热值。

在试验中,磁絮凝产生的化学污泥的含水率相对较低,其中含有大量的 Fe_3O_4。设备运行状况表明,磁种的作用具有持久性,在工程中由于采用磁性污泥回流的方式,极大节省了 Fe_3O_4 的用量,这与本试验中将磁性污泥作为磁种循环利用相类似,同时具体工程实践应用也表明磁絮凝操作过程在实际应用中的可行性。无论是工程实践过程中的污泥回流还是试验过程中污泥的循环利用,都大大降低了混凝产生的化学污泥的量,降低了污泥处理处置的费用。

4. 高效组合澄清示范项目运行经济评价

为了考察高效组合澄清系统的经济性,对其经济成本进行分析和评价。

(1) 电费。由于系统大部分主体设备采用变频控制,根据总耗电量和总处理水量计算,高效组合澄清系统的用电消耗为 $0.1\ kW \cdot h/m^3$ 水,按 $1\ 元/(kW \cdot h)$ 计算,运行电费成本为 $0.1\ 元/m^3$ 水。

(2) 药剂用量:①PAC 投加量 $50 \sim 100\ mg/L$,配药浓度 14.2%;②PAM(阴)投加量 $1 \sim 2\ mg/L$,配药浓度 $1.5‰$;③PAM(阳)投加量 $60\ L/h$,配药浓度 $2.4‰$;④磁介质消耗用量 $25 \sim 50\ kg/d$。经核算,高效组合澄清系统的运行药剂成本为 $0.15 \sim 0.2\ 元/m^3$ 水。

(3) 运行维护费用。系统采用 PLC+触摸屏全自动运行,主要操作内容为每天进行 1 次配药、投加 1 次磁介质和污泥装袋工作,对工人操作能力要求低,劳动强度不高。人员配置按 2 人计,每人每天的费用为 150 元,年人工费约 11 万元。此外,设备维护及保养费为每年 7 万元。

因此,5 000 m^3/d 的高效组合澄清系统的年运行维护费用约 18 万元,在设备全年满负荷运行的情况下,污水处理单价约为 $0.1\ 元/m^3$。

5.2　航华泵站放江生态廊道示范研究

5.2.1　示范项目概况

1. 航华泵站概况

航华泵站建成于 1996 年,位于上海市闵行区航南路与航新路附近,占地面积为 2 000 m^2,服务范围北起沪青平公路,南至吴中路,东接外环高速公路,西临北横泾(图 5-17)。航华泵站外侧河道为北横泾,泵站放江水体直接排放到北横泾河道。

航华泵站有 4 台雨水泵,扬程为 8.4 m,单台流量为 2.4 m^3/s,流量共 9.6 m^3/s,有 2 台排污泵,排污泵将旱天雨污混接污水排入污水管网送至污水处理厂处理后排放。进水管管径为 2 200 mm,出水管管径为 2 200 mm。泵站有回笼水设施,因此不存在试车放江的情况。泵站最高开车水位为 3 m,最低停车水位为 0.48 m。

2. 航华泵站放江状况

根据航华泵站 2017—2019 年运行统计资料,航华泵站存在预抽空放江及雨天放江两种放江情况。雨水泵除每月至少开一次进行例行运行外,其余雨水泵开泵时间多为雨天前后,开泵时间根据雨量大小确定,至少 0.15 h,因此泵站放江量较大。如图 5-18 所示,2017 年 7 月—2018 年 6 月期间,航华泵站月平均雨天放江量为 37 672 m^3,最大放江量在

图 5-17 航华泵站服务范围示意图

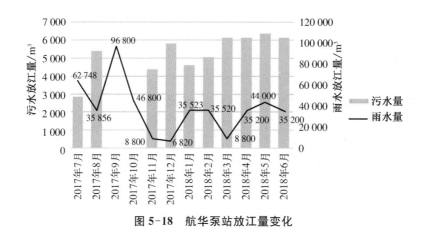

图 5-18 航华泵站放江量变化

2017 年 9 月,放江量为 96 800 m³。泵站放江对北横泾水质影响巨大,在示范治理工程实施前,泵站排放口上下游附近北横泾透明度低,TP、氨氮等水质指标长期劣于 V 类水标准。因此,有必要在航华泵站排放口建设生态廊道净化示范工程,减少泵站放江污染物对北横泾的影响。

5.2.2　生态廊道示范项目设计和建设

1. 生态廊道平面布置设计

由于受示范条件的限制,在航华泵站不能采用"高效组合澄清系统＋生态廊道系统"的工艺技术对泵站放江水体进行系统治理,因此,对生态廊道系统进行优化,以适应泵站大流量、高悬浮物的特点。本廊道设计采用沉淀区＋过滤区＋生态净化区相结合的形式,排水通过流经不同分区达到削减泵站放江污染物的目的(图 5-19)。

航华泵站放江生态廊道示范项目在北横泾围绕航华泵站排放口上下游一定范围内建设一道顺河廊道(图 5-20),避免航华泵站放江污染物在处理前对北横泾水质造成直接影响。生态廊道总长为 485 m,沿排放口轴线对称靠岸布设,宽为 5～7 m,共分为沉淀区、过滤区及生态净化区三部分,其中,沉淀区长度为 30 m,宽为 7 m,过滤区长度为 100 m,宽为 7 m,净化区长度为 255 m,宽为 5 m。

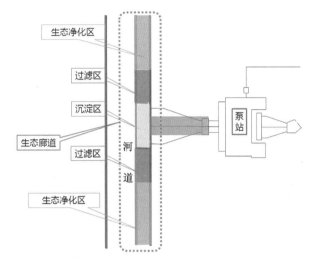

图 5-19　生态廊道平面分区设计示意图

2. 沉淀区设计

沉淀区主要功能为去除泵站放江污染水体中大颗粒物质,拦挡垃圾,通过缓冲降低放江水体流速。沉淀区由钢板桩及不锈钢网围绕而成,总长约 30 m,宽为 7 m。钢板桩为SP-Ⅱ型拉森钢板桩,长 9 m,与岸边采用角钢拉结固定,如图 5-21 所示。钢板桩顶部挂绿化种植篮,内部填充基质后种植植物。为了将大型固体垃圾拦挡在不锈钢网内,需人工及时清捞,以避免堵塞。钢板桩刚度和强度较大,可有效应对放江口水流正面冲击,确保廊道的结构安全。

3. 过滤区设计

过滤区总长约 100 m,宽约 7 m,利用柔性填料及附着其上的生物膜进一步截留泵站放江污染物中的小颗粒物质,降低水体流速。过滤区靠岸一侧 5 m 宽度范围为框架式填料区,靠围隔一侧 2 m 范围为复合生态浮床区,外围由浮动式生态围隔围绕而成,如图 5-22 所示。

框架式填料区内填充两种水下过滤模块,分别为生物绳填料及弹性立体填料。单块过滤模块宽为 1 m,填料均固定在浮动式框架内,采用钢管桩固定,可随水位变动而上下浮动。生物绳填料填充密度为 25～50 束/m²,填料长度为 2 m;弹性立体填料填充密度为50～100 束/m²,填料长度为 2 m。

复合生态浮床面板由 HDPE 浮盘连接而成,浮盘上种植鸢尾等挺水植物,下面悬挂生物绳填料(长为 2 m),整体采用套筒桩固定,可随水位变化而上下浮动。

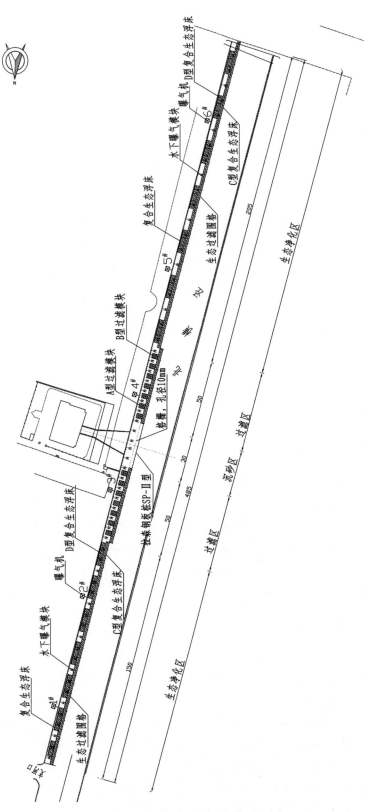

图 5-20　航华泵站生态廊道平面布置图(单位: m)

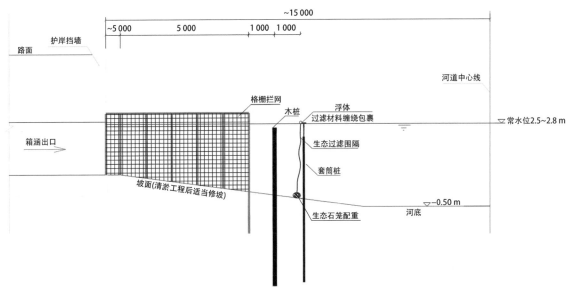

图 5-21　沉淀区断面图(单位：mm)

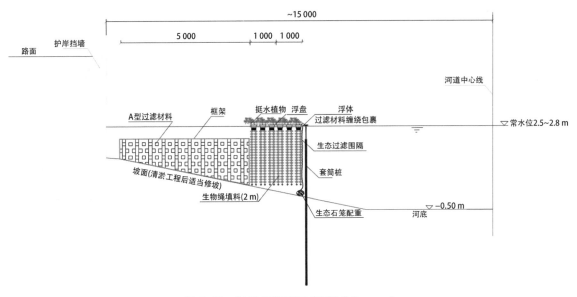

图 5-22　过滤区断面示意图(单位：mm)

4. 净化区设计

净化区总长约 330 m,宽约 5 m,外围由浮动式生态围隔组成。净化区内部全部由复合生态浮床组成,上部为浮动式浮体和水生植物,浮体为 HDPE 材质,水生植物种类为鸢尾、再力花、梭鱼草、狐尾藻等挺水植物,如图 5-23 所示。浮体下端悬挂生物绳填料,填料长度为 1.2～2 m,填料直径不小于 5 cm。净化区浮床上种植挺水植物鸢尾、旱伞草等。

169

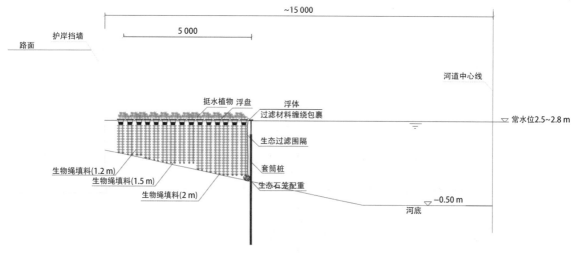

图 5-23   净化区断面示意图(单位：mm)

5. 生态过滤围隔设计

生态过滤围隔由生态过滤结构、浮体结构及底部配重结构组成。浮体结构设置于生态过滤结构的顶端并浮于水面上,底部配重结构设置于生态过滤结构的底端并沉至水底,从而使得生态过滤结构完全覆盖于过滤区和生态净化区的外侧,如图 5-24 所示。生态过滤结构的设置使得廊道系统与河道之间具有较高的流通量,便于廊道内外水体的实时循环交互,既隔离了廊道内水体中污染物对河道水质的影响,又保证了廊道内外水体的连通。

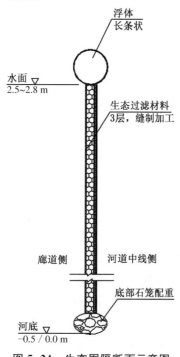

图 5-24   生态围隔断面示意图

顶部的浮体结构采用过滤材料包裹,直径为 20 cm。生态过滤结构通过三层过滤纤维层由内至外连接为一体构成,三层过滤纤维层由内至外依次为粗过滤层、中过滤层和精过滤层。底部配重结构为生态石笼,生态石笼外侧设有尼龙网,生态石笼内部填充有碎石或砾石。

6. 曝气系统设计

过滤区及净化区全段范围内安装 2 套曝气系统,以提高溶解氧含量,促进区域内好氧微生物生长,有利于硝化反应进行,达到区域内氨氮降解的目的。曝气系统由曝气机、主管、支管、曝气盘及固定装置组成。曝气机功率为 3 kW,气量大于 100 m³/h,风压大于 20 kPa,曝气机通过自控系统设置可定时开启。曝气系统主管为 DN75 主管,通过 DN40支管与曝气模块相连。曝气盘安装于水底上 30 cm,达到向全区域水体曝气的目的,曝气盘为盘式刚玉曝气器,直径为 20 cm,单个曝气盘服务面积为 0.5 m²。

航华泵站生态廊道工程项目建设现场情况如图 5-25所示。

（a）沉淀区格栅安装　　　　　　　　　　（b）沉淀区钢板桩安装

（c）过滤区过滤模块安装　　　　　　　　（d）复合生态浮床植物种植

（e）安装完成

图 5-25　航华泵站生态廊道工程项目建设现场照片

5.2.3　生态廊道示范项目运行效果分析

工程建设完成后,分别于 2019 年 9 月和 10 月在放江生态廊道内两次取样,测定氨氮、TP、COD$_{Cr}$、溶解氧浓度在廊道内的沿程变化。由于廊道工程建设完工时已度过汛期雨季,因此,工程建设完成后未遇到航华泵站放江情况,故未能评估本工程对泵站放江污染物的实际削减效果,此次取样结果仅作为工程运行效果的参考。

如图 5-26 所示,检测共分为 5 个采样点,A、B、C、D、E 点沿放江口至廊道出口依次布设,其中 A 点位于沉淀区,正对泵站排放口,B、C 点位于过滤区,D、E 点位于净化区,E 点位于廊道出口。取样水质情况如图 5-27、图 5-28 所示。

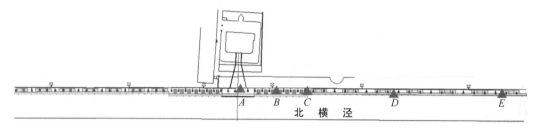

图 5-26　取样分布示意图

检测结果显示,沿着泵站放江口至廊道出口,污染物浓度均呈现一定的降低趋势。其中,氨氮浓度由 A 点 2.2 mg/L 降至 E 点 1.5 mg/L,降低了 31%;TP 浓度由 A 点 0.601 mg/L 降至 E 点 0.391 mg/L,降低了 35%;COD$_{Cr}$ 浓度变化相对较小,从 A 点 61 mg/L 降至 E 点 45 mg/L,降低了 26%。说明生态廊道对颗粒态及溶解态污染物均有一定的削减作用。现场观察发现廊道内挂膜状况良好,廊道内曝气系统每天曝气时间为 6 h,用溶氧仪测得廊道内的溶解氧均高于 4 mg/L,为好氧状态,因此,廊道内已经形成了好氧微生物占优的状态,可对流经廊道内的污染物进行持续净化。

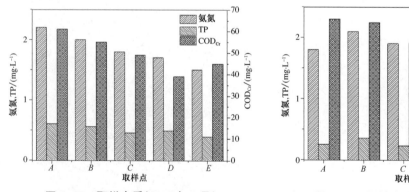

图 5-27　取样水质(2019 年 9 月)　　　　图 5-28　取样水质(2019 年 10 月)

2019 年 10 月监测结果的规律与 9 月监测结果的规律类似,氨氮浓度由 A 点 1.8 mg/L 升至 B 点 2.1 mg/L,然后一直降至 E 点 1.7 mg/L,整体变化不大,有轻微的下降趋势;TP 浓度由 A 点 0.25 mg/L 升至 B 点 0.352 mg/L,降至 E 点 0.197 mg/L,从入口至出口降低了 21%;COD$_{Cr}$ 浓度变化相对较大,从 A 点 83 mg/L 降至 E 点 36 mg/L,降低了 56%。与 9 月的数据相比,COD$_{Cr}$ 的降解效率有一定程度的提升,分析判断廊道内微生物挂膜量在持续增加,生长过程中消耗了有机物作为碳源,提升了 COD$_{Cr}$ 的降解效率。氨氮降解效率有一定的下降,可能是挂膜量较大,脱落的生物膜降至河底,形成一定量的内源污染物,影响了常态状况下廊道内的水质。从廊道内的溶解氧监测数据可知,廊道内溶解氧浓度均在 3 mg/L 左右,与 9 月的数据相比,有一定程度的下降。

　　因此,如何充分发挥生态廊道的净化功能,前提需制订合理的运行管理措施,及时监测廊道内生物膜挂膜状况及溶解氧含量,及时调整曝气机的运行时间,采取有效措施清除填料中脱落的生物膜,也可探索用底质改良手段改善廊道环境的可行性。

5.3　曹丰泵站放江污染削减示范项目

5.3.1　项目概况

　　曹丰排水系统主要服务嘉定区真新街道南部和普陀区局部地区(图 5-29),具体为外环线、西虬江、祁连山路和苏州河围合区域,服务面积为 2.90 km²,其中,嘉定区真新街道 1.81 km²,普陀区 1.09 km²。曹丰排水系统末端曹丰泵站为区管泵站,位于新郁路和金沙江路十字路口西南侧,西浜东岸,泵站建成于 2004 年,总占地面积约 3 500 m²。泵站设有雨水泵 7 台,单台流量 2.8 m³/s,原设计没有设置污水截流设施。曹丰排水系统存在较为严重的雨污混接情况,雨水系统内混有大量污水,由于泵站无截流设施,曹丰雨水泵站雨污混接水不定期放江,时常导致河道黑臭,居民投诉较多。放江水体对西浜造成了严重污染,并导致西浜淤积速度较快,淤泥中的污染源二次污染水体,极大地影响了河道水质。2020 年,嘉定区启动泵站污水截流工程,新增建设污水截流设施,截流排污泵 2 台,单台流量 0.115 m³/s,同步增设一套一体化污水处理设备,对进入泵站的污水进行末端处理后再排放入河。

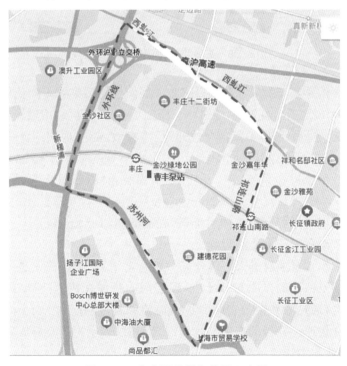

图 5-29　曹丰泵站服务范围示意图

5.3.2 污染削减系统设计

1. 高效组合澄清系统

2019年底在曹丰泵站管理区范围内新增设了一套 5 000 m³/d 的高效组合澄清系统，如图5-30所示。该工艺设备采用磁絮凝分离技术，主要通过磁絮凝加速沉淀，实现快速泥水分离，达到对 SS、TP、COD_{Cr} 等污染物快速去除的目的，同时改善水体透明度，提升感官效果。2021年7月，通过利用现有处理设备，结合调蓄净化廊道进行试验，开展示范研究。

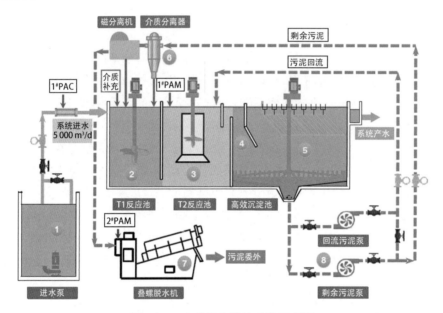

图 5-30 高效组合澄清系统示意图

磁絮凝分离技术是基于高效加载絮凝工艺发展而成的污染物去除技术，将磁场与絮凝技术联用，以强化絮凝剂的絮凝效果，通过将絮凝剂负载磁种，再利用磁场对磁种进行回收。磁絮凝分离技术用于污水处理，不仅简单快速，经济有效，能实现快速分离和快速沉降，对 SS 去除率在 70% 以上，而且在占地、操作、污泥含水率等方面有明显优势。

曹丰泵站高效组合澄清系统（图5-31）采用集装箱式，布置在泵站管理区临河空地上，规模为 5 000 m³/d，外形尺寸为 13.5 m×3 m×3 m，运行功率约 18 kW。一体化高效组合澄清设备包括混凝剂配制和投加系统、絮凝剂配制和投加系统。

曹丰泵站高效组合澄清系统流程如下：

泵站混接污水经水泵抽取进入一体化高效组合澄清系统后，首先进入混凝反应池，水体与投加的混凝剂及回流的介质充分反应，混凝剂的投加在快速搅拌器的作用下与污水中悬浮物快速混合，通过中和颗粒表面的负电荷使颗粒"脱稳"，形成小的絮体；介质和混凝形成的小絮体在快速搅拌器的作用下快速混合，并以介质为核心形成密度更大、更重的絮体，以利于在沉淀池中快速沉淀。

混凝后的污水进入絮凝反应区，絮凝剂促使进入的小絮体通过吸附、电性中和和相互

图 5-31　曹丰泵站高效组合澄清系统

间的架桥作用形成更大的絮体,在慢速搅拌器的作用下,既使药剂和絮体能够充分混合,又不会破坏已形成的大絮体。

经过絮凝反应形成絮体的污水低速进入澄清池,保证絮体不发生破损,再进入斜管沉淀区,混凝絮体在此区域沉淀至池底。沉淀区的上部装有斜管,主要作用是导流,避免水流横向流动,减小横向流对沉淀效果的影响(横向流对沉淀效果影响非常大)。在斜管分离区,细微的絮体在斜管上进一步去除。澄清后的上清液达标后排入河道或回用。

沉淀池底部为污泥区,设置刮泥机,将污泥刮至中心泥斗。泥斗中的污泥由污泥泵回流至介质反应池,增加反应区污泥浓度,提高药剂使用效率,减少药剂消耗量。剩余污泥经介质回收系统进行回收,回收后的介质直接返回混凝反应池。不含介质的剩余污泥送至现有污泥脱水系统进行处理。

从磁分离机分离出来的剩余污泥流入污泥脱水机,脱水后污泥的含水率降至 80% 左右,脱水后的泥饼经螺旋机输送至污泥储池,定期装卸外运进行无害化处置。污泥脱水机在脱水过程中会产生滤液循环处理。

曹丰泵站高效组合澄清系统如图 5-32 所示。

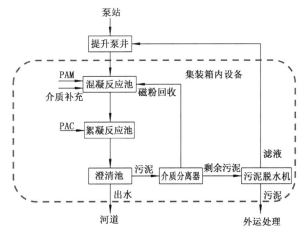

图 5-32　曹丰泵站高效组合澄清系统流程图

2. 调蓄净化廊道

示范项目中调蓄净化廊道技术结合高效组合澄清系统一同布设于泵站排放口附近，实现了具有调蓄和净化双重功效的污染物净化技术。调蓄净化廊道沿河岸布设，根据处理水量、河道宽度、来水水质、处理目标等设计参数，通过不透水围隔形成导流区域，进而形成一个集调蓄和净化功能为一体的泵站污染物削减缓冲区域。

调蓄净化廊道技术通过在廊道中构建"填料—微生物—植物"协同作用的就地处理系统，设置足够长的廊道沿程削减污染物浓度。廊道系统主要由不透水围隔、生物填料、曝气系统、浮床等组成。

不透水柔性围隔使得泵站排水在廊道中有序流动，形成一个调蓄净化区域，通过形成类似于平流式沉淀池的颗粒污染物沉淀区域，有利于通过自然沉淀削减 SS；填料及植物根系可直接截留颗粒污染物，进一步促进颗粒污染物的去除；水生植物及填料表面的生物膜对污染物通过生物新陈代谢作用进行持续净化；曝气系统使得廊道中形成好氧环境，促进硝化反应的进行，以利于氨氮的降解。该调蓄净化廊道可直接用于放江水体的净化，也可以结合高效组合澄清系统用于非放江时段澄清系统处理尾水的存储和深化处理排放。

示范项目调蓄净化廊道沿西浜东岸建设，从泵站排放口往南至金沙江支路桥，全长160 m，宽 2 m。调蓄净化廊道内悬挂生态填料，填料填充密度为 25 束/m²，填料长度为1.5 m。平面布置、断面及现场图分别见图 5-33—图 5-35。

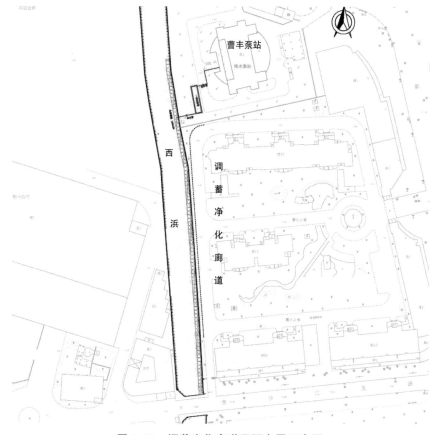

图 5-33　调蓄净化廊道平面布置示意图

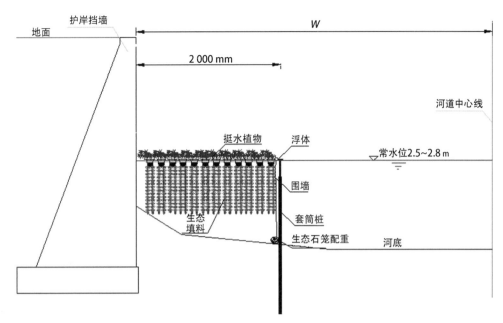

图 5-34　调蓄净化廊道断面示意图

复合生态浮床面板由 HDPE 浮盘连接而成,浮盘上种植鸢尾和香菇草等,整体采用套筒桩固定,可随水位变化而浮动。

调蓄净化廊道中设置 2 套线性曝气系统,以提高廊道内部溶解氧含量,促进区域内好氧微生物生长,以利于硝化反应的进行,达到区域内氨氮降解的目的。曝气系统由曝气机、主管、支管、曝气盘及固定装置组成。曝气机功率为 3 kW,气量大于 350 m³/h,风压大于 20 kPa,曝气机通过自控系统设置可定时开启。曝气系统主管为 DN75 主管,通过 DN40 支管与曝气模块相连。曝气盘安装于水底上 30 cm,达到向全区域水体曝气的目的,曝气盘为盘式曝气器,直径为 80 cm。

图 5-35　调蓄净化廊道运行效果照片

调蓄净化廊道与岸上高效组合澄清系统联合使用,按照高效组合澄清系统 5 000 m³/d 的规模计算,调蓄廊道停留时间约为 1.5 h。

5.3.3　项目运行效果分析

本示范项目从 2021 年 10 月 10 日开始运行,共计监测 10 次,每隔 2 d 左右采样检测 1 次水质,从泵站到一体化处理系统的进水、设备出水(即廊道进水)、廊道出水位置分别取样检测,检测结果见图 5-36。

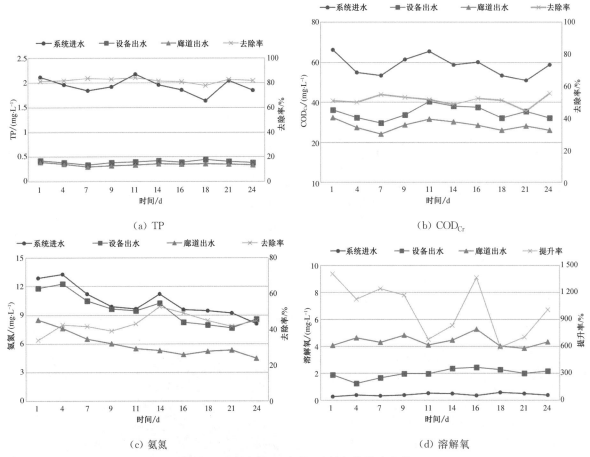

图 5-36　TP、COD$_{Cr}$、氨氮、溶解氧的浓度变化

　　本示范项目采用"高效组合澄清系统＋调蓄净化廊道"组合工艺对泵站前池污水进行处理,日处理量为 5 000 m³,廊道停留时间约 1.5 h。经过处理,系统对溶解氧提升了约400%,对 TP、COD$_{Cr}$、氨氮的平均去除率约为 80%,50%,40%,出水 TP、COD$_{Cr}$、溶解氧均可以达到地表水Ⅴ类水标准,高于《城镇污水处理厂污染物排放标准》(GB 18918—2002)一级 A 标准,但由于进水中氨氮浓度较高,处理后略低于《地表水环境质量标准》(GB 3838—2002)Ⅴ类水标准,分析判断主要原因是调蓄净化廊道设计规模偏小,受来水量的影响,总停留时间有限,导致氨氮略有超标,廊道出水略高于地表水Ⅴ类水标准。在有条件的基础上,只需适当加大调蓄净化廊道的规模,并增加水体在廊道内的停留时间,满足廊道处理后的出水水质达到地表水Ⅴ类水标准。

　　试验证明"高效组合澄清系统＋调蓄净化廊道"组合工艺能有效削减泵站放江水体中的污染物,通过在雨水泵站排放口附近构建污染物削减缓冲区域在技术上是可行的。

5.4　宿迁经开区东沙河及上游管网溢流污水处理项目

5.4.1　项目概况

　　随着宿迁市经济开发区的发展,现有污水处理厂的处理能力严重不足,造成近年来排水系统频繁发生污水冒溢,特别是雨天溢流情况严重,经测算,污水处理缺口约为 10 000 m³/d。由于提高现有污水处理厂处理规模的建设周期长、投资大、受控因素多,短期内无法满足污水处理规模的要求。为此,宿迁经济技术开发区建设局计划在污水处理厂能力提标前,兴建一座临时污水处理站,处理规模为 1 万 t/d,控制经济技术开发区东沙河及上游管网溢流,减轻下游管网和污水处理厂的压力,解决污水冒溢对区域水环境影响的环保督察问题。

结合全区污水排放重点企业分布及污水管网、泵站布设,并综合考虑场地、用电、尾水排放、对周边环境影响等因素,临时污水处理站设置在通湖大道与东吴路交叉口西北侧,处理设备占地面积受限在 2 000 m² 以内,处理规模需达到 1 万 t/d,从通湖大道污水干管取水,进水水体以工业污水为主,尾水通过东吴路雨水管网排入十支沟。该处理站用于处理上游管网来水,特别是天合、聚灿和中利光伏等企业产生的污(废)水,减轻下游管网和泵站压力。项目建设位置及施工前状况如图 5-37 所示。

图 5-37　项目建设位置图及现场照片

项目建设要求：

（1）处理站为一体化集成处理设备，减少占地，占地面积不超过 2 000 m²。

（2）处理站出水水质按照《地表水环境质量标准》（GB 3838—2002）Ⅳ类水控制，同时必须配备水质实时在线监测设备（监测 SS、TP、COD_{Cr}、氨氮四项指标，监测频率低于 1 min/次，具有远程数据传输能力）、流量计（进水流量计、出水流量计）等。

（3）建设周期不超过 60 d。

（4）项目采用租赁服务模式，在约 2 年服务期满之后拆除。若当地污水处理厂规模提标仍未完成，则继续提供服务。

5.4.2 项目设计

1. 设计进水水质

根据管网水质检测结果，设计进水水质见表 5-7。

表 5-7 设计进水水质

指标	pH	COD_{Cr} /(mg·L⁻¹)	氨氮 /(mg·L⁻¹)	TP /(mg·L⁻¹)	TN /(mg·L⁻¹)
进水水质	6~9	≤150	≤35	≤0.5	≤45

2. 设计出水水质

污水经净化处理后，出水指标稳定达到《地表水环境质量标准》（GB 3838—2002）中的Ⅳ类水标准，具体指标见表 5-8。

表 5-8 出水水质标准

序号	指标	出水水质/(mg·L⁻¹)	序号	指标	出水水质/(mg·L⁻¹)
1	pH	6~9	4	溶解氧	≥3
2	COD_{Cr}	≤30	5	氨氮	≤1.5
3	BOD_5	≤6	6	TP	≤0.3

3. 工艺流程

结合水量、水质要求及项目可用场地情况，本项目一体化高效快速污水处理设备采用预处理＋C/N 曝气生物滤池（Biological Aerated Filter，BAF）＋高效组合澄清系统处理工艺。工艺流程见图 5-38。

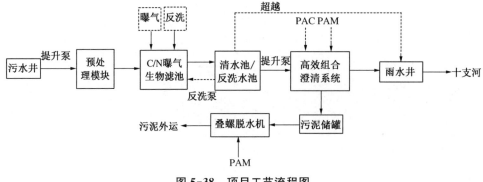

图 5-38 项目工艺流程图

180

4. 项目平面布置设计

经过现场实地勘察测量,根据实际情况,项目平面尺寸设计为 24 m×56 m,占地总面积为 1 344 m²。项目设备布置在通湖大道与东吴路交叉口西北侧,从通湖大道污水干管取水,经过处理达标后,尾水通过东吴路雨水管网排入十支沟,对周边水系补水。如图 5-39、图 5-40 所示。

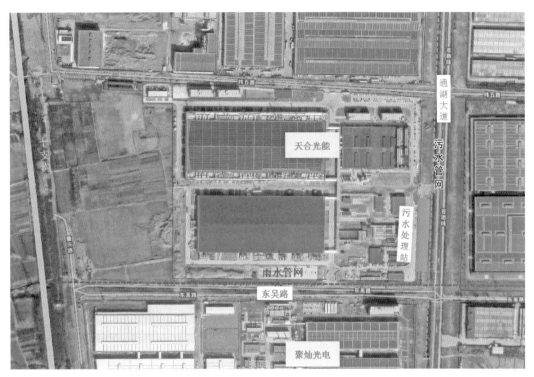

图 5-39　项目总体平面布置示意图

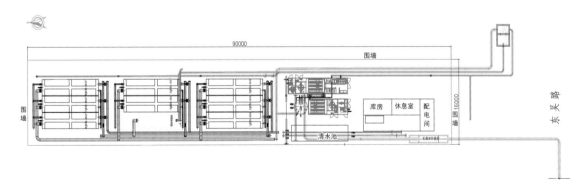

图 5-40　设备平面布置示意图(单位:mm)

5. C/N 曝气生物滤池设计(C/N-BAF)

C/N 曝气生物滤池是通过物理吸附截留作用和生物降解作用实现水体中 SS、氮磷、有机物等污染物的去除。污水流经滤料层,水体中的污染物被滤料层吸附、截留并被滤料上附着生长的微生物降解转化,从而实现水体的净化(图 5-41)。

181

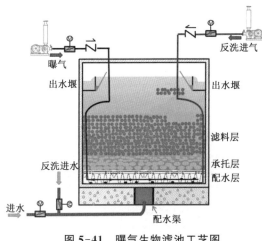

图 5-41 曝气生物滤池工艺图

曝气生物滤池由池体、滤料层、承托层、布水系统、布气系统、反冲洗系统、出水系统、管道和自控系统组成,通过滤池的吸附截留和生物降解作用有效降低了 SS、氮磷、有机物等指标,出水水质达标后排放。

(1)滤料层。本项目选用轻质生物陶粒,滤料装填高度为 2.1 m,粒度为 3～6 mm。

(2)布水系统。为了使进入滤池的污水能在配水室中短时间内混合均匀,依靠承托滤板和滤头的阻力作用保证污水在滤板下均匀、均质分布,并通过滤板上的滤头均匀流入滤料层。该布水系统除作为滤池正常运行时布水使用外,也作为定期对滤池进行反冲洗时布水使用。在气-水联合反冲洗时,缓冲配水区还起到均匀配气作用,气垫层也在滤板下的区域中形成。

(3)承托层。承托层主要是为了支撑滤料,防止滤料流失和堵塞滤头,同时还可以保持反冲洗稳定进行。为保证承托层的稳定,并对配水的均匀性起主导作用,要求材质具有良好的机械强度和化学稳定性,形状应尽量接近圆形,因此选用鹅卵石作为承托层。

(4)布气系统。布气系统包括工艺曝气系统和气-水联合反冲洗的供气系统。其中,工艺曝气系统是保持曝气生物滤池中具备足够的溶解氧维持曝气生物滤池内生物膜高活性,保证对有机物和氨氮高去除率的必备条件。通常采用鼓风曝气形式,提供良好的充氧方式,保证较高的氧吸收率。曝气装置采用穿孔管。穿孔管属于大、中气泡型,其优点是不易堵塞,造价低。

(5)反洗系统。设备经过一段时间的运行,其滤料层由于截留了大量的脱落生物膜及不溶性悬浮颗粒物,会产生水头损失增加以及滤料层堵塞等问题,因此需定期进行滤池的反冲洗,以保证设备的稳定运行。反洗方式通常采用气-水联合反冲洗,其目的是去除生物滤池运行过程中截留的各种颗粒和胶体污染物以及老化脱落的微生物膜。反冲洗过程为先降低滤池内的水位并单独气洗,然后采用气-水联合反冲洗,最后再单独水洗。在反冲洗过程中必须掌握好冲洗强度和冲洗时间,既要保证将截留物质冲洗出滤池,又要避免对滤料过分冲刷,避免滤料表面的微生物膜脱落而影响处理效果。反冲洗时间通过运行时间、滤料层阻力损失、水质参数等因素进行测算,由在线检测仪表将检测数据反馈给 PLC,并由 PLC 系统来自动控制和操作。

(6)出水系统。出水系统采用侧堰出水。在出水堰口处设置栅形稳流板,防止反冲洗时可能被水流携带至出水口处的陶粒与稳流板碰撞,导致流速降低而在该处沉降,并可使水流携带出的陶粒沿斜坡下滑返回滤池中。

(7)管道和自控系统。曝气生物滤池针对需处理的污水既要实现有机污染物的降解功能,也要实现对各种颗粒、胶体污染物以及老化脱落的微生物膜的截留功能,同时还要实现滤池本身的反冲洗功能,这几种功能交替实现。为提高滤池的处理能力和对污染物的去除效率,设计采用 PLC 控制系统,自动完成对滤池的运行控制。

C/N 曝气生物滤池主要设计参数如表 5-9 所示,单体结构示意图如图 5-42 所示。

表 5-9　C/N 曝气生物滤池主要设计参数

序号	主要参数	数值	单位	序号	主要参数	数值	单位
1	进水流量	10 000	m^3/d	7	出水 TSS 浓度	20	mg/L
2	进水氨氮浓度	35	mg/L	8	氨氮负荷	0.6	$kg/(m^3 \cdot d)$
3	出水氨氮浓度	1.5	mg/L	9	BOD_5 负荷	0.6	$kg/(m^3 \cdot d)$
4	进水 BOD_5 浓度	40	mg/L	10	水力负荷	2.0	$m^3/(m^2 \cdot h)$
5	出水 BOD_5 浓度	6	mg/L	11	污水实际停留时间	63	min
6	进水 TSS 浓度	60	mg/L	12	气水比	6	m^3 气/m^3 污水

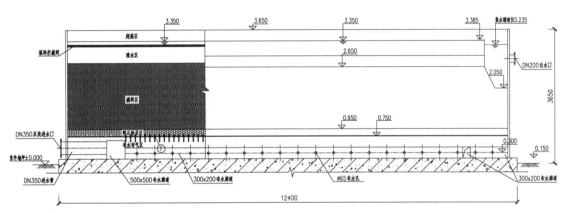

图 5-42　C/N 曝气生物滤池单体结构示意图(尺寸单位为 mm;高程单位为 m)

6. 高效组合澄清系统设计

本项目采用了 2 套高效组合澄清系统,每套处理规模为 5 000 m^3/d,可参考 5.3 节曹丰泵站污染物削减项目设备。工艺流程见图 5-43。

5.4.3　项目建设过程

本项目于 2021 年 10 月 26 日现场放线划定设备安装区域,并最终确定设计方案。11 月 5 日埋地管道安装完成,11 月 17 日高效组合澄清系统组装设备到现场,11 月 21 日第一批 C/N-BAF 设备组件到现场,12 月 12 日现场设备、管线安装完成,具备通水调试条件,见图 5-44。从方案确定到具备通水调试条件仅历时 48 天。12 月 14 日开始正式设备联动调试及污泥培养工作,2021 年 12 月 26 日出水已经能稳定达标。12 月 27 日—29 日,连续三天由第三方检测单位进行出水水质监测,结果显示出水水质均达标。

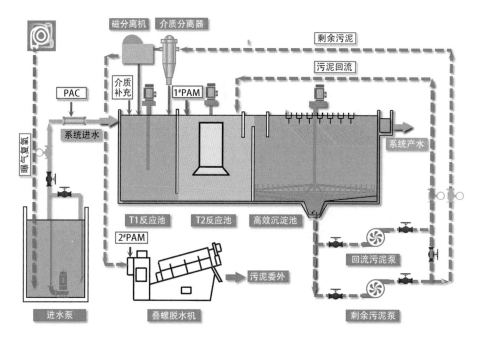

图 5-43　高效组合澄清系统工艺流程图

图 5-44　项目建设照片

5.4.4　项目运行效果分析

本项目从 12 月 14 日开始调试,至 12 月 26 日出水稳定达标。各指标在调试期间进出水水质如图 5-45 所示。

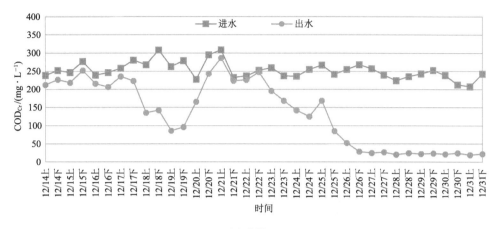

(a) COD_{Cr}

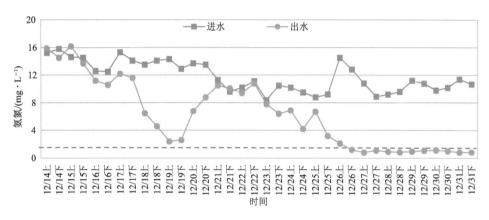

(b) 氨氮

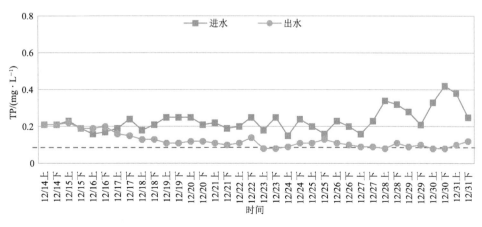

(c) TP

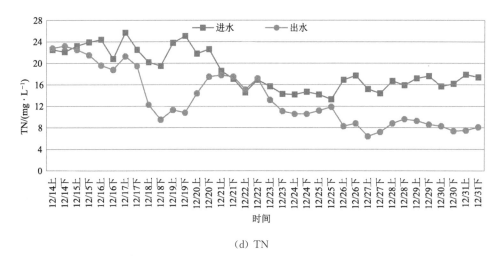

(d) TN

图 5-45　项目调试期间 COD$_{Cr}$、氨氮、TP、TN 进出水水质变化

CN-BAF 设备初次启动需要进行污泥接种及菌种培养,根据以往类似项目的经验,在培养菌种时,需闷曝 7 天左右才能使陶粒初步挂膜。自调试起半个月,宿迁地区气温一直低于 15℃,污泥菌种在低于 15℃ 的环境中基本不活跃、不增殖。为保证水温达到 15℃ 以上以及出水水质达标,采取开启提升水泵持续小流量进水的方式,但这势必会延长菌种培养、陶粒挂膜的时间。

从调试时的各指标变化情况可以看出,从 12 月 14 日开始调试起,污染物浓度指标是在逐步下降的,但 12 月 19 日各项出水指标均有一个较大幅度的回弹。经分析,主要是12 月 19 日,前端进水 pH 值突然从 7~8 上升至 11.2 左右,将 CN-BAF 设备第一次培养的菌种全部摧毁所致。CN-BAF 设备菌种接种完成、陶粒挂膜成功后,可以承受短时间的进水水质突变冲击,但是长时间、大幅度的进水水质突变必然会对处理系统造成较大的影响,甚至导致处理系统瘫痪。

后续经过多次水质取样检测发现,进水有不定期的氟离子超标现象,原水 pH 值呈酸性状态,含有强腐蚀性的盐酸和氢氟酸。这种原水状况不仅会毒死已经挂膜的菌种,长时间还会腐蚀设备本体,对设备安全运行造成较大的影响。为此,新增加一套 pH 检测仪表和氟离子检测仪表,对原水 pH 值和氟离子浓度进行实时监测,一旦发现原水水质突变超过系统承受能力,立即切断原水进水,保障系统设备安全。

从以上多个示范工程案例的研究可以看出,类似以高效组合澄清系统+曝气生物滤池等各类高效水处理组合系统为核心的模块化污水处理工艺,基本能够应对城市雨水泵站放江污染或污水管网及泵站溢流污染难题。同时,采取模块化、装配式的模式可以在较短时间内快速构建污水处理站,从占地、建设投资和效益上来说,具有很好的推广应用价值,也是今后城镇污水处理向深度低碳高效发展的方向。

第6章 泵站入河污染物浓度对邻近河道水质变化的研究

6.1 入河污染物迁移模型概述

丹麦水动力研究所（Danish Hydraulic Institute，DHI）成立于 1964 年，是丹麦一家开展水动力水质数学模型开发和咨询单位。

50 多年来，DHI 软件产品已被运用于世界各地的水环境领域，其中 MIKE 系列产品经过不断地实际应用发展与持续改进，逐渐发展成为一款功能强大的数值模拟软件，并广泛应用于世界范围内的大量工程，显示出了其在水环境数值模拟方面的强大功能。

本项研究采用的是最新迭代开发的 DHI MIKE＋城市综合水模拟中二维地表漫流（2D Overland）和 MIKE＋污染物传输（M＋Transport AD）模块进行计算。

6.1.1 模型原理

水动力模块 2D Overland 承袭了 MIKE21 大部分功能，水动力控制方程为静压假定和 Boussinesq 假定下的不可压缩 Navier-Stokes 方程组，其控制方程表达式如下：

水流连续方程：

$$\frac{\partial h}{\partial t} + \frac{\partial h\bar{u}}{\partial x} + \frac{\partial h\bar{v}}{\partial y} = hS \tag{6-1}$$

水流运动方程：

$$\frac{\partial h\bar{v}}{\partial t} + \frac{\partial h\bar{u}\bar{v}}{\partial x} + \frac{\partial h\bar{v}^2}{\partial y} = f\bar{u}h - gh\frac{\partial \eta}{\partial y} - \frac{h}{\rho_0}\frac{\partial P_a}{\partial y} - \frac{gh^2}{2\rho_0}\frac{\partial \rho}{\partial y} + \frac{\tau_{xy}}{\rho_0} +$$

$$\frac{\tau_{by}}{\rho_0} - \frac{1}{\rho_0}\left(\frac{\partial s_{yx}}{\partial x} + \frac{\partial s_{yy}}{\partial y}\right) + \frac{\partial}{\partial x}(hT_{xy}) + \frac{\partial}{\partial y}(hT_{yy}) + hv_sS \tag{6-2}$$

式中，t 为时间；x，y 为直角坐标系坐标；η 为水位；d 为静止水深；$h = \eta + d$ 为动态水深；$\bar{u}$，$\bar{v}$ 为 x，y 方向上的垂线平均速度；$f = 2\Omega \sin\phi$ 为柯氏力参数（Ω 为地球旋转角速度，ϕ 为纬度）；g 为重力加速度；ρ 为水体密度；ρ_0 为水体参照密度；s_{xx}，s_{xy}，s_{yx}，s_{yy} 为辐射应力分量；τ_{xx}，τ_{xy}，τ_{yy} 为剪切应力分量；S 为点源的流量；u_s，v_s 为水质点速度在 x，y 方向上的分量；T_{xx}，T_{xy}，T_{yy} 为侧向压力，表达式为 $T_{xx} = 2A\frac{\partial \bar{u}}{\partial x}$，$T_{xy} =$

$$A\left(\frac{\partial \overline{u}}{\partial y} + \frac{\partial \overline{v}}{\partial x}\right), \quad T_{yy} = 2A\frac{\partial \overline{v}}{\partial y}.$$

污染物传输 M+Transport AD 模块主要是模拟物质在水中的对流和扩散过程,在对流扩散模块中可以设定不同类型的扩散系数来反映在不同水动力条件下不同类型物质的扩散现象。对于有降解过程发生的物质来说,可以设定一个恒定的衰减常数模拟这种非稳定物质的降解过程。本项研究以氨氮(NH_3-N)为研究因子,该模块能较好地实现研究目的。

6.1.2　网格划分

以上海市嘉定区曹丰泵站为参考,排入河道为西浜,结合河道的现状规模情况,本次研究模拟河段长 1 000 m,河口宽 13 m,网格为非结构化三角网格,精度为 1 m,共计 17 982 个网格,如图 6-1 所示。地形以西浜河道规划断面为参考,河底高程为 -0.5 m,两岸为垂直护岸,墙前 0.5 m 高程处按 1∶2 坡比接坡,地形如图 6-2 所示。

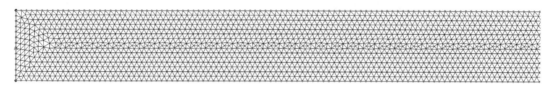

图 6-1　网格模型示意图

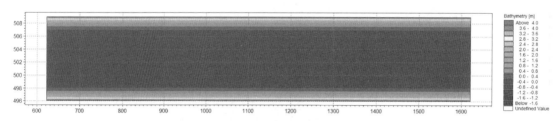

图 6-2　地形模型示意图

6.2　泵站放江污染物迁移模型构建

6.2.1　参数选择

模型研究中涉及的参数较多,不同的模拟内容涉及的参数也有差异,针对课题研究的主要内容,从工程最不利角度考虑,并结合上海地区相关研究成果,对水动力主要影响参数及考评水质指标的相关参数的选取进行说明,具体如下:

(1) 时间步长。经过试算,模型采用步长为 1 min,5 h 后该模型范围可达到对流扩散稳定。

(2) 底部糙率。根据河湖设计土质及研究区域相关河道研究成果,糙率选取曼宁值为 0.025。

（3）对流扩散系数。水质模拟中重点针对 NH_3-N 的降解系数、对流扩散系数等相关参数。其中,降解系数主要参考最不利情况设计标准和其他类似研究,取值为 0,对流扩散系数主要依据上海地区相关研究成果,选取系数为 0.01 m^2/s。其他微生物、细菌等对有机质的分解参数取 0。

6.2.2　边界设置

研究中主要考虑水动力边界及水质边界对河道的模拟边界进行设计。

1. 水动力边界

河道边界:河道上游采用固定流量边界,根据上海地区其他相关研究成果,河道流速为 0.1～0.3 m/s;下游为固定水位边界,常水位为 2.5～2.8 m。

排放口边界:以点源为边界,经统计,上海市雨水泵站放江平均值约为 50 000 m^3/d,目前污染削减系统规格为 5 000～50 000 m^3/d。

2. 水质边界

河道边界:河道水体 NH_3-N 指标基本满足地表水 V 类水要求,确定为 1.8 mg/L。

排放口边界:经统计,上海市雨水泵站放江和污染削减系统处理后水体 NH_3-N 指标多为 5～15 mg/L。

3. 工况模拟方案

根据上述边界设置情况,研究表 6-1 所示工况下河道沿程及断面流速、水质变化情况。

表 6-1　工况模拟方案

工况	河道宽度/m	上游流量/(m³·s⁻¹)	下游水位/m	初始水位/m	河道 NH_3-N/(mg·L⁻¹)	排放口流量/(m³·d⁻¹)	排放口 NH_3-N/(mg·L⁻¹)	NH_3-N 总量/(kg·d⁻¹)
1	13	3	2.5	2.5	1.8	10 000	5	50
2	13	3	2.5	2.5	1.8	30 000	5	150
3	13	3	2.5	2.5	1.8	50 000	5	250
4	13	3	2.5	2.5	1.8	10 000	10	100
5	13	3	2.5	2.5	1.8	30 000	10	300
6	13	3	2.5	2.5	1.8	50 000	10	500
7	13	3	2.5	2.5	1.8	10 000	15	150
8	13	3	2.5	2.5	1.8	30 000	15	450
9	13	3	2.5	2.5	1.8	50 000	15	750
10	13	6	2.5	2.5	1.8	10 000	5	50
11	13	6	2.5	2.5	1.8	30 000	5	150
12	13	6	2.5	2.5	1.8	50 000	5	250
13	13	6	2.5	2.5	1.8	10 000	10	100
14	13	6	2.5	2.5	1.8	30 000	10	300
15	13	6	2.5	2.5	1.8	50 000	10	500

(续表)

工况	河道宽度/m	上游流量/(m³·s⁻¹)	下游水位/m	初始水位/m	河道NH₃-N/(mg·L⁻¹)	排放口流量/(m³·d⁻¹)	排放口NH₃-N/(mg·L⁻¹)	NH₃-N总量/(kg·d⁻¹)
16	13	6	2.5	2.5	1.8	10 000	15	150
17	13	6	2.5	2.5	1.8	30 000	15	450
18	13	6	2.5	2.5	1.8	50 000	15	750
19	13	9	2.5	2.5	1.8	10 000	5	50
20	13	9	2.5	2.5	1.8	30 000	5	150
21	13	9	2.5	2.5	1.8	50 000	5	250
22	13	9	2.5	2.5	1.8	10 000	10	100
23	13	9	2.5	2.5	1.8	30 000	10	300
24	13	9	2.5	2.5	1.8	50 000	10	500
25	13	9	2.5	2.5	1.8	10 000	15	150
26	13	9	2.5	2.5	1.8	30 000	15	450
27	13	9	2.5	2.5	1.8	50 000	15	750
28	13	3	2.5	2.5	1.8	20 000	2.5	50
29	13	3	2.8	2.8	1.8	10 000	5	50
30	13	3	3.0	3.0	1.8	10 000	5	50

6.3 泵站排放口附近河道水质变化研究

6.3.1 排放口及特征点分布

为减少河道边界对排放口的影响,排放口距离上游边界100 m;同时,在河道中心线设置特征点Z1~Z18(间隔50 m),在河道中心线两侧各2.5 m对应设置远离排放口侧特征点Y1~Y18和靠近排放口侧特征点K1~K18并提取相关流速、水质数据。特征点分布如图6-3所示。

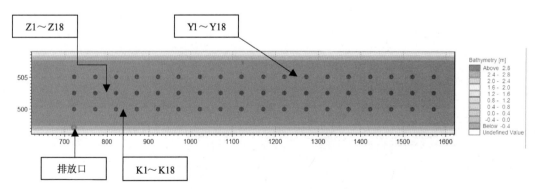

图6-3 排放口及特征点分布图

6.3.2　河道水质变化规律

以工况 1～工况 3 为例,上游来水 NH_3-N 浓度为 1.8 mg/L,上游来水流量为 3 m^3/s,下游控制水位为 2.5 m,初始水位为 2.5 m,排放口出水 NH_3-N 浓度为 5 mg/L,排水量分别为 1 万,3 万,5 万 m^3/d。各工况下河道 NH_3-N 浓度分布情况见图 6-4,提取各工况在对流扩散稳定条件下对应特征点的 NH_3-N 浓度,见图 6-5。

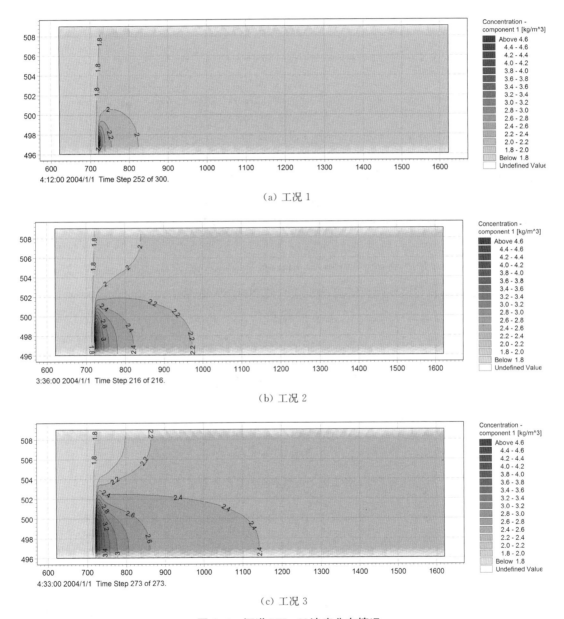

（a）工况 1

（b）工况 2

（c）工况 3

图 6-4　河道 NH_3-N 浓度分布情况

从图 6-5 可以看出,河道中心线、靠近排放口侧和远离排放口侧的 NH_3-N 浓度随着河道沿程变化有明显不同。靠近排放口侧 NH_3-N 浓度在 50 m 范围内有一定的增加,而

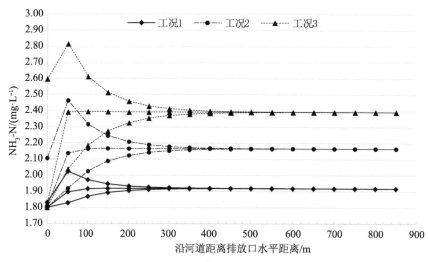

图 6-5　工况 1～工况 3 河道特征点水质沿程变化情况

后逐渐减小趋于稳定;远离排放口侧 NH_3-N 浓度从河道基底开始逐渐增加然后趋于稳定;河道中心线处 NH_3-N 浓度沿程基本上处于均匀稳定;三处 NH_3-N 浓度在河道某一断面处充分对流扩散达到均匀的浓度值。

三种不同工况对河道最终的水质影响不同,根据图 6-5 可知,排放口排水量为 5 万 m^3/d 时,河道在距离排放口 450 m 处 NH_3-N 浓度达到稳定的 2.393 mg/L;排放口排水量为 3 万 m^3/d 时,河道在距离排放口 400 m 处 NH_3-N 浓度达到稳定的 2.166 mg/L;排放口排水量为 1 万 m^3/d 时,河道在距离排放口 300 m 处 NH_3-N 浓度达到稳定的 1.919 mg/L。所以在上游来水量大于 3 m^3/s,NH_3-N 浓度小于 1.8 mg/L 时,排放口出水量不大于 1 万 m^3/d,且出水 NH_3-N 浓度小于 5 mg/L 时,经过 300 m 以上的稀释扩散作用后,NH_3-N 浓度可满足小于 2 mg/L,即达到地表水 V 类水要求。在相同河道水动力条件、相同排水水质浓度下,排放口排量越少对河道水体的影响越小,满足水质达标的缓冲区距离越短。

根据上述分析可以计算所有工况下河道水质情况,如表 6-2、表 6-3 所示。

表 6-2　各工况下河道水动力及水质稳定值

工况	河道宽度/m	上游流量/$(m^3 \cdot s^{-1})$	下游水位/m	初始水位/m	河道 NH_3-N/$(mg \cdot L^{-1})$	排放口流量/$(m^3 \cdot d^{-1})$	排放口 NH_3-N/$(mg \cdot L^{-1})$	NH_3-N 总量/$(kg \cdot d^{-1})$	最大流速/$(m \cdot s^{-1})$	稳定水质/$(mg \cdot L^{-1})$	均匀节点/m
1	13	3	2.5	2.5	1.8	10 000	5	50	0.13	1.919	300
2	13	3	2.5	2.5	1.8	30 000	5	150	0.14	2.166	400
3	13	3	2.5	2.5	1.8	50 000	5	250	0.15	2.393	450
4	13	3	2.5	2.5	1.8	10 000	10	100	0.13	2.105	400
5	13	3	2.5	2.5	1.8	30 000	10	300	0.14	2.718	500
6	13	3	2.5	2.5	1.8	50 000	10	500	0.15	3.276	550

（续表）

工况	河道宽度/m	上游流量/(m³·s⁻¹)	下游水位/m	初始水位/m	河道NH₃-N/(mg·L⁻¹)	排放口流量/(m³·d⁻¹)	排放口NH₃-N/(mg·L⁻¹)	NH₃-N总量/(kg·d⁻¹)	最大流速/(m·s⁻¹)	稳定水质/(mg·L⁻¹)	均匀节点/m
7	13	3	2.5	2.5	1.8	10 000	15	150	0.13	2.291	400
8	13	3	2.5	2.5	1.8	30 000	15	450	0.14	3.179	500
9	13	3	2.5	2.5	1.8	50 000	15	750	0.15	3.943	550
10	13	6	2.5	2.5	1.8	10 000	5	50	0.25	1.861	450
11	13	6	2.5	2.5	1.8	30 000	5	150	0.26	1.975	600
12	13	6	2.5	2.5	1.8	50 000	5	250	0.27	2.082	650
13	13	6	2.5	2.5	1.8	10 000	10	100	0.25	1.955	550
14	13	6	2.5	2.5	1.8	30 000	10	300	0.26	2.249	700
15	13	6	2.5	2.5	1.8	50 000	10	500	0.27	2.522	800
16	13	6	2.5	2.5	1.8	10 000	15	150	0.25	2.050	650
17	13	6	2.5	2.5	1.8	30 000	15	450	0.26	2.523	800
18	13	6	2.5	2.5	1.8	50 000	15	750	0.27	2.963	850
19	13	9	2.5	2.5	1.8	10 000	5	50	0.37	1.841	550
20	13	9	2.5	2.5	1.8	30 000	5	150	0.38	1.919	750
21	13	9	2.5	2.5	1.8	50 000	5	250	0.39	1.994	850
22	13	9	2.5	2.5	1.8	10 000	10	100	0.37	1.904	700
23	13	9	2.5	2.5	1.8	30 000	10	300	0.38	2.105	900
24	13	9	2.5	2.5	1.8	50 000	10	500	0.39	2.297	950
25	13	9	2.5	2.5	1.8	10 000	15	150	0.37	1.968	800
26	13	9	2.5	2.5	1.8	30 000	15	450	0.38	2.291	950
27	13	9	2.5	2.5	1.8	50 000	15	750	0.39	2.599	1000
28	13	3	2.5	2.5	1.8	20 000	2.5	50	0.13	1.850	250
29	13	3	2.8	2.8	1.8	10 000	5	50	0.12	1.919	300
30	13	3	3	3	1.8	10 000	5	50	0.11	1.919	250

表 6-3　上游来水、排放口流量及 NH₃-N 浓度敏感分析表

序号	上游来水流量/(m³·s⁻¹)	排放口流量/(m³·d⁻¹)	排放口水质/(mg·L⁻¹)	NH₃-N质量/(kg·d⁻¹)	稳定水质/(mg·L⁻¹)	对应工况
1	3	20 000	2.5	50	1.850	工况 28
2	3	10 000	5	50	1.919	工况 1
3	9	30 000	5	150	1.919	工况 20
4	9	10 000	15	150	1.968	工况 25
5	6	30 000	5	150	1.975	工况 11
6	6	10 000	15	150	2.050	工况 16

从表 6-2、表 6-3 可知,当上游 NH_3-N 浓度为 1.8 mg/L 时,在不同上游来水流量和排放口流量的情况下,经模拟研究得出如下结论:

(1) 上游来水流量为 3 m^3/s,排放口 NH_3-N 浓度为 5 mg/L,排放口流量为 1 万 m^3/d 时,经过 300 m 稀释扩散后,NH_3-N 浓度可稳定在 2 mg/L 以内。

(2) 上游来水流量为 6 m^3/s,排放口 NH_3-N 浓度为 5 mg/L,排放口流量为 1 万~3 万 m^3/d 时,经过 600 m 稀释扩散后,NH_3-N 浓度可稳定在 2 mg/L 以内。

(3) 在上游流量为 9 m^3/s,排放口 NH_3-N 浓度为 5 mg/L,排放口流量为 1 万~5 万 m^3/d 时,经过 850 m 稀释扩散后,NH_3-N 浓度可稳定在 2 mg/L 以内。

(4) 排放口在不同的流量和水质情况下,当排放口 NH_3-N 总量均为 50 kg/d 时,河道流量为 9 m^3/s 的河道 NH_3-N 浓度稳定为 1.841 mg/L,优于河道流量为 6 m^3/s 的河道水质(NH_3-N 浓度为 1.861 mg/L),也优于河道流量为 3 m^3/s 的河道水质(NH_3-N 浓度为 1.919 mg/L)。同理,在相同 NH_3-N 总量下,根据不同河道水动力条件时的 NH_3-N 浓度稳定值可得到以下结论:在河道水质基底较好且稳定不变的情况下,河道水动力对相同总量的污染物入河形成的河道水质有决定作用,即相同总量的污染物入河,水动力环境越好,河道水质稳定后污染物浓度增量越少。

(5) 对比工况 1 和工况 28 可知,在相同水动力条件(河道流量均为 3 m^3/s)、相同总量(50 kg/d)的 NH_3-N 入河条件下,浓度为 2.5 mg/L 的 2 万 m^3/d 的排水量入河后河道 NH_3-N 浓度为 1.85 mg/L,优于浓度为 5 mg/L 的 1 万 m^3/d 的排水量。由此可得到以下结论:在河道水动力条件相同、入河污染物总量相同时,入河污染物浓度比入河污染物水量对河道水体的影响更为敏感。

(6) 对比工况 1、工况 29 和工况 30 可知,在河道上游流量相同、排放口排出水体浓度及水量相同时,河道初始水位及下游控制水位增大 30 mm 对河道水质的影响不大,且影响范围基本相同;当河道初始水位及下游控制水位增大 50 mm 时,对河道水质的影响不大,但影响范围略有减少。即河道常水位情况下,排水口排放污染物对河道水质的影响程度变化不大。

(7) 对比工况 1~工况 30 可知,河道断面水体水质均匀节点界面为距离排放口沿程至少 250 m,说明入河 NH_3-N 总量为 50 kg/d 时,排放口下游至少 250 m 范围内 NH_3-N 浓度不能达到地表水 V 类水标准。

第7章 城市雨水泵站就地处理模式适用性研究

7.1 处理模式适用性分析

前面章节对就地处理设施用于泵站放江污染或排水系统溢流污染削减开展了研究。同时,结合调蓄池的建设需求,构建了以"高效澄清系统＋调蓄净化廊道"为核心工艺的雨水泵站排放口污染物削减技术体系,并开展了小试、中试、示范应用工程和水质-水动力耦合数值模型研究。由于受研究条件的限制,未能就更广泛的其他多种工艺技术的组合进行深入研究,在此拟通过前期研究,结合全国类似项目调研以及资料分析,梳理出适合城市中心城区雨水泵站就地处理的几种模式,以此进行探讨,供相关研究、设计和管理单位参考。

上海市目前建成的13座雨水调蓄池总容积为116 000 m^3,平均每座约为8 900 m^3,其中有9座调蓄容积小于10 000 m^3。参考武汉市地方标准《城市排水系统溢流污染控制技术规程》(DB 4201/T 666—2022),调蓄设施的排空时间设定应根据处理设施的旱季处理冗余量、雨季平均降雨间隔等因素综合确定,灰色调蓄设施存蓄一般不应超过48 h,分散的敞开式绿色调蓄设施存蓄一般不超过24 h,则根据排空时间确定的就地处理系统规模约为10 000 m^3。

鉴于目前国内对泵站就地处理排放水质未出台相关标准,根据泵站能提供的占地面积、拟达到的水质标准、泵站排放水体对环境的敏感性以及项目投资等方面的考虑,提出消除感观黑臭、一级B、一级A和地表水Ⅴ类4种雨水泵站就地处理标准和对应的处理模式。4种处理模式对应的水质要求参照《城镇污水处理厂污染物排放标准》(GB 18918—2002)中基本控制项目最高允许排放浓度确定,如表7-1所示。

表7-1 基本控制项目最高允许排放浓度

序号	基本控制项目	一级标准		二级标准	三级标准
		A标准	B标准		
1	化学需氧量(COD)/(mg·L^{-1})	50	60	100	120
2	生化需氧量(BOD_5)/(mg·L^{-1})	10	20	30	60
3	悬浮物(SS)/(mg·L^{-1})	10	20	30	50
4	动植物油/(mg·L^{-1})	1	3	5	20

（续表）

序号	基本控制项目	一级标准		二级标准	三级标准
		A 标准	B 标准		
5	石油类/(mg·L⁻¹)	1	3	5	15
6	阴离子表面活性剂/(mg·L⁻¹)	0.5	1	2	5
7	总氮(以 N 计)/(mg·L⁻¹)	15	20	—	—
8	氨氮(以 N 计)/(mg·L⁻¹)	5(8)	8(15)	25(30)	—
9	总磷(以 TP 计)/(mg·L⁻¹) 2005 年 12 月 31 日前建设的	1	1.5	3	5
	2006 年 1 月 1 日起建设的	0.5	1	3	5
10	色度(稀释倍数)	30	30	40	50
11	pH	6~9			
12	粪大肠菌群数/(个·L⁻¹)	10^5	10^4	10^4	—

注：括号外数值为水温>12℃时的控制指标,括号内数值为水温≤12℃时的控制指标。

根据第 6 章的分析成果,在列出的 30 种工况下,泵站就地处理系统处理尾水为 10 000 m³/d 时,经过一段不超过 800 m 的削减缓冲区后,NH_3-N 浓度基本能稳定在不超过 2 mg/L。基于这一分析成果,结合类似调蓄池就地处理设施设计案例,取雨水泵站就地处理系统的处理能力为 10 000 m³/d,以此为基础针对不同的处理模式进行分析。

7.1.1 消除感官黑臭模式

1. 设计出水水质

消除感官黑臭主要以削减 SS 为主,不考虑其他指标(表 7-2)。参照《城镇污水处理厂污染物排放标准》(GB 18918—2002)规定的水污染物排放标准：城镇污水处理厂出水排入地表水Ⅳ、Ⅴ类功能水域(GB 3838—2002)或海水三、四类功能海域(GB 3097—1997)时,执行二级标准,即 SS 浓度不超过 30 mg/L。

表 7-2 消除感官黑臭模式的出水水质

指标	pH	SS
设计出水水质	6~9	≤30 mg/L

2. 工艺流程

以消除感官黑臭为目标时,主要去除悬浮物、底泥等带来的高悬浮物含量。此类水体污染物去除一般以絮凝沉淀、气浮、强化过滤为主。

首先调蓄池或雨水泵站前池水通过细格栅拦截大的漂浮垃圾及悬浮粗颗粒污染物后,再通过水泵提升进入气浮/混凝沉淀/微絮凝过滤后外排,其中气浮/混凝沉淀/微絮凝过滤形成的泥渣经脱水后外运处置。工艺流程见图 7-1。

3. 占地分析

该模式可采用一体化组合设备,根据设备的调研情况,10 000 m³/d 处理规模的设施

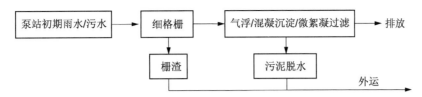

图 7-1　消除感官黑臭模式处理工艺流程图

占地 $150 \sim 200 \, \text{m}^2$。

4. 模式特点

（1）该工艺结构简单，投资低，运行费用低；

（2）占地小，可以采用模块化设备拼装；

（3）出水水质仅能改善感官效果，有机物、氨氮和总磷等污染物浓度高，特别是对于氨氮几乎没有去除效果；

（4）由于出水水质差，建议仅作为应急处理使用。

7.1.2　一级 B 模式

1. 设计出水水质

参照《城镇污水处理厂污染物排放标准》（GB 18918—2002）规定的水污染物排放标准：城镇污水处理厂出水排入地表水Ⅲ类功能水域（划定的饮用水水源保护区和游泳区除外）（GB 3838—2002）、海水二类功能水域和湖、库等封闭或半封闭水域（GB 3097—1997）时，执行一级标准的 B 标准。如表 7-3 所示。

表 7-3　一级 B 标准处理模式的出水水质

指标	pH	SS	NH₃-N	TP
设计出水水质	6~9	≤20 mg/L	≤8(15) mg/L	≤1.0 mg/L

2. 工艺流程

该模式主要为了去除悬浮物、氨氮和总磷，同时去除部分有机物。此类污染物的去除除了需要采用絮凝沉淀、气浮、强化过滤去除悬浮物之外，还需要采取生化工艺去除氨氮。

首先调蓄池或雨水泵站前池水通过细格栅拦截大的漂浮垃圾及悬浮粗颗粒污染物后，再通过水泵提升进入气浮/混凝沉淀/微絮凝过滤，然后进入 BAF 或 MBBR 池，去除悬浮物、氮、磷后外排，其中气浮/混凝沉淀形成的泥渣经脱水后外运处置。工艺流程见图 7-2、图 7-3。

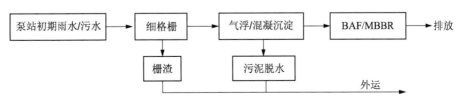

图 7-2　一级 B 模式处理工艺流程图 1

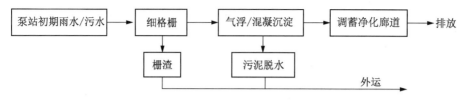

图 7-3　一级 B 模式处理工艺流程图 2

3. 占地分析

该模式前端与消除感官黑臭模式一样,一般可采用一体化组合设备,后续生化处理段根据现场实际可用地情况及泵站放江水质情况,在有陆域空间时采用 BAF 或 MBBR 设备,在没有陆域空间时可在河道中或利用河岸滨水空间构建调蓄净化廊道。10 000 m³/d 处理规模的气浮/混凝沉淀设施占地 150~200 m²,BAF/MBBR 设备占地约 500 m²。

4. 模式特点

(1) 可根据占地选择两种不同的处理工艺;

(2) 投资适中,运行费相对较低;

(3) 以模块化设备为主,效果可靠;

(4) 改善出水感官效果,对有机物、氨氮和总磷等均有较好的去除效果。

7.1.3　一级 A 模式

1. 设计出水水质

参照《城镇污水处理厂污染物排放标准》(GB 18918—2002)规定的水污染物排放标准:当污水处理厂出水作为水环境容量和抗污染负荷能力较小的河湖、城镇景观用水和一般回用水等用途时,执行一级标准的 A 标准。考虑到 SS 去除到 20 mg/L 以下需要增加设施,且对水体影响不大,综合经济合理性考虑,SS 执行一级 B 标准,NH_3-N、TP 执行一级 A 标准。如表 7-4 所示。

表 7-4　一级 A 标准处理模式出水水质

指标	pH	SS	NH_3-N	TP
设计出水水质	6~9	≤20 mg/L	≤5(8) mg/L	≤0.5 mg/L

2. 工艺流程

该模式主要为了去除悬浮物、氨氮和总磷,同时去除部分有机物。此类污染物的去除除了需要采用絮凝沉淀、气浮、强化过滤去除悬浮物之外,还需要采取生化工艺去除氨氮,工艺设计关键参数与一级 B 标准有所不同,需加强对氨氮和总磷的去除。

首先调蓄池或雨水泵站前池水通过细格栅拦截大的漂浮垃圾及悬浮粗颗粒污染物后,再通过水泵提升进入气浮/混凝沉淀/微絮凝过滤,然后进入 BAF 或 MBBR 池,去除悬浮物、氮、磷后外排,其中气浮/混凝沉淀形成的泥渣经脱水后外运处置。工艺流程见图 7-4、图 7-5。

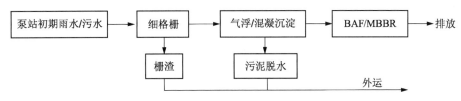

图 7-4　一级 A 模式处理工艺流程图 1

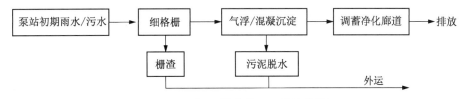

图 7-5　一级 A 模式处理工艺流程图 2

3. 占地分析

该模式前端与消除感官黑臭模式一样,一般可采用一体化组合设备,后续生化处理段根据现场实际可用地情况及泵站放江水质情况,在有陆域空间时采用 BAF 或 MBBR 设备,在无陆域空间时可在河道中或利用河岸滨水空间构建调蓄净化廊道。10 000 m^3/d 处理规模的气浮/混凝沉淀设施占地 150~200 m^2,BAF/MBBR 设备占地约 700 m^2。若采用净化廊道,廊道的长度约 600 m,宽度约 3 m。

4. 模式特点

(1) 可根据占地选择两种不同的处理工艺;

(2) 投资适中,运行费略高;

(3) 以模块化设备为主,效果可靠;

(4) 能改善出水感官效果,对有机物、氨氮和总磷等均有较好的去除效果。

7.1.4　地表水 V 类水模式

1. 设计出水水质

根据河道考核要求,必须达到与受纳河道水质标准一致或者接近河道水质标准时可采用《地表水环境质量标准》(GB 3838—2002) V 类水模式。考虑到 SS 去除到 20 mg/L 以下需要增加设施,且对水体影响不大,综合考虑投资,SS 执行一级 B 标准。如表 7-5 所示。

表 7-5　地表水 V 类水模式出水水质

指标	pH	SS	NH_3-N	TP
设计出水水质	6~9	≤20 mg/L	≤2.0 mg/L	≤0.4 mg/L

2. 工艺流程

该模式主要为了去除悬浮物、氨氮和总磷,且氨氮去除难度较大。此类污染物的去除除了需要采用絮凝沉淀、气浮、强化过滤去除悬浮物之外,还需要采取强化生化工艺去除氨氮,工艺设计关键参数与一级 A、B 标准有所不同,需加强对氨氮和总磷的去除。

首先调蓄池或泵站前池水通过细格栅拦截大的漂浮垃圾及悬浮粗颗粒污染物后,再通过水泵提升进入气浮/混凝沉淀,然后进入 BAF 或 MBBR 池,去除悬浮物、氮、磷后外排,其中气浮/混凝沉淀形成的泥渣经脱水后外运处置。工艺流程见图 7-6。

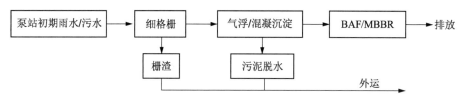

图 7-6　地表水 V 类水模式处理工艺流程图

3. 占地分析

该模式前端与消除感官黑臭模式一样,一般可采用一体化组合设备,后续生化处理段根据现场实际可用地情况及泵站水质情况,在有陆域空间时采用 BAF 或 MBBR 设备,在无陆域空间时可在河道中或利用河岸滨水空间构建调蓄净化廊道。10 000 m³/d 处理规模的气浮/混凝沉淀设施占地 150～200 m²,BAF/MBBR 设备占地约 1 000 m²。若采用净化廊道,廊道的长度约 1 000 m,宽度约 5 m。

4. 模式特点

(1) 出水好水质好,对河道影响小;

(2) 投资较高,运行费高;

(3) 运行要求高,易超标。

7.2　处理模式的对比分析

当前国内尚无泵站就地处理后水体排放标准,相关水务、环保、城建部门针对合流制排水系统溢流排放标准的研究还在前期探索阶段,对于分流制雨水泵站现实存在的污水处理后的排放标准的研究还未见相关公开报道。本项研究结合上海市中心城区雨水泵站就地处理后尾水排放的需求、工艺技术、可用占地、投资以及运行维护等综合分析,分 4 种处理模式进行对比,见表 7-6。

表 7-6　各处理模式对比分析表

项目	泵站排水处理模式				
	消除感官黑臭	一级 B 标准		一级 A 标准		地表水 V 类水标准
出水水质/(mg·L⁻¹)	SS≤30	SS≤20 NH₃-N≤8 TP≤1		SS≤20 NH₃-N≤5 TP≤0.5		SS≤20 NH₃-N≤2 TP≤0.4
主体工艺	气浮/混凝沉淀	气浮/混凝沉淀+BAF/MBBR	气浮/混凝沉淀+调蓄净化廊道	气浮/混凝沉淀+BAF/MBBR	气浮/混凝沉淀+调蓄净化廊道	气浮/混凝沉淀+BAF/MBBR

（续表）

项目	泵站排水处理模式					
	消除感官黑臭	一级 B 标准		一级 A 标准		地表水 V 类水标准
陆地占地面积/m²	150~200	600~700	150~200	800~1 000	150~200	1 100~1 300
运行费	低	较高	一般	较高	一般	高
运维难易程度	较容易	较难	一般	较难	较难	难
适用条件	应急处置	出水水质要求一般	出水水质要求一般	出水水质要求较高	出水水质要求较高	出水水质要求高

从对比分析中可得出如下结论和建议：

（1）根据水质要求确定的 4 种泵站排水处理模式的工艺以气浮/混凝沉淀、BAF/MB-BR、调蓄净化廊道为主，随着出水水质要求的提高，其工艺设备的规模逐渐加大，陆地占地面积增大，项目投资和运行费逐步增加，运行管理难度也越来越大。

（2）采用调蓄净化廊道，在河道泵站排放口缓冲净化区内构建设施，可大大节约占地，节省建设费用。

（3）建议可结合泵站调蓄池建设，同步建设就地处理设施，通过多频次处理调蓄池、泵站前池污水，可大幅度提高调蓄池的功能和泵站放江污染的削减能力，充分发挥两者组合的优势，最大程度地控制和削减放江污染，减轻污水处理厂及管网运行压力。

第8章　城市雨水泵站放江管控措施研究

8.1　泵站放江管控技术路径

城市雨水泵站放江管控是一项系统性、综合性、持续性的管理措施,因此,本章结合泵站放江水体水质特征规律研究以及典型强排系统泵站放江模型研究结果,从源头、过程和末端全过程视域综合开展泵站放江管控技术路径的研究工作。

1. 持续开展源头管控

通过调查分析和污染溯源,泵站放江污染的主要来源包括地表径流携带污染、管道和泵站集水井沉积污染物、雨污水混接混排等。源头的混接和地表径流汇集会造成管网和泵站集水井的污染沉积和蓄滞。只有真实有效地做到堵住污水混接混排的漏洞和彻底改造雨水混接,拒绝污染外水进入雨水管道,才能从根源上有效削减和杜绝入河污染。因此,加大泵站外源污染的治理是保证雨水泵站放江污染物削减最根本的技术途径。也即"污染源头治理是根本,泵站排放口末端治理为辅助,排水系统不应成为污染物的搬运工"。

2. 加大泵站原位改造治理

根据研究结果,单次放江过程中没有特别明显的污染物浓度峰值,持续多天中大雨量降雨后放江污染物浓度才会明显降低。因此,在雨水泵站污染来源未彻底根除、海绵城市建设未完全落实的前提条件下,针对降雨期间城市管网通过泵站出流水体对地表水环境的污染问题,仅依靠当前采取的截流、存储、集中处理的措施,难以根本性解决泵站放江对受纳河道水体污染的难题,也难以达到水环境功能的最终目标,并且有可能会误导城市建设和管理的决策者,认为雨水截流设施和初雨污染处理设施的规模应与泵站放江量相对应,导致处理设施规模和工程投资大,建设周期长。

因此,建议针对现有泵站进行原位改造,提高合流泵站的截流倍数,增加雨水泵站截流井的规模(对于没有截流、调蓄、回笼水等设施的泵站应增设相应的设施)等。同时,根据《上海市城镇雨水排水规划(2020—2035年)》抓紧推进全市调蓄池的建设。

3. 加强"厂—站—网—河"一体化联合运行调度,削减放江量和放江污染浓度

由于泵站放江量与污染物排放量呈正相关,因此,在外源短期内无法彻底根除的前提下,通过泵站运行调度,提高截流污水能力是降低泵站污染物排放的最有效措施之一。典型强排系统泵站放江模型研究结果显示,在提高截流能力的情况下降低管网运行水位,可以在17 mm雨型时不放江,在33 mm雨型时对放江水量有6%~9%的削减效果,说明提高泵站

截流量对于雨量较小且降雨强度不高的雨型,截流效果较明显,污染物总量削减率较高。但由于增加了污水截流量,相应受现状管网接纳能力和污水处理厂提标、增大处理规模等众多因素的影响,需要进一步研究。泵站放江运行调度还涉及防汛安全保障功能,因此优化泵站运行调度方案,必须在保证防汛安全的前提下,最大限度地减少泵站的放江量。

4. 近期以末端治理+调度调控为主控制放江污染,远期以调蓄控制为主

根据实测水质数据分析可知,无论是雨水泵站还是合流泵站,放江水质指标均明显高于地表Ⅴ类水标准,部分水质指标达到城镇生活污水浓度指标。由于针对放江泵站大规模的截流、调蓄、处理设施需经过长期规划建设,同时由于大多数管网长期处于高水位运行,管道及泵站前池中的污染物浓度变化没有表现出明显的初雨效应,污染物浓度变化幅度较小,导致难以达到较高的削减率,需要对分散式调蓄模式进一步研究。因此,仍需同步重点研究泵站放江末端治理和调度调控等管理手段,管控和削减泵站放江污染物。

8.2　源头管控

8.2.1　持续开展雨污分流改造及后评估

上海市自 2015 年起开始实施分流制雨污混接调查和改造工作。至 2018 年 5 月,共调查雨污水管道 1.9 万 km,雨污水检查井和雨水口 104 万座,查出混接点 20 290 个,包括 543 个市政混接点、3 253 个住宅小区混接点、7 756 个企事业单位混接点、7 171 个沿街商铺混接点和 1 567 个其他混接点。后期动态新发现混接住宅小区 1 023 个。截至 2020 年中,对于已核查出的混接点,市政、企事业单位、沿街商户和其他混接点的改造已基本完成,住宅小区混接改造完成量已接近 70%,改造工作正在稳步推进中。但是雨污混接改造工作仍存在一些主客观问题:

(1) 前期混接调查不够彻底。由于前期混接工作调查时间紧、任务重、资金需求量大等原因,部分区域管道仍未落实 CCTV 和声纳检测。同时,现有的管道检测手段不能适用于高水位管道的混接调查工作,极大地增加了混接调查整治工作的实施难度,影响混接调查成果的准确性和可靠性。

(2) 部分小区采用临时外部截流改造,管网缺陷未修复。在已完成混接改造的 2 746 个住宅小区中,其中 676 个小区受内部空间限制,采取外部截流措施进行临时改造,内部管网的缺陷均未修复。小区外部截流设施实施主体多样,包括环保、房管、水务、街镇等部门,未明确运维的责任主体和经费渠道,运维工作落实困难。

(3) 居民和商户擅自混接现象时有发生,长效雨污整治管理机制不健全。在日常管道养护工作中发现,住宅小区内居民私自将污水、阳台洗衣水接入雨水管道的现象时有发生,例如:前期混接调查完成后,2019 年又筛查出 1 023 个雨污混接住宅小区;对完成改造的混接点进行第三方现场复核时发现,部分完成改造的小区、沿街商户又存在大量的混接混排返潮情况。

此外,大部分企事业单位及住宅小区没有建立内部排水设施常态化运维机制,维护主

体不明确,经费落实不足,管道淤积和破裂等功能性、结构性缺陷突出,导致内部排水不畅、地下水渗入等现象时有发生,这也是居民自行私接管道的重要原因。

因此,雨污混接整治是一项长期、动态的工作,不仅需要开展雨污混接改造工程,更要持续开展改造效果后评估工作,将问题落到实处。加强监督管理,落实排水设施运维管理责任,建立和完善长效管理机制。

2021 年,上海市水务局发布了《上海市水务局关于印发〈黑臭水体整治"回头看"专项行动方案〉的通知》(沪水务〔2021〕32 号),要求以点带面,举一反三,进一步巩固黑臭水体整治成果,其中提出了对排放口、混接的溯源排查,此举将有利于进一步提升雨污混接改造治理成效。

8.2.2 开展检查井和雨水口拦截

由上海城市排水系统工程技术研究中心和上海市政工程设计研究总院(集团)有限公司共同完成的《泵站放江污染物削减技术评估报告》表明:检查井和雨水口垃圾拦截器能够有效拦截小区和道路垃圾,且拦截垃圾直径在 0.1～5 cm 不等,而系统末端雨水泵站前池格栅间距为 8 cm,无法拦截颗粒较小的污染物。因此,垃圾拦截器能够有效削减泵站放江时大体积垃圾等污染物的数量,能够有效降低泵站放江造成的水体大体积垃圾的污染程度。

评估报告中检查井球形垃圾拦截器每个点位拦截垃圾量为 3.12 kg/d,雨水口垃圾拦截器每个点位拦截垃圾量为 0.18 kg/d。除了可以拦截树叶、塑料瓶之外,还可以拦截粪便垃圾、餐厨油垢垃圾、淤泥、泥沙等,效果较好,如果能全面铺开,对于有效削减源头污染物将起到非常大的作用。

8.2.3 加强企业排水管控

《城镇排水与污水处理条例》对污水排入城镇排水管网许可制度作出了规定,排水户从事工业、建筑、餐饮、医疗等活动,向城镇排水设施排放污水的,应当向城镇排水主管部门申请领取污水排入排水管网许可证。排水主管部门需对排水户申报的材料和排水现场情况进行核查,符合审批条件的项目,可予核发排水许可证。

在办证之前,排水行政主管部门会自行或者委托专业第三方单位对排水户的排水情况进行现场核查,包括:排水水量、水质核查,排水方式核查,雨污水总排放口位置核查等等,以确定其申报材料的真实性和合规合法性。然而对于企业在获得许可证后的排水行为的监管略显不足,导致了部分企业存在不合规或者违法的排水行为。

通过对上海市某区委托第三方近 2 年开展的排水许可中期复核情况的分析,超过60%的被核查企业存在各种不规范的问题,包括雨污混接、无检测井或者设置不规范、预处理设施不足和运维不当、雨污管网功能不足和管道结构破损、图纸与现场实际不符等现象。其中,存在雨污混接、雨污管网功能不足、管道结构破损的企业超过 20%,而这些问题都会对后续雨水排水水质造成影响。

除了委托第三方单位加强排水许可证批后监管外,针对重点企业的雨水排水口应采用在线监测设备管理,通过设备实现实施监管。

8.2.4　进一步加强管网养护监管

上海市将排水管网的养护标准提高到了污泥沉积深度不超过管径的 10%，已大大降低了放江时管网沉积底泥的量，但是由于全市管网面广量大，并且考核采用的是随机抽检的形式，为此有必要进一步加强管网养护监管工作，提高养护成果的可视性。

8.3　末端治理

8.3.1　构建末端"5 个'一点'"体系

1. 雨水口垃圾拦截（进口"挡一点"）

雨水口是雨水管网系统收集地表雨水的主要设施，道路路面雨水首先经过雨水口收集后才能进入雨水管网系统，在雨水口对污染物进行控制可有效缓解径流面源污染，而增加截污过滤装置是雨水口实现对污染物控制的重要手段，可在保证雨水口收水通畅的同时进行径流污染物过滤，尽可能削减进入管网及河道的污染负荷。针对雨水口垃圾拦截，上海市水务局发布了《上海市雨水管道垃圾拦截技术应用指南——雨水口截污挂篮和球形垃圾拦截器》（SSH/Z 10021），并要求新、改建雨水口加装截污挂篮，同步推进老式雨水口截污挂篮的安装，规范排水检测井和格栅的安装，加强检测井运行维护情况的检查。

2. 集水井垃圾清理（井里"捞一点"）

提高泵站清淤频次，积泥超过标准后立即组织清淤，泵站清淤每季度至少 1 次，同时做好清淤台账记录；对有条件的集水井加装垃圾自动清理装置，同时排水泵站现场检查中加强对集水井漂浮垃圾情况的检查。

3. 末端处理设备削减（设备"减一点"）

对具备条件的泵站开展污染就地处理，通过设备、设施的絮凝沉淀、拦截过滤、生物降解等作用对排放污染物进行削减。

4. 泵站排放口垃圾拦截（出口"拦一点"）

对具备条件的泵站排放口全部加装排放口垃圾拦截装置，对泵站出口漂浮物进行拦截。

5. 泵站排放口附近河道管理（河面"清一点"）

建立泵站放江相关工作沟通协调机制，共享降雨及放江信息，放江后联合河道管理部门立即开展河道水面保洁及泵站排放口拦截装置区域内漂浮物的打捞。持续放江时应严格落实水面保洁工作。对于有条件的区域，可考虑在泵站附近河道内构建水体净化系统，如微纳米曝气系统，快速消除水体黑臭现象。

8.3.2　泵站末端污染物削减

针对泵站放江污染物削减，充分利用泵站现有设施和场地，通过新增或优化运行雨水泵站截流设施、新建污染物就地处理设施以及就地处理设施与泵站现有截流设施相结合，实现不同途径的泵站末端污染物削减。

1. 新增或优化运行雨水泵站截流设施

雨水泵站作为雨水排水系统的末端,是城市防汛的重要一环,对于保证城市安全作用不言而喻,同时,污染物随排水管网转移,在雨水泵站集水池形成了污染物的汇集,为此,在末端泵站内新增旱天污水截流系统,或者对已有污水截流系统的泵站进行优化,增加截流污水量,提升截流系统的功效。

雨水泵站应全面设置截污设施,加快推进设施改造速度,加大截流管网的建设力度。同时,对运行不正常的截流设施进行改造,确保截流设施正常运行,增加截流污水量,整体发挥截流系统的功效。

持续推进雨水泵站"一站一策",借助大数据分析诊断,优化运行截流设施。通过在线水质监测仪表定期(如每月)对所有截流泵站进行采样、分析,及时梳理分析截流水质状况,查找相应的规律。结合现场踏勘,对水质、水量明显异常的情况与管网养护管理联动,及时排查,发现问题及时整改。对每日截流量超过一定值的泵站优先进行调整,通过对运行水位、水泵运行时间以及水泵流量的调整,把泵站截流量控制在一个合理的范围内,减少低浓度水进入污水管网,减轻污水处理厂提质增效压力;根据历年的水质、水量数据,结合降雨量、河道液位、集水井液位等开展综合分析,查找运行规律,预判低浓度污水发生的时机,制订每个泵站的运行策略,尽可能把高浓度污水全量截流提升至污水处理厂,出现异常低浓度水的泵站则减量运行;根据泵站所处河道的敏感性、关注度,对泵站进行分级,确保敏感河道范围内截流泵站的污水全量提升,雨天减少溢流发生,同时对非敏感河道根据雨量变化、水质浓度、泵站层级选择减量运行或停运时机,雨后根据泵站层级先后恢复运行。

2. 新建就地处理设施,削减入河污染物的量

根据调研,结合实际应用案例分析,目前实际应用的就地处理设施采用的技术/工艺主要有水力自洁式滚刷、水力颗粒分离、过滤、气浮、磁混凝沉淀、生物膜法、移动床生物膜反应器及其组合等,各处理工艺对比分析详见第1.2.4节中的表1-6。根据对比分析可知,目前针对泵站放江污染控制的末端治理技术主要以过滤拦截、化学强化快速处理为主,以生物处理为辅,没有形成固定的治理模式。同时,由于目前缺乏针对泵站放江污染物就地处理排放的相关标准,各项目根据不同的需求选择不同的处理技术,出水水质相差较大。

3. 就地处理设施与泵站已有设施联合运行,最大程度发挥污染物削减潜力

泵站放江已成为制约国内各大城市中心城区水质提升的瓶颈,迫切需要对泵站放江进行治理,末端治理作为泵站放江治理的重要一环,目前由于尚没有就地处理尾水排放标准,且中心城区各泵站可利用空间狭小,建设大规模的处理设施存在较大的困难。因此,可探索就地处理设施与泵站已有设施(如调蓄池、截流设施、回笼水设施等)以及泵站运行优化相结合的污染物削减治理模式,开展相关深入研究及示范。

在泵站排放口末端治理模式下,除了利用旋流分离、气浮、磁混凝等水处理设备外,还可充分利用泵站现有设施,定期开启泵站回笼水系统,有效搅动前池沉积的污染底泥,与水处理设施、截流泵形成联动,从而实现泵站的内循环,最终达到泥水共治的目的。

在旱天非放江工况下,开启回笼水设施,在泵站前池投加安全可靠的微生物菌剂,辅以强化曝气,形成曝气生化池,利用生化作用实现 NH_3-N、COD_{Cr}、TP 等的削减;将生化

处理后的泥水混合物再送入水处理设施,实现 NH_3-N、COD_{Cr}、SS、TP 等污染物的综合削减;水处理设施的出水可重新排入泵站前池进行内部循环,或者排入布设于河岸边的生态净化廊道,通过廊道内的曝气、微生物、植物等共同作用,进一步削减 NH_3-N 等污染物后排入河道进行生态补水。

末端治理可以削减泵站前池的污染物,改善放江初始排水的黑臭状态,但由于其处理范围的局限性,对管网内部的污染没有起到效果,在远期可以考虑采用处理水循环的模式,对上游管网进行冲洗,探索实现管网系统内部循环净化的途径。

8.3.3　布设水岸一体化调蓄净化廊道

经过现场调研,上海市中心城区泵站内及周边可利用面积一般较小,很难有较大面积的空地用来布置大规模的水处理设备,同时也难以布置较大体量的调蓄池设施,为此采用末端处理设备削减污染物极大程度上受到了用地的限制。泵站排放口周边水域和滨河区域一般有一定的空间可用来布设调蓄廊道+水质净化设施,如能通过在泵站排放口周边沿岸或改造驳岸结构布设水岸一体化调蓄廊道设施,可调蓄泵站放江或溢流水量,通过水质净化设施既能提升泵站排放口水质,又能为泵站不排水期间的河水提供水质净化途径。

8.3.4　探索构建泵站排放口缓冲净化区

鉴于上海泵站放江治理的紧迫性、技术难度、建设周期等情况,通过开展数值模拟研究,分析了泵站放江后河道水质沿程变化规律以及在河道水质提升设施作用下的河道水质沿程变化规律,探索性分析在泵站放江一定时间后河道水体在混合、拦截过滤、生物降解等作用下水质达标所受影响的河道长度,将其界定为泵站排放口缓冲净化区。可将缓冲净化区的水质指标作为参考,不作为水质考核的目标。在缓冲净化区中通过水质动态跟踪监测结果,采取相应的水质提升措施,布置水质提升生态设施,强化净化河水,使河水通过缓冲净化区后能保证水质稳定达标。

8.4　深化调蓄方案研究与优化排水设施运行方案

自 2006 年起,上海陆续建成 13 座初期雨水调蓄(处理)设施,目前已积累了较为丰富的运行调度经验。为适应当前对防汛安全和水环境质量提升的要求,《上海市城镇雨水排水规划(2020—2035 年)》提出在"十四五"期间新建绿色调蓄设施 825 万 m^3,灰色调蓄设施不小于 407 万 m^3。其中,已规划的灰色调蓄设施包括苏州河深层排水调蓄隧道工程,耀华支路隧道改建雨水调蓄工程,天山、桃浦、曲阳、龙华、长桥和泗塘 6 座污水处理厂功能调整后改建为初雨调蓄设施等。同时,雨水调蓄池功能已从单纯削减雨水径流量向径流量削减及管网中污染物去除双重功能演变。当前,在调蓄池设计、建设、运行等方面,还存在着新建调蓄设施设计和运行技术研究不足、已建调蓄池多模式多工况运行技术缺乏等技术问题,以及调蓄池出水排放标准缺失等标准问题。

因此还需开展基于雨水分散调蓄的调蓄设施布局、设计与运行优化技术研究,合理规划布局不同功能的绿-灰调蓄设施,对调蓄体积、时间、出路等关键参数提出要求;开展已建调蓄池多模式多工况运行技术研究,研究旱天排水系统在高水位工况下,利用调蓄池优化管网水力状态的技术,提升调蓄池的整体运行效益,提升排水系统的削峰调蓄能力。

8.5 "厂—站—网—河"一体化运行调度

2018年3月8日,《上海市防汛泵站污染物放江监管办法(暂行)》和《上海市防汛泵站污染物放江监管办法实施细则(暂行)》发布,旨在有效管理泵站放江,削减泵站放江对河道水环境的影响,其中制定了明确的考核目标值。泵站雨天放江量考核值的制定是在多年(自2012年至考核年的上一年)单位降雨放江量的基础上削减10%;集水井水位未达到停车水位时,截流泵应保持正常运行状态,考虑到截流设备检修等因素,截流量应不低于上一年的80%,特别提出截流量达到或超过上一年数值时酌情加分,即"少放江、多截流"。

2019年,基于"两水平衡"(即综合考虑水安全和水环境因素)要求,上海市排水管理事务中心牵头制订了上海市淀北片"两水平衡"方案。该方案在综合考虑淀北片的防汛泵站、河道水系和水闸泵站的情况下,提出充分利用潮汐动力、泵站动力、周边清水资源和河道调蓄容量,对相关水利水闸泵站和防汛泵站进行协同运行,同时联合河道保洁部门,及时启动河道保洁工作,及时清理河面垃圾,最大限度降低防汛泵站降雨放江对河道水环境的影响。方案中明确了实施条件、控制水位、泵闸调度、河道保洁、信息传递等5方面内容,基本建立了"厂—站—网—河"一体化运行的雏形,从这两年的运行情况来看,该方案发挥了较好的作用。2021年,在落实长江大保护控制污水溢流近期实施方案中,进一步强调精细实施"两水平衡"。要求上海城投集团及各区综合平衡泵站放江水质、河道水环境状况以及防汛安全等因素,对防汛泵站实施分类管控:对放江水质差的泵站继续严格施行"多截流、少放江";对放江水质较好的泵站调整运行模式,实行"少截流、多放江",通过源头精细管控减少污水厂进水量。

因此,应进一步通过模拟分析"厂—站—网—河"在各种工况下的运行调度效果,特别是针对极端短时强降雨天气情况下的运行调度,从泵站闸门启闭、水位设定、运行模式、截流调度、水闸调度等方面加强联合调度和管控,尽可能实现少放江,最大限度减小对城市河道水环境的影响。

针对中心城区泵站放江污染物的控制现状和存在的问题,还需进一步开展从源头管控、泵站原位改造、深化调蓄方案与优化设施运行方案等方面的研究,以及建立"厂—站—网—河"一体化运行调度方案,提出泵站放江污染系统化、精细化管控的建议和措施,供相关管理部门参考。

参考文献

[1] Barbosa A E, Fernandes J N, David L M. Key issues for sustainable urban stormwater management[J]. Water Research, 2012, 46(20): 6787-6798.

[2] EPA. Design manual: Swirl and helical bend pollution control devices[R]. EPA, 1982.

[3] Field R, O'Connor T P. Swirl technology: Proper design, application and evaluation[C]//Proceedings of WEFTEC, 1995.

[4] Gasperi J, Gromaire M C, Kafi M, et al. Contributions of wastewater, runoff and sewer deposit erosion to wet weather pollutant loads in combined sewer systems[J]. Water Research, 2010(20): 5875-5886.

[5] Gordon M F, Edward W M, Harold A T. The natural purification of river muds and pollutional sediments[J]. Sewage Works Journal, 1941(2): 1209-1228.

[6] Greenstein D, Tiefenthaler L, Bay S. Toxicity of parking lot runoff after application of simulated rainfall [J]. Archives of Environmental Contamination and Toxicology, 2004(2): 199-206.

[7] Guido P, José-Frédéric D, Bernard de G, et al. Rainwater harvesting to control stormwater runoff in suburban areas: An experimental case-study[J]. Urban Water Journal, 2012(1): 45-55.

[8] Jean-Luc B K, Ghassan C, Agnes S. Distribution of pollutant mass vs volume in stormwater discharges and the first flush phenomenon[J]. Water Research, 1998(8): 2341-2356.

[9] Kapil G, Adrian J S. Specific relationships for the first flush load in combined sewer flows[J]. Water Research, 1996(5): 1244-1252.

[10] Lee J H, Bang K W, Ketchum L H, et al. First flush analysis of urban storm runoff[J]. Science of the Total Environment, 2002(1): 163-175.

[11] Lee J H, Bang K W. Characterization of urban stormwater runoff[J]. Water Research, 2000(6): 1773-1780.

[12] Luca R, Vladimir K, Wolfgang R, et al. Stochastic modeling of total suspended solids (TSS) in urban areas during rain events[J]. Water Research, 2005(17): 4188-4196.

[13] Mackenthun A A. Effect of flow velocity on sediment oxygen demand: Experiments[J]. Journal of Environmental Engineering, 1998(3): 1752-1688.

[14] Miklas S. Case study: Design, operation, maintenance and water quality management of sustainable storm water ponds for roof runoff[J]. Bioresource Technology, 2004(3): 269-279.

[15] Smith E. Pollutant concentrations of stormwater and captured sediment in flood control sumps draining an urban watershed[J]. Water Research, 2001(13): 3117-3126.

[16] Tracy A W, James W S, Jay A B. A study of the effectiveness of a Vortechs^{TM} stormwater treatment system for removal of total suspended solids and other pollutants in the Marine Village Watershed, Village of Lake George, New York[R]. NYS Department of Environmental Conservation Division of Water, 2001.

[17] Vortechs. Vortechs® Stormwater Treatment System Field Testing Report[R]. Contech, 2000.

[18] 车伍,刘燕,李俊奇.国内外城市雨水水质及污染控制[J].给水排水,2003,29(10):38-41.

[19] 车伍,张炜,李俊奇,等.城市雨水径流污染的初期弃流控制[J].中国给水排水,2007(6):1-5.

[20] 陈忱.上海泵站放江污染控制及其管理[J].建筑科学与工程,2018,37(9):1-3.

[21] 陈峰,李松,谈祥,等.中心城区雨水泵站放江排放口污染物削减关键技术研究[R].2018.

[22] 程晓波.上海市中心城区初期雨水污染治理策略与案例分析[J].城市道桥与防洪 2012(6):168-171.

[23] 崔昱.基于 InfoWorks ICM 建模的上海市花木地区雨水泵站排河污染治理对策研究[J].中国市政工程,2021(1):59-89.

[24] 丁洁,李松,袁文麒,等.市政雨水泵站放江特征浅析及治理策[J].山西建筑,2019,45(2):187-188.

[25] 丁敏.上海市政排水泵站功能延伸的探索与实践[J].净水技术,2020(39):231-234.

[26] 董黎,时珍宝.浅析上海市中心城区泵站放江污染治理[J].上海水务,2014(3):5-7.

[27] 杜立刚,杨涛,石亚军.合流制溢流调蓄与处理设施设计方案——以武汉市庙湖水环境提升为例[J].净水技术,2020,39(12):43-47.

[28] 高秋霞.沿岸泵站雨天排江水质研究[D].上海:同济大学,2004.

[29] 高郑娟,孙朝霞,贾海峰.旋流分离技术在雨水径流和合流制溢流污染控制中的应用进展[J].建设科技,2019(377):96-100.

[30] 顾建.高效组合澄清系统在某雨水泵站污染物削减中的应用[J].净水技术,2019,38(s2):102-105.

[31] 顾一鸣,马艳.防汛泵站放江污染削减对策探索[J].净水技术,2021,40(10):138-143.

[32] 郭晟,程江,吕永鹏.雨水调蓄池与苏州河市政泵站排江污染削减分析[J].内蒙古环境科学,2008(2):81-83.

[33] 郭迎新.海绵城市理念下的老城区 CSO 污染控制探索与实践[J].中国给水排水.2019,35(14):1-6.

[34] 何洪昌,车伍,王文海,等.城市雨水管道径流污染控制小管截流方法研究[J].中国给水排水,2010,26(20):53-58.

[35] 何俊超,李明明,刘睿,等.国内外合流制溢流污染管控体系研究[J].环境工程,2021,39(4):42-49.

[36] 贺聪慧,王祺,梁瑞松.磁强化处理技术在城市污水处理中的研究与应用进展[J].环境科学学报,2021,41(1):54-69.

[37] 胡煜.合肥市肥西县老城区初期雨水处理厂工艺设计方案[J].净水技术,2019,38(7):47-51.

[38] 华明,徐祖信.苏州河沿岸市政泵站放江特征分析[J].给水排水,2004,30(11):33-36.

[39] 华明.苏州河沿岸市政泵站雨天放江对策研究[D].上海:同济大学,2005.

[40] 黄鸣,陈华,程江,等.上海市成都路雨水调蓄池的设计和运行效能分析[J],中国给水排水,2008,24(18):33-36.

[41] 金书秦,周芳,沈贵银.农业发展与面源污染治理双重目标下的化肥减量路径探析[J].环境保护,2015,43(8):50-53.

[42] 康丽娟,曹勇.连续降雨条件下典型泵站放江污染特征分析[J].水生态学杂志,2019(2):20-25.

[43] 李海燕.基于雨水水质的径流污染控制设计雨量计算方法[J].中国给水排水,2012(19):45-48.

[44] 李贺.上海中心城区合流制排水系统雨天溢流水质研究[J].中国给水排水,2009(3):80-84.

[45] 李敏,高兰,梁胜文,等.武汉汉口地区污水系统流量调查分析及对策研究[J].中国给水排水,2018(3):110-115.

［46］李松．上海地区中心城区雨水泵站放江污染物总量计算方法的探讨［J］．水利建设与管理，2020（9）：16-20.

［47］李田,曾彦君,高秋霞．苏州河沿岸排水系统雨水调蓄池设计方案探讨［J］．给水排水,2008(2)：42-46.

［48］李田,曾彦君,宁静．排水系统截流调蓄设施运行效率的概率分析方法［J］．给水排水,2007(6)：108-112.

［49］李田,戴梅红,张伟,等．水泵强制排水系统合流制溢流的污染源解析［J］．同济大学学报(自然科学版),2013,41(10)：1513-1525.

［50］李田,时珍宝,张善发．上海市排水小区地下水渗入量研究［J］．给水排水,2004(1)：9-33.

［51］李田,张善发,时珍宝．上海市排水管道的地下水渗入量测评［J］．中国给水排水,2003(7)：12-15.

［52］李田,赵颖,张建频,等．排水系统雨天污染负荷控制的标准及实施方法［J］．中国给水排水,2014,30(8)：12-16.

［53］李田,周永潮,冯仓,等．分流制雨水系统雨污混接水量的模型分析［J］．同济大学学报(自然科学版),2008,36(9)：1226-1231.

［54］李田,周永潮,李贺．基于流量调查的分流制雨水系统诊断研究［J］．中国给水排水,2007(7)：1-5.

［55］刘波,王捷．上海市排水设施运维机制探索［J］．城市建设,2019(2)：39-44.

［56］刘翠云,车伍,董朝阳．分流制雨水与合流制溢流水质的比较［J］．给水排水,2007(4)：51-55.

［57］卢士强,徐祖信,罗海林,等．上海市主要河流调水方案的水质影响分析［J］．河海大学学报(自然科学版),2006,34(1)：32-36.

［58］卢小艳,李田,董鲁燕．基于管网水力模型的雨水调蓄池运行效率评估［J］．中国给水排水,2012(17)：44-48.

［59］卢小艳,李田,钱静．合流制排水系统溢流实时控制方案的预评估［J］．中国给水排水,2012(7)：56-63.

［60］马丽,李田,姚杰．上海市老旧混接雨水系统改造效果的案例分析［J］．中国给水排水,2010,26(16)：65-70.

［61］马丽,张建频,时珍宝．上海市中心城初期雨水治理规划研究［J］．上海水务,2017(6)：12-16.

［62］孟莹莹,李田,王溯．上海市分流制小区雨水管道混接污染来源分析［J］．中国给水排水,2011(6)：12-15.

［63］闵继胜,孔祥智．我国农业面源污染问题的研究进展［J］．华中农业大学学报(社会科学版),2016(2)：59-66,136.

［64］牟晋铭．调蓄池对强排系统放江污染削减效果分析［J］．给水排水,2020,46(增刊1)：197-199.

［65］潘国庆,车伍,李海燕．雨水管道沉积物对径流初期冲刷的影响［J］．环境科学学报,2009,29(4)：771-776.

［66］潘国庆,车伍,李俊奇,等．中国城市径流污染控制量及其设计降雨量［J］．中国给水排水,2008,24(22)：25-29.

［67］潘国庆．不同排水体制的污染负荷及控制措施研究［D］．北京：北京建筑工程学院,2007.

［68］上海城市排水系统工程技术研究中心．泵站放江污染物削减技术评估报告［R］．上海：上海城市排水系统工程技术研究中心,2018.

［69］上海宏波工程咨询管理有限公司．用于城市雨水泵站排放口污染物削减的生态廊道处理装置：ZL201621488197.9［P］.2017-07-28.

［70］上海市环境保护局,上海市水务局．上海市防汛泵站污染物放江监管办法(暂行)［Z］．上海,2018.

［71］上海市排水管理处,上海宏波工程咨询管理有限公司．中心城区雨水泵站放江排放口污染物削减

关键技术研究[R]. 上海,2019.

[72] 上海市排水管理处. 2020年上海市排水设施年报[R]. 上海,2021.

[73] 上海市水务局. 2018年上海市排水设施管理工作要求[Z]. 上海:上海市水务局,2018.

[74] 上海市住房和城乡建设管理委员会. 上海市海绵城市建设指标体系(试行)[S]. 上海:上海市住房和城乡建设管理委员会办公室,2015.

[75] 盛铭军. 雨天溢流污水就地处理工艺开发及处理装置CFD模拟研究[D]. 上海:同济大学,2007.

[76] 时珍宝,张建频,董黎. 上海市中心城区泵站放江污染治理探讨[C]//中国土木工程学会水工业分会全国排水委员会2014年年会,2014.

[77] 时珍宝,李田,孙跃平. 高地下水位地区排水管道渗漏的确定[J]. 工业用水与废水,2004(2):61-63.

[78] 史昊然. 合流制溢流调蓄处理工艺效果评估及优化对策[J]. 中国给水排水,2021,37(5):106-110.

[79] 史慧婷. 城市初期雨水收集与处理方法的探讨[J]. 城市道桥与防洪,2015(12):69-71.

[80] 孙从军,康丽娟,赵振,等. 典型高混接率分流制排水泵站雨天放江污染特征研究[J]. 环境工程学报,2011(12):2687-2692.

[81] 孙巍,张文胜. 武汉市黄孝河合流制溢流污染控制系统设计[J]. 给水排水,2019(12):9-12.

[82] 谭琼,李田,高秋霞. 上海市排水系统雨天出流的初期效应分析[J]. 中国给水排水,2005,21(11):26-30.

[83] 谭琼,李田,徐月江,等. 苏州河沿岸合流制系统雨天溢流频率及其启示[J]. 同济大学学报(自然科学版),2008(9):1232-1236.

[84] 谭琼,李田,张建频,等. 初期雨水调蓄池运行效率的计算机模型评估[J]. 中国给水排水,2007(18):47-51.

[85] 谭琼,李田,张建频. 调蓄池提高已建系统排水能力的水力模拟研究[J]. 给水排水,2006(9):34-38.

[86] 唐建国. 城市雨水排水系统提标改造与建设途径[J]. 给水排水,2021,57(5):1-6.

[87] 唐建国. 雨水排水口出流污染辨析和削减之道[J]. 中国给水排水,2020,46(2):1-5.

[88] 唐建国. 雨水排水口出流污染治理探索[J]. 城乡建设,2019(22):14-16.

[89] 仝武刚,叶伟武,刘超. 纯膜MBBR在城市溢流污染治理中的应用研究[J]. 给水排水,2021,47(增刊):258-261.

[90] 王善高,刘余,田旭,等. 我国农业生产中化肥施用效率的时空变化与提升途径研究[J]. 环境经济研究,2017,2(3):101-114.

[91] 吴贤海,康丽娟,孙从军. 分流制泵站旱天放江对受纳河道水质的影响[J]. 中国给水排水,2012(12):42-50.

[92] 夏晨,李金柱,何中发. 上海市浅层地下水环境地球化学背景值研究[J]. 上海地质,2006(1):24-28.

[93] 徐连军,张善发. 上海中心城区泵站放江溢流污染影响因子分析[J]. 中国给水排水,2010,26(18):42-45.

[94] 徐祖信,华明,赵国志. 苏州河沿岸市政泵站放江量削减措施分析[J]. 上海环境科学,2003(22):78-82.

[95] 徐祖信,屈计宁,傅威,等. 工业区污水治理路线和政策探讨[J]. 环境保护,2005(1):30-32.

[96] 徐祖信,徐晋,金伟,等. 我国城市黑臭水体治理面临的挑战与机遇[J]. 给水排水,2019,45(3):1-6.

[97] 徐祖信,张辰,李怀正. 我国城市河流黑臭问题分类与系统化治理实践[J]. 给水排水,2018,44

(10)：1-5.

[98] 杨新德,戴忱,曹万春.合流制排水系统截流能力分析与溢流污染控制方案[J].给水排水,2021,47（增刊）：196-200.

[99] 叶建锋,张玉.中心城区泵站旱天放江特征及削减潜力分析[J].净水技术,2014,33(6):33-38.

[100] 尤建军.上海市分流制地区城市径流污染截流问题研究——以康健泵站集水区为例[D].上海：上海师范大学,2001.

[101] 于磊,马盼盼,潘兴瑶,等.海绵城市源头措施对合流制溢流的减控效果研究[J].北京师范大学学报（自然科学版）,2019,55(4):476-480.

[102] 虞英杰.微纳米气泡曝气对泵站放江污染的治理效果研究[J].水利科技与经济,2021(2):60-65.

[103] 袁海英.高污染城市河流初期雨水一体化截污系统研究[J].人民珠江,2017,38(1):73-78.

[104] 增彦君.分流制雨水系统旱流污水截流效果及改善对策研究[D].上海：同济大学,2008.

[105] 詹志威,李孟,金溪.基于SWMM模型的合流制管道溢流污染控制系统模拟[J].环境工程学报,2020,14(2):423-431.

[106] 张福锁,王激清,张卫峰,等.中国主要粮食作物肥料利用率现状与提高途径[J].土壤学报,2008(9):915-924.

[107] 张厚强,徐祖信,刘立坤,等.上海芙蓉江混流排水系统排江污染及控制对策[J].中国给水排水,2010,26(10):7-10,15.

[108] 张厚强,尹海龙,金伟,等.分流制雨水系统混接问题的调研技术体系[J].中国给水排水,2008(14):95-98.

[109] 张建云,王银堂,贺瑞敏,等.中国城市洪涝问题及成因分析[J].水科学进展,2016,27(4):485-491.

[110] 张留璨,朱弋.雨水调蓄设施旱天削减管网沉积物应用[J].净水技术,2021,40(S1):288-290,385.

[111] 张善发,李田,高廷耀.上海市地表径流污染负荷研究[J].中国给水排水,2006(21):57-60,63.

[112] 张炜,李思敏,时真男.我国城市暴雨内涝的成因及其应对策略[J].自然灾害学报,2012(5):180-184.

[113] 郑轶雄.太原市城市初期雨水治理建议与方案[J].山西建筑,2018,44(13):114-115.

[114] 中华人民共和国住房和城乡建设部.海绵城市建设技术指南——低影响开发雨水系统构建（试行）[S].北京,2014.

[115] 周传庭,郭葵香,赵国志.初期雨水就地调蓄处理工程方案[J].净水技术,2020,39(8):44-48.

[116] 周雅菲,宋召凤,梁珺宇,等.截流回笼耦合削减雨水泵站污染放江的试验研究[J].环境污染与防治,2018,40(2):61-63.

[117] 周永潮,李田.缓冲式排水模式管道系统的设计与安全性评价[J].湖南大学学报（自然科学版）,2008,35(7):69-73.

[118] 朱燕,李田.巴黎百年下水道的清洗养护及其启示[J].中国给水排水,2005,21(9):22-24.